烤烟烟叶质量与植烟土壤盐分关系研究

——以湖北中烟凉山基地为例

叶协锋　王　鹏　等著

黄河水利出版社

·郑　州·

图书在版编目(CIP)数据

烤烟烟叶质量与植烟土壤盐分关系研究:以湖北中烟凉山基地为例/叶协锋等著.—郑州:黄河水利出版社,2021.11

ISBN 978-7-5509-3151-0

Ⅰ.①烤… Ⅱ.①叶… Ⅲ.①烟草-耕作土壤-关系-烤烟叶-质量 Ⅳ.①S572.06②TS424

中国版本图书馆 CIP 数据核字(2021)第 222927 号

出 版 社:黄河水利出版社　　　　　　　　　　网址:www.yrcp.com

　　　　地址:河南省郑州市顺河路黄委会综合楼 14 层　　邮政编码:450003

发行单位:黄河水利出版社

　　　　发行部电话:0371-66026940、66020550、66028024、66022620(传真)

　　　　E-mail:hhslcbs@126.com

承印单位:河南新华印刷集团有限公司

开本:787 mm × 1 092 mm　1/16

印张:20.5

字数:360 千字　　　　　　　　　　　印数:1—1 000

版次:2021 年 11 月第 1 版　　　　　　印次:2021 年 11 月第 1 次印刷

定价:68.00 元

《烤烟烟叶质量与植烟土壤盐分关系研究
——以湖北中烟凉山基地为例》

编委会

前　言

　　土壤的盐碱化问题一直威胁着人类赖以生存的土壤资源,粗略估计,全球土壤盐碱化面积达到 9.5 亿 hm^2,我国达到 3 600 万 hm^2,其中可耕地面积更是达到 920 万 hm^2,北自辽东半岛、南至南海群岛均有盐渍土分布,其中东北、华北、西北等内陆干旱半干旱地区及长江以北的沿海地带分布较为集中。由于不合理灌溉、过度使用化肥等因素使得次生盐渍化问题日趋严重,甚至已经波及内陆的粮食主产区。

　　烟草种植在我国分布较广,北至黑龙江,南至海南。由于烟草种植连作比例较大,再加上不合理的灌溉和过度使用化肥,植烟地区也出现不同程度的盐渍化,盐分离子表聚现象严重且日益恶化。2004 年,河南省 12 个植烟地市中 8.35% 的烟田土壤样品盐分含量在 0.11%~0.15%,1.88% 的样品盐分含量大于 0.15%,其中周口和商丘为轻度盐渍化,周口鹿邑盐分含量高达 0.325%,属于中度盐渍化土壤。

　　土壤盐渍化的发生受区域性因素的制约和影响,其盐分组成及离子比例也呈现出地域性特点,一般盐离子有 Cl^-、SO_4^{2-}、CO_3^{2-}、HCO_3^-、Na^+、Ca^{2+}、Mg^{2+} 和 K^+,其中危害较为严重的离子种类以 Na^+、Cl^- 为主。赵莉(2009)研究表明,湖南植烟土壤的盐分离子主要有 NO_3^-、K^+、Ca^{2+}、Cl^-、SO_4^{2-} 等,SO_4^{2-} 堆积较多且灌水等调节方式对其无效,这可能与我国烟草所施钾肥以硫酸钾为主有关。但在内陆盐碱地中,特别是松嫩平原,碱性盐 $NaHCO_3$ 和 Na_2CO_3 也有大量存在。

　　鉴于此,作者在土壤盐分与烟草种植和产质关系方面持续进行研究。本书的部分内容是在湖北中烟工业有限责任公司的资助下在四川凉山开展的研究工作的总结,以期为改良土壤、改善烟叶品质提供参考。

　　本书编写人员及编写分工为:王鹏撰写第一章和第二章第一节、第二节、第三节,吴明撰写第二章第四节,钱宇和卢剑撰写第二章第五节,石刚撰写第三章和第四章第一节,邓家强和刘挺撰写第四章第二节,钟钏和张弘蒙撰写第四章第三节,马静撰写第四章第四节,张波撰写第五章,李雪利撰写第六章和第七章,叶协锋撰写第八章和第十二章,马静撰写第九章第一节,刘晓涵撰写

第九章第二节,张振撰写第九章第三节,孙曙光撰写第九章第四节,汪代斌撰写第十章,宗胜杰撰写第十一章第一节,王佩玲撰写第十一章第二节。

限于作者的学识和水平,书中难免有错误之处,恳请广大读者批评指正。

作　者

2021 年 9 月

目　录

第一章　凉山州会东县红花大金元烟叶质量评价

　　红花大金元是 1962 年云南省石林县路美邑村的烟农从大金元品种的自然变异株中选出,后经云南省烟草科学研究所系统选育而成,目前主要在云南和四川等省种植。红花大金元清香型风格突出,香气质好,香气量足,深受卷烟企业的青睐。

　　会东县位于四川省凉山彝族自治州南部,属亚热带季风性湿润气候,气候温和,雨热同季,无霜期长,年平均气温 16.2 ℃,降水量 1 099.7 mm,年均日照时数 2 322.8 h。得天独厚的自然环境条件,使得会东县成为四川省优质烟叶的生产基地,也是湖北中烟"黄鹤楼"品牌重要的优质烟叶原料供应基地。

　　为掌握湖北中烟-会东基地红花大金元烟叶质量状况,提升原料基地烟叶的使用价值,2020 年河南农业大学与湖北中烟武汉卷烟厂联合,根据会东县红花大金元种植规模,以收购烟站为单位,从收购烟叶中随机抽取 X2F(下橘二)、C2F(中橘二)、C3F(中橘三)和 B2F(上橘二)四个等级共计 96 个样品开展烟叶质量评价,每个等级 24 个样品。按收购烟站统计如下:铁柳烟站(HDTL)24 个、嘎吉烟站(HDGJ)24 个、淌塘烟点(HDTT)24 个、火石烟点(HDHS)24 个。

第一节　凉山州会东县红花大金元烟叶外观质量评价

　　烟叶外观质量即烟叶外在的特征特性,是指人们借助感官通过眼看手摸能够直接感触和识别并做出判断的外部质量特征(于建军,2009)。由于内在质量看不见、摸不着,因而内在质量的各种指标特性和质量优劣可以通过外观特征来反映。国家烤烟分级标准中用部位、颜色、成熟度、叶片结构、烟叶身份、烟叶长度 6 个品质因素和烟叶残伤与破损 1 个控制因素来具体评价烤烟外观质量(闫克玉,2003)。

　　烟叶外观质量评价由湖北中烟工业有限责任公司、国家烟草质量检验监督中心、天昌国际烟草有限公司、中国烟草总公司河南省公司、河南省烟草职工培训中心和河南农业大学的分级专家依据《湖北中烟工业有限责任公司烟叶外观质量评价细则》进行。外观评价采用定性描述和定量打分相结合的方法进行。评价指标包括部位、颜色、成熟度、油分、身份、结构、色度共 7 项指标,总分 100 分。烤烟外观质量综合得分:$P = \sum P_i$,P 为烤烟外观质量综合指数,P_i 为第 i 个外观指标的量化分值,分值越高,质量越好。具体分值细则见表 1-1。

表 1-1　烟叶外观质量评价细则

序号	指标	分值	打分细则	
1	部位	15	C	15~12
			B	13~8
			T	9~5
			X	8~3
			P	3~1
2	颜色	15	F	15~11
			L	14~8
			R	12~6
			V	10~5
			K	4~3
			GY	2~1
3	成熟度	20	完熟	20
			成熟	19~15
			尚熟	14~9
			欠熟	8~5
			假熟	4~1
4	油分	20	多	20~17
			有	16~11
			稍有	10~5
			少	4~1

续表 1-1

序号	指标	分值	打分细则	
5	结构	10	疏松	10~8
			尚疏松	8~6
			稍密	6~4
			紧密	3~1
6	身份	10	中等	10~8
			稍薄	6~5
			稍厚	7~6
			薄	4~1
			厚	5~2
7	色度	10	浓	10~9
			强	8~6
			中	5~3
			弱	2
			淡	1

一、凉山州会东县红花大金元 X2F 外观质量评价

2020 年凉山州会东县红花大金元 X2F 外观质量评价结果见表 1-2。下部烟叶部位指标分值 4.00~8.00 分,平均为 7.64 分,样品间差异稍大,变异系数为 15.79%。颜色均为橘黄,分值范围 11.00~13.00 分,平均 12.18 分,样品间差异较小,变异系数为 4.95%。烟叶成熟度均为成熟,分值范围 16.00~17.00 分,平均 16.91 分,样品间差异较小,变异系数为 1.78%。油分"有"烟叶样品占比 81.82%,"稍有"占比 18.18%,分值范围 8.00~15.00 分,平均 12.73 分,样品间差异稍大,变异系数为 16.51%。烟叶叶片结构均为疏松,分值均为 8 分。身份"中等"的烟叶样品占比 36.36%,"稍薄"占比 63.64%,分值范围 6.00~8.00 分,平均 6.73 分,变异系数为 14.99%。色度绝大多数为"强",9.09% 的烟叶样品色度为"中",分值 4.00~6.00 分,平均 4.91 分,变异系数为 10.98%。下部叶外观质量综合得分 57.00~72.00 分,平均 69.09 分,变异系数为 6.09%。

表 1-2　会东县红花大金元 X2F 外观质量得分统计

指标	最小值(分)	最大值(分)	平均值(分)	标准偏差 S_d	变异系数 C_v(%)
部位	4.00	8.00	7.64	1.21	15.79
颜色	11.00	13.00	12.18	0.60	4.95
成熟度	16.00	17.00	16.91	0.30	1.78
油分	8.00	15.00	12.73	2.10	16.51
叶片结构	8.00	8.00	8.00	0.00	0.00
身份	6.00	8.00	6.73	1.01	14.99
色度	4.00	6.00	4.91	0.54	10.98
总分	57.00	72.00	69.09	4.21	6.09

二、凉山州会东县红花大金元 C2F 外观质量评价

由表 1-3 可知,凉山州会东县红花大金元 C2F 外观质量具体表现为:部位均为中部,分值 13.00~15.00 分,平均 14.67 分,变异系数为 4.68%;颜色均为橘黄,分值 13.00~15.00 分,平均为 14.56 分,变异系数为 4.84%;成熟度均为成熟,分值 17.00~18.00 分,平均 17.56 分,变异系数为 2.91%;叶片结构均为疏松,分值 8.00~10.00 分,平均 9.33 分,变异系数为 8.22%;烟叶样品身份均为"中等",分值 8.00~10.00 分,平均 9.56 分,变异系数为 7.37%;烟叶样品油分"多"占比 87.50%,"有"占比 12.5%,分值 15.00~19.00 分,平均 17.61 分,变异系数为 6.20%;烟叶样品色度"强"占比 87.5%,"浓"占比 12.5%,分值为 6.00~9.00 分,平均 7.44 分,变异系数为 11.50%。会东县红花大金元 C2F 烟叶外观质量综合得分 82.00~94.00 分,平均 90.72 分,变异系数为 6.09%。

表 1-3　会东县红花大金元 C2F 外观质量得分统计

指标	最小值(分)	最大值(分)	平均值(分)	标准偏差 S_d	变异系数 C_v(%)
部位	13.00	15.00	14.67	0.69	4.68
颜色	13.00	15.00	14.56	0.70	4.84
成熟度	17.00	18.00	17.56	0.51	2.91
油分	15.00	19.00	17.61	1.09	6.20

续表 1-3

指标	最小值（分）	最大值（分）	平均值（分）	标准偏差 S_d	变异系数 C_v（%）
叶片结构	8.00	10.00	9.33	0.77	8.22
身份	8.00	10.00	9.56	0.70	7.37
色度	6.00	9.00	7.44	0.86	11.50
总分	82.00	94.00	90.72	3.86	4.26

三、凉山州会东县红花大金元 C3F 外观质量评价

据表 1-4 分析可知，凉山州会东县红花大金元 C3F 外观质量为：烟叶部位均为中部，分值范围 14.00~15.00 分，平均 14.43 分，样品间差异较小，变异系数为 3.56%；颜色均为橘黄，分值范围 14.00~15.00 分，平均 14.14 分，变异系数为 2.57%；成熟度均为成熟，分值为 16.00~18.00 分，平均 17.57 分，变异系数为 3.68%；叶片结构均为疏松，分值为 9.00~10.00 分，平均 9.71 分，变异系数为 4.83%；烟叶样品身份均为"中等"，分值范围 9.00~10.00 分，平均 9.64 分，变异系数为 5.16%；烟叶样品油分均为"多"，分值范围 17.00~18.00 分，平均 17.43 分，变异系数为 2.95%；色度绝大多数为"强"，极少部分为"中"，分值范围 5.00~8.00 分，平均 7.00 分，变异系数 11.21%。会东县红花大金元 C3F 烟叶外观质量综合得分 86.00~93.00 分，平均 89.93 分，变异系数为 2.20%。

表 1-4 会东县红花大金元 C3F 外观质量得分统计

指标	最小值（分）	最大值（分）	平均值（分）	标准偏差 S_d	变异系数 C_v（%）
部位	14.00	15.00	14.43	0.51	3.56
颜色	14.00	15.00	14.14	0.36	2.57
成熟度	16.00	18.00	17.57	0.65	3.68
油分	17.00	18.00	17.43	0.51	2.95
叶片结构	9.00	10.00	9.71	0.47	4.83
身份	9.00	10.00	9.64	0.50	5.16
色度	5.00	8.00	7.00	0.78	11.21
总分	86.00	93.00	89.93	1.98	2.20

四、凉山州会东县红花大金元 B2F 外观质量评价

2020 年凉山州会东县红花大金元 B2F 外观质量评价结果见表 1-5。上部烟叶部位指标分值 11.00～13.00 分,平均为 11.88 分,变异系数为 6.24%。颜色均为橘黄,分值范围 12.00～14.00 分,平均 13.83 分,样品间差异较小,变异系数为 3.48%。烟叶成熟度均为成熟,分值范围 15.00～18.00 分,平均 16.42 分,变异系数为 5.05%。烟叶样品油分均为"有",分值范围 11.00～16.00 分,平均 14.88 分,变异系数为 7.75%。烟叶叶片结构绝大多数为尚疏松,分值范围 6.00～9.00 分,平均 6.88 分,变异系数为 11.59%。烟叶样品除极少数身份为"中等",其余身份均为"稍厚",分值为 6.00～8.00 分,平均 7.04 分,变异系数为 5.09%。烟叶样品色度为"中"占比 12.5%,"浓"占比 20.83%,绝大多数为"强",分值范围 4.00～9.00 分,平均 7.33 分,样品间差异较大,变异系数为 19.15%。上部叶外观质量综合得分 68.00～84.00 分,平均 78.25 分,变异系数为 4.97%。

表 1-5 会东县红花大金元 B2F 外观质量得分统计

指标	最小值(分)	最大值(分)	平均值(分)	标准偏差 S_d	变异系数 C_v(%)
部位	11.00	13.00	11.88	0.74	6.24
颜色	12.00	14.00	13.83	0.48	3.48
成熟度	15.00	18.00	16.42	0.83	5.05
油分	11.00	16.00	14.88	1.15	7.75
叶片结构	6.00	9.00	6.88	0.80	11.59
身份	6.00	8.00	7.04	0.36	5.09
色度	4.00	9.00	7.33	1.40	19.15
总分	68.00	84.00	78.25	3.89	4.97

五、小结

烟叶的成熟度在烟叶外观质量中属于最主要的因素,与烟叶的色、香、味有着密切关系。美国、巴西、津巴布韦等优质烟叶生产国中,烟叶品质的很大优势就在于其有好的成熟度。颜色是烤烟外观质量的重要参考标准之一,它是国家烤烟分级标准中第 2 分组因素。会东县红花大金元烟叶样品部位等级纯度较高,成熟度均为成熟,颜色均为橘黄。《烤烟》(GB 2635—92)对油分的

定义是:烟叶内含有的一种柔软半液体或液体物质,根据感官感受,划分为多、有、稍有、少四个档次。会东县红花大金元下部叶油分大部分为"有",少部分烟叶样品为"稍有";中部烟叶样品油分绝大部分为"多",个别样品为"有";上部烟叶样品均为"有"。叶片结构是细胞排列的外观情况,如叶片疏松或紧密、粗糙或平滑等(范建立等,2018)。会东县红花大金元下部叶和中部叶叶片结构均为疏松,上部叶绝大多数为尚疏松。身份是指烟叶厚度、细胞密度或单位面积的重量,也是综合状态的概念。会东县红花大金元中部叶样品身份均为"中等",下部叶样品多数为"稍薄",占比63.64%,上部叶除极少数身份为"中等",多数为"稍厚"。色度表示烟叶颜色的均匀程度、饱和程度、光泽强度,即给人视觉反映的强度。会东县红花大金元上、中、下部位烟叶色度绝大多数为"强",其中,下部叶色度"中—强",中部叶和下部叶色度为"中—强—浓",样品间差异较大。会东县红花大金元外观质量综合得分 X2F 平均 69.09分,C2F 平均 90.72 分,C3F 平均 89.93 分,B2F 平均 78.25 分。

第二节　凉山州会东县红花大金元烟叶物理特性评价

烟叶物理特性影响烟叶的工艺加工性能和工业加工效益,主要有长宽度、叶片厚度、填充性、平衡含水率、拉力、叶质重、含梗率等,这些物理特性对卷烟的质量、成本、经济指标都具有重要意义。薛超群等(2008)建立了烟叶物理特性与评吸质量的回归方程,并研究了各物理特性指标的变异性大小及与评吸质量的相关关系,指出拉力和出丝率是物理特性中影响烟叶评吸质量的最主要指标。李东亮(2007)分析了烟叶物理特性和化学成分的相关性,上、中、下部位的物理指标显著性不同,叶长、叶厚和叶面密度是 3 个部位所共有的显著性指标,这 3 个物理特性指标与钾、钾氯比和氯具有较强的相关关系。

2020 年,河南农业大学对凉山州会东县红花大金元烟叶物理特性(本书将叶长和叶宽归入物理特性)进行了测定,并根据烟叶物理特性与烟叶感官质量的相关性,选择厚度、拉力、填充值、含梗率、叶面密度和平衡含水率 6 项指标作为烟叶物理特性赋分指标,各指标均以公认的最适范围为 100 分,高于或低于该最适范围均依次降低分值。通过赋予各品质指标相应的权重(厚度0.15、拉力 0.25、填充值 0.25、含梗率 0.20、平衡含水率 0.10、叶面密度 0.05),计算烟叶综合物理特性得分。物理特性指标赋值方法见表 1-6～表 1-8。

产区单一样品烟叶物理特性得分 = $\sum$(第 i 个指标得分×第 i 个指标权重)(i = 厚度、拉力、填充值、含梗率、平衡含水率、叶面密度)

表 1-6　物理特性指标赋值方法（下部烟叶）

分值	厚度（mm）	填充值（cm³/g）	叶面密度（g/m²）	拉力（N）	含梗率（%）	平衡含水率（%）
100	0.070	3.9~4.1	62.5~67.5	>1.3	22~25	11.5~13.0
100~90	0.070~0.065	4.1~3.9	62.5~57.5	1.3~1.2	22~21.5	11.5~11.2
	0.070~0.075	4.1~4.3	67.5~72.5		25~25.5	13.0~13.3
90~80	0.065~0.060	3.9~3.7	57.5~52.5	1.2~1.1	21.5~21.0	11.2~10.9
	0.075~0.080	4.3~4.5	72.5~77.5		25.5~26.0	13.3~13.6
80~70	0.060~0.055	3.7~3.5	52.5~47.5	1.1~1.0	21.0~20.5	10.9~10.6
	0.080~0.085	4.5~4.7	77.5~82.5		26.0~26.5	13.6~13.9
70~60	0.055~0.050	3.5~3.3	47.5~42.5	1.0~0.9	20.5~20.0	10.6~10.3
	0.085~0.090	4.7~4.9	82.5~87.5		26.5~27.0	13.9~14.2
60~50	0.050~0.045	3.3~3.1	42.5~37.5	0.9~0.8	20.0~19.5	10.3~10.0
	0.090~0.095	5.1~5.1	87.5~92.5		27.0~27.5	14.2~14.5
50~40	0.045~0.040	3.1~2.9	37.5~32.5	0.8~0.7	19.5~19.0	10.0~9.7
	0.095~0.100	5.1~5.3	92.5~97.5		27.5~28.0	14.5~14.8
40~30	0.040~0.035	2.9~2.7	32.5~27.5	0.7~0.6	19.0~18.5	9.7~9.4
	0.100~0.105	5.3~5.5	97.5~102.5		28.0~28.5	14.8~15.1
30~20	0.035~0.030	2.7~2.5	27.5~22.5	0.6~0.5	18.5~18.0	9.4~9.1
	0.105~0.110	5.5~5.7	102.5~107.5		28.5~29.0	15.1~15.4
20~10	0.030~0.025	2.5~2.3	22.5~17.5	<0.5	18.0~17.5	9.1~8.9
	0.110~0.115	5.7~5.8	107.5~112.5		29.0~29.5	15.4~15.7
10~0	<0.025	<2.3	<17.5		<17.5	<8.9
	>0.115	>5.8	>112.5		>29.5	>15.7

表 1-7　物理特性指标赋值方法（中部烟叶）

分值	厚度（mm）	填充值（cm³/g）	叶面密度（g/m²）	拉力（N）	含梗率（%）	平衡含水率（%）
100	0.085	3.9~4.1	72.5~77.5	2.0	22~25	11.5~13.0
100~90	0.085~0.080	4.1~3.9	72.5~67.5	2.0~1.5	22~21.5	11.5~11.2
	0.080~0.090	4.1~4.3	77.5~82.5	2.0~2.5	25~25.5	13.0~13.3
90~80	0.080~0.075	3.9~3.7	67.5~62.5	1.5~1.3	21.5~21.0	11.2~10.9
	0.090~0.095	4.3~4.5	82.5~87.5	2.5~2.7	25.5~26.0	13.3~13.6
80~70	0.075~0.070	3.7~3.5	62.5~57.5	1.3~1.1	21.0~20.5	10.9~10.6
	0.095~0.100	4.5~4.7	87.5~92.5	2.7~2.9	26.0~26.5	13.6~13.9
70~60	0.070~0.065	3.5~3.3	57.5~52.5	1.1~0.9	20.5~20.0	10.6~10.3
	0.100~0.105	4.7~4.9	92.5~97.5	2.9~3.1	26.5~27.0	13.9~14.2
60~50	0.065~0.060	3.3~3.1	52.5~47.5	0.9~0.8	20.0~19.5	10.3~10.0
	0.105~0.110	4.9~5.1	97.5~102.5	3.1~3.2	27.0~27.5	14.2~14.5
50~40	0.060~0.055	3.1~2.9	47.5~42.5	0.8~0.7	19.5~19.0	10.0~9.7
	0.110~0.115	5.1~5.3	102.5~107.5	3.2~3.3	27.5~28.0	14.5~14.8
40~30	0.055~0.050	2.9~2.7	42.5~37.5	0.7~0.6	19.0~18.5	9.7~9.4
	0.115~0.120	5.3~5.5	107.5~112.5	3.3~3.4	28.0~28.5	14.8~15.1
30~20	0.050~0.045	2.7~2.5	37.5~32.5	0.6~0.5	18.5~18.0	9.4~9.1
	0.120~0.125	5.5~5.7	112.5~117.5	3.4~3.5	28.5~29.0	15.1~15.4
20~10	0.045~0.040	2.5~2.3	32.5~27.5	<0.5	18.0~17.5	9.1~8.9
	0.125~0.130	5.7~5.8	117.5~122.5	>3.5	29.0~29.5	15.4~15.7
10~0	<0.040	<2.3	<27.5		<17.5	<8.9
	>0.130	>5.8	>122.5		>29.5	>15.7

表 1-8 物理特性指标赋值方法（上部烟叶）

分值	厚度（mm）	填充值（cm³/g）	叶面密度（g/m²）	拉力（N）	含梗率（%）	平衡含水率（%）
100	0.100	3.9~4.1	82.5~87.5	2.0	22~25	11.5~13.0
100~90	0.100~0.950	4.1~3.9	82.5~77.5	2.0~1.5	22~21.5	11.5~11.2
	0.100~0.105	4.1~4.3	87.5~92.5	2.0~2.5	25~25.5	13.0~13.3
90~80	0.950~0.900	3.9~3.7	77.5~72.5	1.5~1.3	21.5~21.0	11.2~10.9
	0.105~0.110	4.3~4.5	92.5~97.5	2.5~2.7	25.5~26.0	13.3~13.6
80~70	0.900~0.850	3.7~3.5	72.5~67.5	1.3~1.1	21.0~20.5	10.9~10.6
	0.110~0.115	4.5~4.7	97.5~102.5	2.7~2.9	26.0~26.5	13.6~13.9
70~60	0.850~0.800	3.5~3.3	67.5~62.5	1.1~0.9	20.5~20.0	10.6~10.3
	0.115~0.120	4.7~4.9	102.5~107.5	2.9~3.1	26.5~27.0	13.9~14.2
60~50	0.800~0.750	3.3~3.1	62.5~57.5	0.9~0.8	20.0~19.5	10.3~10.0
	0.120~0.125	4.9~5.1	107.5~112.5	3.1~3.2	27.0~27.5	14.2~14.5
50~40	0.750~0.700	3.1~2.9	57.5~52.5	0.8~0.7	19.5~19.0	10.0~9.7
	0.125~0.130	5.1~5.3	112.5~117.5	3.2~3.3	27.5~28.0	14.5~14.8
40~30	0.700~0.650	2.9~2.7	52.5~47.5	0.7~0.6	19.0~18.5	9.7~9.4
	0.130~0.135	5.3~5.5	117.5~122.5	3.3~3.4	28.0~28.5	14.8~15.1
30~20	0.650~0.600	2.7~2.5	47.5~42.5	0.6~0.5	18.5~18.0	9.4~9.1
	0.135~0.140	5.5~5.7	122.5~127.5	3.4~3.5	28.5~29.0	15.1~15.4
20~10	0.600~0.550	2.5~2.3	42.5~37.5	<0.5	18.0~17.5	9.1~8.9
	0.140~0.145	5.7~5.8	127.5~132.5	>3.5	29.0~29.5	15.4~15.7
10~0	<0.500	<2.3	<37.5		<17.5	<8.9
	>0.150	>5.8	>132.5		>29.5	>15.7

一、凉山州会东县红花大金元 X2F 物理特性评价

2020 年凉山州会东县红花大金元 X2F 物理特性评价结果见表 1-9。下部烟叶叶长分布在 46.76~72.52 cm，平均 64.18 cm，变异系数为 9.44%；叶宽分布在 15.28~25.78 cm，平均 21.40 cm，变异系数为 14.29%；单叶重范围 5.83~15.15 g，均值为 10.49 g，变异系数较大，为 24.30%；厚度分布在 0.12~0.19 mm，平均 0.15 mm，变异系数为 14.02%；拉力分布在 1.32~2.83 N，平均 1.90 N，变异系数较大，为 20.59%；填充值分布在 2.69~5.91 cm³/g，平均 4.04 cm³/g，变异系数较大，为 20.94%；含梗率分布在 29.59%~42.17%，平均 36.22%，变异系数为 9.97%；平衡含水率分布在 10.62%~14.10%，平均 12.65%，变异系数较小，为 6.52%；叶面密度分布在 49.77~112.64 g/m²，平均 70.43 g/m²，变异系数为 19.56%；下部叶物理特性赋值得分 45.66~68.32 分，均值为 59.20 分，变异系数为 12.16%。

表 1-9　会东县红花大金元 X2F 物理特性统计

指标	最小值	最大值	平均值	标准偏差 S_d	变异系数 C_v（%）
叶长（cm）	46.76	72.52	64.18	6.06	9.44
叶宽（cm）	15.28	25.78	21.40	3.06	14.29
单叶重（g）	5.83	15.15	10.49	2.55	24.30
厚度（mm）	0.12	0.19	0.15	0.02	14.02
拉力（N）	1.32	2.83	1.90	0.39	20.59
填充值（cm³/g）	2.69	5.91	4.04	0.85	20.94
含梗率（%）	29.59	42.17	36.22	0.04	9.97
平衡含水率（%）	10.62	14.10	12.65	0.83	6.52
叶面密度（g/m²）	49.77	112.64	70.43	13.78	19.56
总分（分）	45.66	68.32	59.20	7.20	12.16

二、凉山州会东县红花大金元 C2F 物理特性评价

由表 1-10 分析可知,会东县红花大金元 C2F 烟叶叶长范围 61.88~78.47 cm,均值 71.30 cm,变异系数较小,为 6.54%;叶宽范围 17.05~28.46 cm,均值为 23.36 cm,变异系数为 11.87%;单叶重范围 9.14~20.94 g,均值为 15.02 g,变异系数为 17.58%;厚度范围 0.12~0.19 mm,均值为 0.15 mm,变异系数为 13.92%;拉力范围 1.07~2.57 N,均值为 1.56 N,变异系数为 24.71%;填充值范围 2.95~4.88 cm³/g,均值为 3.97 cm³/g,变异系数为 11.59%;含梗率范围 27.82%~38.19%,均值为 33.00%,变异系数为 7.96%;平衡含水率范围 10.51%~13.93%,均值为 12.92%,变异系数为 5.15%;叶面密度范围 54.34~181.56 g/m²,均值为 87.02 g/m²,变异系数较大,为 26.46%;会东县红花大金元 C2F 烟叶物理特性赋值得分 51.94~71.85 分,均值为 59.70 分,变异系数为 7.96%。

表 1-10　会东县红花大金元 C2F 物理特性统计

指标	最小值	最大值	平均值	标准偏差 S_d	变异系数 C_v(%)
叶长(cm)	61.88	78.47	71.30	4.66	6.54
叶宽(cm)	17.05	28.46	23.36	2.77	11.87
单叶重(g)	9.14	20.94	15.02	2.64	17.58
厚度(mm)	0.12	0.19	0.15	0.02	13.92
拉力(N)	1.07	2.57	1.56	0.39	24.71
填充值(cm³/g)	2.95	4.88	3.97	0.46	11.59
含梗率(%)	27.82	38.19	33.00	0.03	7.96
平衡含水率(%)	10.51	13.93	12.92	0.67	5.15
叶面密度(g/m²)	54.34	181.56	87.02	23.03	26.46
总分(分)	51.94	71.85	59.70	4.75	7.96

三、凉山州会东县红花大金元 C3F 物理特性评价

由表 1-11 分析可知,会东县红花大金元 C3F 烟叶叶长分布在 58.98~78.30 cm,均值 68.33 cm,变异系数为 6.98%;叶宽分布在 18.26~26.52 cm,均值为 22.55 cm,变异系数为 11.21%;单叶重分布在 8.10~17.38 g,均值为 12.89 g,变异系数为 16.85%;厚度分布在 0.13~0.18 mm,均值为 0.15 mm,变异系数为 9.91%;拉力分布在 1.39~2.90 N,均值为 2.09 N,变异系数较大,为 20.40%;填充值分布在 2.94~5.91 cm^3/g,均值为 4.12 cm^3/g,变异系数为 18.48%;含梗率分布在 28.63%~40.41%,均值为 34.55%,变异系数为 8.46%;平衡含水率分布在 9.74%~14.13%,均值为 12.90%,变异系数较小,为 6.22%;叶面密度分布在 50.73~115.17 g/m^2,均值为 79.54 g/m^2,变异系数为 17.98%。会东县红花大金元 C3F 烟叶物理特性赋值得分分布在 43.14~66.93 分,均值为 57.64 分,变异系数为 12.54%。

表 1-11　会东县红花大金元 C3F 物理特性统计

指标	最小值	最大值	平均值	标准偏差 S_d	变异系数 C_v(%)
叶长(cm)	58.98	78.30	68.33	4.77	6.98
叶宽(cm)	18.26	26.52	22.55	2.53	11.21
单叶重(g)	8.10	17.38	12.89	2.17	16.85
厚度(mm)	0.13	0.18	0.15	0.01	9.91
拉力(N)	1.39	2.90	2.09	0.43	20.40
填充值(cm^3/g)	2.94	5.91	4.12	0.76	18.48
含梗率(%)	28.63	40.41	34.55	0.03	8.46
平衡含水率(%)	9.74	14.13	12.90	0.80	6.22
叶面密度(g/m^2)	50.73	115.17	79.54	14.30	17.98
总分(分)	43.14	66.93	57.64	7.23	12.54

四、凉山州会东县红花大金元 B2F 物理特性评价

2020 年凉山州会东县红花大金元 B2F 物理特性评价结果见表 1-12。上部烟叶叶长范围 58.93~76.34 cm，均值 66.83 cm，变异系数为 6.91%；叶宽范围 14.07~24.36 cm，均值为 18.54 cm，变异系数为 14.91%；单叶重范围 10.78~23.86 g，均值为 15.13 g，变异系数较大，为 25.35%；厚度范围 0.13~0.26 mm，均值为 0.18 mm，变异系数为 14.93%；拉力范围 1.19~3.03 N，均值为 2.20 N，变异系数为 22.54%；填充值范围 3.04~4.88 cm³/g，均值为 3.99 cm³/g，变异系数为 11.96%；含梗率范围 24.39%~39.00%，均值为 30.32%，变异系数为 11.79%；平衡含水率范围 10.25%~13.34%，均值为 12.64%，变异系数较小，为 5.79%；叶面密度范围 74.80~118.20 g/m²，均值为 98.42 g/m²，变异系数为 12.97%。会东县红花大金元上部叶物理特性赋值得分范围 52.28~75.26 分，均值为 61.95 分，变异系数为 8.43%。

表 1-12　会东县红花大金元 B2F 物理特性统计

指标	最小值	最大值	平均值	标准偏差 S_d	变异系数 C_v(%)
叶长(cm)	58.93	76.34	66.83	4.62	6.91
叶宽(cm)	14.07	24.36	18.54	2.76	14.91
单叶重(g)	10.78	23.86	15.13	3.84	25.35
厚度(mm)	0.13	0.26	0.18	0.03	14.93
拉力(N)	1.19	3.03	2.20	0.50	22.54
填充值(cm³/g)	3.04	4.88	3.99	0.48	11.96
含梗率(%)	24.39	39.00	30.32	0.04	11.79
平衡含水率(%)	10.25	13.34	12.64	0.73	5.79
叶面密度(g/m²)	74.80	118.20	98.42	12.77	12.97
总分(分)	52.28	75.26	61.95	5.22	8.43

五、小结

烤后烟叶叶片长度约 60.00 cm、宽度 ≥24.00 cm 是优质烟叶的良好特征（刘国顺，2003），而会东县红花大金元各部位烟叶叶长绝大部分大于 60.00 cm，叶宽绝大部分小于 24.00 cm，中部叶宽均值稍接近 24.00 cm，说明会东县红花大金元烤后烟叶的叶长和叶宽需要进一步改善，尤其是叶宽。我国烟叶单叶重下部叶 6.00~8.00 g，中部叶 7.00~11.00 g，上部叶 9.00~12.00 g，平均单叶重以 7.00~10.00 g 为宜，会东县红花大金元烤后烟各部位单叶重均高于适宜范围，下部叶单叶重均值为 10.49 g，C2F 单叶重均值为 15.02 g，C3F 单叶重均值为 12.89 g，上部叶单叶重均值为 15.13 g。叶片厚度是烤烟分级的品质因素之一，也是烟叶身份的重要体现，王玉军等（1997）研究表明，烤烟型卷烟对优质烟叶的厚度要求在 0.13 mm 左右，会东县红花大金元中下部烟叶厚度均值均为 0.15 mm，上部烟叶厚度较厚，均值为 0.18 mm。拉力在一定程度上反映了烟叶的发育状况和成熟程度，质量好的烟叶承受外力越强，柔性越好，可用性较高，其适宜范围为 1.10~2.20 N，会东县红花大金元各部位烟叶拉力均值均在适宜范围内，中上部烟叶存在少数样品拉力值稍高于适宜范围，各部位烟叶拉力值变异系数均较大，稳定性较弱。烟叶填充力是指单位质量的烟丝在标准压力下经过一定时间所占有的体积。刘新民等（2012）认为烟丝填充值处于 2.50~3.50 cm^3/g 较好，当填充值大于 3.50 cm^3/g 时，会对烟叶香气质、香气量、杂气、刺激性等产生一些不利的影响。会东县红花大金元烟叶填充值只有少数样品处于适宜范围内，各部位填充值平均值均高于适宜范围。烤烟含梗率是指主脉重量占单叶重的比率，与烟叶出丝率密切相关。国内烟叶下部叶含梗率一般处于 32.00%~35.00%，中部叶为 30.00%~33.00%，上部叶为 27.00%~30.00%。会东县红花大金元下部和上部烟叶含梗率均值分别为 36.22%、30.32%，稍高于适宜范围，中部叶 C2F 含梗率均值为 33.00%，处于适宜范围内，C3F 含梗率均值为 34.55%，高于适宜范围。一般认为初烤烟平衡含水率以 13%~15% 为宜，水分过低容易造碎，过高容易导致霉变，造成烟叶保管、储存损失。会东县红花大金元烟叶平衡含水率上部叶均值 12.65%，C3F 均值为 12.92%，C2F 均值为 12.90%，下部叶均值为 12.64%，均稍低于适宜范围，平衡含水率变异系数较小，稳定性较好。叶质重，即单位叶面积质量，国外优质烟叶叶质重下部叶为 60.00~70.00 g/m^2，中部叶为 70.00 ~ 80.00 g/m², 上部叶为 80.00 ~ 90.00 g/m²。会东县红花大金元 C3F 烟叶叶面密度均值在适宜范围内, 下部均值稍高于适宜范围, 上部及 C2F 高于适宜范围。会东县红花大金元物理特性赋值得分 X2F 平均 59.20 分, C2F 平均 59.70 分, C3F 平均 54.64 分, B2F 平均 61.95 分。

第三节　凉山州会东县红花大金元烟叶
化学成分及协调性评价

烤烟化学成分包括有机和无机化学成分, 由众多指标组成, 如常规化学成分、致香成分等, 一般只选择常规化学成分检测分析, 作为衡量烤烟质量的内容之一。烤烟化学成分协调性是烤烟内在质量的综合体现, 是烤烟质量协调的决定因子。李丹丹等(2008)对四川省和津巴布韦的优质烟叶进行了化学成分的变异分析和对比分析, 四川烤烟的糖含量、钾氯比总体较高, 氯含量总体较低; 两地烟叶化学成分差异达到显著水平。朱杰等(2009)分析河南烤烟常规化学成分指出, 烤烟中的烟碱含量、总氮含量与蛋白质含量、氯含量呈正相关关系, 与水溶性总糖含量、钾含量和还原糖含量之间呈负相关关系; 氮碱比则与蛋白质含量呈显著负相关关系, 与钾含量呈极显著正相关关系。

根据化学成分及协调性对烟叶品质的影响程度, 选择烟叶总氮、还原糖、烟碱、钾、糖碱比值、氮碱比值、钾氯比值、淀粉等 8 项主要化学成分指标为基础, 进行烟叶化学成分评价, 各指标均以公认的最适范围为 100 分, 高于或低于该最适范围均依次降低分值。由 7 位相关领域专家根据化学成分及协调性指标对烟叶质量影响的重要性的大小依次赋值(见表 1-13 ~ 表 1-15), 并进行统计学计算后得出其相应权重(烟碱 0.159、总氮 0.109、还原糖 0.125、钾 0.102、淀粉 0.118、糖碱比 0.184、氮碱比 0.130、钾氯比 0.073)。根据各指标权重计算烟叶综合化学成分得分。本研究中未检测淀粉含量, 故分析时未计算淀粉分值。

产区单一样品烟叶化学成分得分 = $\sum$ (第 i 个指标得分 × 第 i 个指标权重) (i = 烟碱、总氮、还原糖、钾、淀粉、糖碱比、氮碱比、钾氯比)

表1-13 烟叶化学成分指标赋值方法（下部烟叶）

得分	总氮（%）	还原糖（%）	烟碱（%）	钾（%）	糖碱比	氮碱比	钾氯比	淀粉（%）
100	1.8~2.2	22.0~24.0	1.4~1.7	≥2.5	15.5~14.0	1.1~1.2	≥8.0	≤3.5
100~90	1.8~1.7 2.2~2.4	22.0~19.0 24.0~26.0	1.4~1.3 1.7~1.8	2.5~2.3	14.0~13.0 15.5~16.0	1.1~1.05 1.2~1.25	8.0~7.5	3.5~4.0
90~80	1.7~1.6 2.4~2.5	19.0~18.0 26.0~27.0	1.3~1.2 1.8~1.9	2.3~2.1	13.0~12.0 16.0~16.5	1.05~1.00 1.25~1.30	7.5~7.0	4.0~4.4
80~70	1.6~1.5 2.5~2.6	18.0~17.5 27.0~28.0	1.2~1.1 1.9~2.0	2.1~2.0	12.0~11.0 16.5~17.0	1.00~0.95 1.30~1.35	7.0~6.0	4.4~4.7
70~60	1.5~1.4 2.6~2.7	17.5~16.5 28.0~28.5	1.1~1.0 2.0~2.1	2.0~1.9	11.0~10.0 17.0~17.5	0.95~0.90 1.35~1.40	6.0~5.0	4.7~5.0
60~50	1.4~1.3 2.7~2.8	16.5~15.5 28.5~29.0	1.0~0.9 2.1~2.2	1.9~1.8	10.0~9.0 17.5~18.0	0.90~0.85 1.40~1.45	5.0~4.0	5.0~5.5
50~40	1.3~1.2 2.8~2.9	15.5~14.5 29.0~29.5	0.9~0.8 2.2~2.3	1.8~1.6	9.0~8.0 18.0~18.5	0.85~0.80 1.45~1.50	4.0~3.0	5.5~6.0
40~30	1.2~1.1 2.9~3.0	14.5~13.5 29.5~30.0	0.8~0.7 2.3~2.4	1.6~1.3	8.0~7.0 18.5~19.0	0.80~0.75 1.50~1.55	3.0~2.0	6.0~6.5
30~20	1.1~1.0 3.0~3.1	13.5~12.5 30.0~31.0	0.7~0.6 2.4~2.5	1.3~1.0	7.0~6.0 19.0~19.5	0.75~0.70 1.55~1.60	2.0~1.0	6.5~7.0
20~10	1.0~0.9 3.1~3.2	12.5~11.5 31.0~32.0	0.6~0.5 2.5~2.6	1.0~0.8	6.0~5.0 19.5~20.0	<0.70 >1.60	1.0~0.8	7.0~7.5
10~0	<0.9 >3.2	<11.0 >32.0	<0.5 >2.7	<0.8	<5.0 >20.0		<0.8	>7.5

表 1-14　烟叶化学成分指标赋值方法（中部烟叶）

得分	总氮（%）	还原糖（%）	烟碱（%）	钾（%）	糖碱比	氮碱比	钾氯比	淀粉（%）
100	2.0~2.3	23.0~26.0	2.1~2.4	≥2.5	10.5~11.5	0.95~1.05	≥8.0	≤3.5
100~90	2.0~1.9	23.0~21.0	2.1~2.0	2.5~2.3	10.5~10.0	0.95~0.90	8.0~7.5	3.5~4.0
	2.3~2.6	26.0~28.0	2.4~2.6		11.5~12.0	1.05~1.10		
90~80	1.9~1.8	21.0~20.0	2.0~1.9	2.3~2.1	10.0~9.5	0.9~0.85	7.5~7.0	4.0~4.4
	2.6~2.7	28.0~29.0	2.6~2.8		12.0~12.5	1.10~1.15		
80~70	1.8~1.7	20.0~19.0	1.9~1.8	2.1~2.0	9.5~9.0	0.85~0.80	7.0~6.0	4.4~4.7
	2.7~2.8	29.0~30.0	2.8~2.9		12.5~13.0	1.15~1.20		
70~60	1.7~1.6	19.0~18.0	1.8~1.7	2.0~1.9	9.0~8.5	0.80~0.75	6.0~5.0	4.7~5.0
	2.8~2.9	30.0~30.5	2.9~3.0		13.0~14.0	1.20~1.25		
60~50	1.6~1.5	18.0~17.0	1.7~1.6	1.9~1.8	8.5~8.0	0.75~0.70	5.0~4.0	5.0~5.5
	2.9~3.0	30.5~31.0	3.0~3.1		14.0~15.0	1.25~1.30		
50~40	1.5~1.4	17.0~16.0	1.6~1.5	1.8~1.6	8.0~7.0	0.70~0.65	4.0~3.0	5.5~6.0
	3.0~3.1	31.0~31.5	3.1~3.2		15.0~15.5	1.30~1.35		
40~30	1.4~1.3	16.0~15.0	1.5~1.4	1.6~1.3	7.0~6.0	0.65~0.60	3.0~2.0	6.0~6.5
	3.1~3.2	31.5~32.0	3.2~3.3		15.5~16.0	1.35~1.40		
30~20	1.3~1.2	15.0~14.0	1.4~1.3	1.3~1.0	6.0~5.0	0.60~0.55	2.0~1.0	6.5~7.0
	3.2~3.3	32.0~32.5	3.3~3.4		16.0~16.5	1.40~1.45		
20~10	1.2~1.1	14.0~13.0	1.3~1.2	1.0~0.8	5.0~4.0	<0.55	1.0~0.8	7.0~7.5
	3.3~3.4	32.5~33.0	3.4~3.5		16.5~17.0	>1.45		
10~0	<1.1	<12.0	<1.2	<0.8	<4.0		<0.8	>7.5
	>3.4	>33.0	>3.5		>17.0			

表 1-15　烟叶化学成分指标赋值方法（上部烟叶）

得分	总氮(%)	还原糖(%)	烟碱(%)	钾(%)	糖碱比	氮碱比	钾氯比	淀粉(%)
100	2.1~2.4	22.0~24.0	2.5~2.9	≥2.0	8.0~9.0	0.70~0.90	≥8.0	≤3.5
100~90	2.1~2.0 2.4~2.7	22.0~19.0 24.0~26.0	2.5~2.4 2.9~3.0	2.0~1.8	8.0~7.5 9.0~9.5	0.70~0.65 0.90~0.95	8.0~7.5	3.5~4.0
90~80	2.0~1.9 2.7~2.8	19.0~18.0 26.0~27.0	2.4~2.3 3.0~3.1	1.8~1.6	7.5~7.0 9.5~10.0	0.65~0.60 0.95~1.00	7.5~7.0	4.0~4.4
80~70	1.9~1.8 2.8~2.9	18.0~17.5 27.0~28.0	2.3~2.2 3.1~3.2	1.6~1.5	7.0~6.5 10.0~10.5	0.60~0.55 1.00~1.05	7.0~6.0	4.4~4.7
70~60	1.8~1.7 2.9~3.0	17.5~16.5 28.0~28.5	2.2~2.1 3.2~3.3	1.5~1.4	6.5~6.0 10.5~11.5	0.55~0.50 1.05~1.10	6.0~5.0	4.7~5.0
60~50	1.7~1.6 3.0~3.1	16.5~15.5 28.5~29.0	2.1~2.0 3.3~3.4	1.4~1.3	6.0~5.5 11.5~12.5	0.50~0.45 1.10~1.15	5.0~4.0	5.0~5.5
50~40	1.6~1.5 3.1~3.2	15.5~14.5 29.0~29.5	2.0~1.9 3.4~3.5	1.3~1.1	5.5~5.0 12.5~13.5	0.45~0.40 1.15~1.20	4.0~3.0	5.5~6.0
40~30	1.5~1.4 3.2~3.3	14.5~13.5 29.5~30.0	1.9~1.8 3.5~3.6	1.1~0.8	5.0~4.0 13.5~14.5	0.40~0.35 1.20~1.25	3.0~2.0	6.0~6.5
30~20	1.4~1.3 3.3~3.4	13.5~12.5 30.0~31.0	1.8~1.7 3.6~3.7	0.8~0.5	4.0~3.0 14.5~15.5	0.35~0.30 1.25~1.30	2.0~1.0	6.5~7.0
20~10	1.3~1.2 3.4~3.5	12.5~11.5 31.0~32.0	1.7~1.6 3.7~3.8	0.5~0.3	3.0~2.0 15.5~16.0	<0.30 >1.30	1.0~0.8	7.0~7.5
10~0	<1.2 >3.5	<11.0 >32.0	<1.6 >3.8	<0.3	<2.0 >16.0		<0.8	>7.5

一、凉山州会东县红花大金元 X2F 常规化学成分及协调性评价

2020 年凉山州会东县红花大金元 X2F 常规化学成分及协调性分析结果见表 1-16。下部烟叶总氮分布在 0.50%~2.03%,均值为 1.57%,变异系数为 19.11%;总糖分布在 22.43%~39.83%,均值为 31.88%,变异系数为 13.74%;还原糖分布在 21.35%~31.51%,均值为 27.75%,变异系数为 10.31%;烟碱分布在 0.84%~2.54%,均值为 1.64%,变异系数为 25.00%;钾分布在 0.89%~2.50%,均值为 1.49%,变异系数为 28.86%;氯分布在 0.02%~0.57%,均值为 0.14%,变异系数较大,为 100.00%;糖碱比分布在 9.54~35.00,均值为 20.69,变异系数为 28.52%;氮碱比分布在 0.45~2.28,均值为 1.01,变异系数为 35.64%;钾氯比分布在 3.12~102.87,均值为 20.93,变异系数较大,为 98.85%;两糖比分布在 0.72~0.98,均值为 0.88,变异系数较小,为 7.95%。会东县红花大金元下部叶常规化学成分及协调性赋值得分范围 30.23~85.04 分,均值为 52.08 分,变异系数为 20.04%。

表 1-16　会东县红花大金元 X2F 常规化学成分及协调性统计分析

指标	最小值	最大值	平均值	标准偏差 S_d	变异系数 $C_v(\%)$
总氮(%)	0.50	2.03	1.57	0.30	19.11
总糖(%)	22.43	39.83	31.88	4.38	13.74
还原糖(%)	21.35	31.51	27.75	2.86	10.31
烟碱(%)	0.84	2.54	1.64	0.41	25.00
钾(%)	0.89	2.50	1.49	0.43	28.86
氯(%)	0.02	0.57	0.14	0.14	100.00
糖碱比	9.54	35.00	20.69	5.90	28.52
氮碱比	0.45	2.28	1.01	0.36	35.64
钾氯比	3.12	102.87	20.93	20.69	98.85
两糖比	0.72	0.98	0.88	0.07	7.95
总分(分)	30.23	85.04	52.08	10.44	20.04

二、凉山州会东县红花大金元 C2F 常规化学成分及协调性评价

由表 1-17 可知,会东县红花大金元 C2F 烟叶常规化学成分及协调性具体表现为:总氮范围 0.45% ~ 2.25%,均值为 1.57%,变异系数为 23.57%;总糖范围 22.56% ~ 41.86%,均值为 33.23%,变异系数为 14.44%;还原糖范围 20.51% ~ 33.37%,均值为 27.66%,变异系数为 11.86%;烟碱范围 1.15% ~ 3.56%,均值为 2.18%,变异系数为 25.23%;钾范围 1.07% ~ 2.11%,均值为 1.49%,变异系数为 21.48%;氯范围 0.05% ~ 0.68%,均值为 0.20%,变异系数较大,为 100.00%;糖碱比范围 7.63 ~ 33.50,均值为 16.60,变异系数为 35.54%;氮碱比范围 0.20 ~ 1.56,均值为 0.76,变异系数为 35.53%;钾氯比范围 2.09 ~ 41.31,均值为 15.56,变异系数为 66.45%;两糖比范围 0.73 ~ 0.98,均值为 0.84,变异系数较小,为 9.52%。会东县红花大金元 C2F 常规化学成分及协调性赋值得分范围 36.63 ~ 73.73 分,均值为 50.52 分,变异系数为 21.54%。

表 1-17　会东县红花大金元 C2F 常规化学成分及协调性统计分析

指标	最小值	最大值	平均值	标准偏差 S_d	变异系数 $C_v(\%)$
总氮(%)	0.45	2.25	1.57	0.37	23.57
总糖(%)	22.56	41.86	33.23	4.80	14.44
还原糖(%)	20.51	33.37	27.66	3.28	11.86
烟碱(%)	1.15	3.56	2.18	0.55	25.23
钾(%)	1.07	2.11	1.49	0.32	21.48
氯(%)	0.05	0.68	0.20	0.20	100.00
糖碱比	7.63	33.50	16.60	5.90	35.54
氮碱比	0.20	1.56	0.76	0.27	35.53
钾氯比	2.09	41.31	15.56	10.34	66.45
两糖比	0.73	0.98	0.84	0.08	9.52
总分(分)	36.63	73.73	50.52	10.88	21.54

三、凉山州会东县红花大金元 C3F 常规化学成分及协调性评价

根据表 1-18 分析可得,会东县红花大金元 C3F 烟叶常规化学成分及协调性具体表现为:总氮范围 1.31% ~ 2.46%,均值为 1.72%,变异系数为 15.70%;总糖范围 23.18% ~ 42.54%,均值为 32.48%,变异系数为 13.76%;还原糖范围 21.76% ~ 33.02%,均值为 28.31%,变异系数为 10.77%;烟碱范围 1.33% ~ 3.16%,均值为 2.00%,变异系数为 22.00%;钾范围 1.00% ~ 2.58%,均值为 1.48%,变异系数为 22.30%;氯范围 0.01% ~ 0.63%,均值为 0.14%,变异系数较大,为 92.86%;糖碱比范围 9.49 ~ 25.95,均值为 16.90,变异系数为 23.14%;氮碱比范围 0.61 ~ 1.44,均值为 0.90,变异系数为 25.56%;钾氯比范围 2.34 ~ 90.58,均值为 16.57,变异系数较大,为 104.41%;两糖比范围 0.75 ~ 0.98,均值为 0.88,变异系数较小,为 7.95%。会东县红花大金元 C3F 常规化学成分及协调性赋值得分范围 39.45 ~ 68.80 分,均值为 53.97 分,变异系数为 16.62%。

表 1-18　会东县红花大金元 C3F 常规化学成分及协调性统计分析

指标	最小值	最大值	平均值	标准偏差 S_d	变异系数 $C_v(\%)$
总氮(%)	1.31	2.46	1.72	0.27	15.70
总糖(%)	23.18	42.54	32.48	4.47	13.76
还原糖(%)	21.76	33.02	28.31	3.05	10.77
烟碱(%)	1.33	3.16	2.00	0.44	22.00
钾(%)	1.00	2.58	1.48	0.33	22.30
氯(%)	0.01	0.63	0.14	0.13	92.86
糖碱比	9.49	25.95	16.90	3.91	23.14
氮碱比	0.61	1.44	0.90	0.23	25.56
钾氯比	2.34	90.58	16.57	17.30	104.41
两糖比	0.75	0.98	0.88	0.07	7.95
总分(分)	39.45	68.80	53.97	8.97	16.62

四、凉山州会东县红花大金元 B2F 常规化学成分及协调性评价

2020 年凉山州会东县红花大金元 B2F 常规化学成分及协调性分析结果见表 1-19。上部叶总氮分布在 1.32% ~ 2.89%，均值为 1.85%，变异系数为 20.54%；总糖分布在 20.99% ~ 36.70%，均值为 28.98%，变异系数为 14.98%；还原糖分布在 19.57% ~ 30.39%，均值为 25.29%，变异系数为 11.43%；烟碱分布在 1.71% ~ 4.43%，均值为 2.94%，变异系数为 23.47%；钾分布在 0.66% ~ 2.19%，均值为 1.47%，变异系数为 27.89%；氯分布在 0.02% ~ 0.56%，均值为 0.19%，变异系数较大，为 94.74%；糖碱比分布在 4.80 ~ 16.10，均值为 10.39，变异系数为 26.08%；氮碱比分布在 0.39 ~ 1.29，均值为 0.66，变异系数为 30.30%；钾氯比分布在 1.62 ~ 64.38，均值为 18.66，变异系数较大，为 88.64%；两糖比分布在 0.70 ~ 1.00，均值为 0.88，变异系数较小，为 9.09%。会东县红花大金元 B2F 常规化学成分及协调性赋值得分范围 45.29 ~ 76.29 分，均值为 63.12 分，变异系数为 14.07%。

表 1-19　会东县红花大金元 B2F 常规化学成分及协调性统计分析

指标	最小值	最大值	平均值	标准偏差 S_d	变异系数 $C_v(\%)$
总氮(%)	1.32	2.89	1.85	0.38	20.54
总糖(%)	20.99	36.70	28.98	4.34	14.98
还原糖(%)	19.57	30.39	25.29	2.89	11.43
烟碱(%)	1.71	4.43	2.94	0.69	23.47
钾(%)	0.66	2.19	1.47	0.41	27.89
氯(%)	0.02	0.56	0.19	0.18	94.74
糖碱比	4.80	16.10	10.39	2.71	26.08
氮碱比	0.39	1.29	0.66	0.20	30.30
钾氯比	1.62	64.38	18.66	16.54	88.64
两糖比	0.70	1.00	0.88	0.08	9.09
总分(分)	45.29	76.29	63.12	8.88	14.07

五、小结

烤烟总糖,又叫水溶性糖,它与还原糖一起作为烤烟常规化学成分检测分析的重要指标,它们含量高低主要决定烟气醇和度。对烤烟而言,含糖较低的烤烟燃吸时的烟气呈碱性,会给烟气带来刺、呛等不良感觉。但是,烤烟中含糖量也不完全是越高越好,烤烟含糖量过高会给燃吸时的烟气带来不良影响。湖北中烟工业有限责任公司对基地烤烟原料需求目标为总糖25%~35%、还原糖20%~30%。会东县红花大金元各部位烤后烟总糖和还原糖含量大部分处于湖北中烟原料需求范围内,少部分样品总糖和还原糖稍高于需求范围。烤烟中各种含氮化合物(主要有蛋白质、烟碱和可溶性氮等),这些含氮化合物的总和被称为烤烟总氮。烤烟中的含氮化合物在燃吸时,会热裂解为吡啶、酰胺及其衍生产物等呈碱性的物质,这些碱性物质大多数具有强烈的辛辣味、焦味和刺激性。烤烟总氮含量过高,烟气会产生强烈的刺激性,且味苦、辛辣;如果烤烟中含氮量太低,则烤烟在抽吸时的烟气变得平淡无味。另外,烟草中含有烟碱、降烟碱、新烟草碱、假木贼碱等多种生物碱。烟草生物碱的主要组成成分是烟碱,又称尼古丁,烟碱占烟草生物碱的90%以上。烟碱决定生理强度,即烟气的劲头,是因为烟碱味辛辣,且有强烈的刺激性气味。如果烤烟的烟碱含量过低,则吸食淡而无味,烟气的劲头也小;如果烤烟的烟碱含量过高,不仅烟气的劲头大,还会给吸烟者带来一些不悦之感,如呛刺、对喉部的刺激等(杜咏梅等,2000)。因此,在烤烟生产中,需要控制烤烟的烟碱含量在一个适宜范围内,优质烤烟中的总氮含量以1.5%~3.5%较为适宜,湖北中烟对烟叶原料烟碱的需求为上部叶3.0%~3.5%、中部叶2.0%~3.0%、下部叶1.5%~2.0%。会东县红花大金元上、中、下三部位烟叶总氮均值均在适宜范围内,但有少数样品总氮含量稍低于优质烟叶范围;下部叶、中部叶烟碱含量均值在湖北中烟需求范围内,上部叶烟碱含量稍低于需求范围。钾是烟草吸收量最大的营养元素。烤烟钾含量与烤烟安全性有关,主要是因为钾含量高的烤烟燃烧性好,焦油含量低,一氧化碳含量也低(邓小华等,2011)。烤烟虽是忌氯作物,但含少量的氯是必需的。含氯量适宜的烤烟物理特性较好,如烤烟质地柔软,弹性好,这样的烤烟在加工时抗破碎能力强,碎丝率低,出丝率高;但烤烟吸收过量氯会严重影响烤烟质量,最主要的影响是燃烧性下降,特别是烤烟含氯量大于1.20%时,燃烧时会出现熄火现象。湖北中烟对烟叶原料的需求为钾含量>2.0%、氯含量<0.8%。会东县红花大金元烤后烟钾含量整体偏低,氯含量适宜。

　　烤后烟化学成分协调性通常包括糖碱比、氮碱比、钾氯比及两糖比等。糖碱比是还原糖含量与烟碱含量的比值,通常被用作评价烟气醇和度的指标,烤烟糖碱比协调,表现在燃吸时烟气醇和,具有一定香气,吃味舒适醇和,浓度和劲头也较适宜,一般糖碱比要求在 8~10 的适宜范围内。烤烟氮碱比是指总氮与烟碱的比值,可在一定程度上反映烤烟的成熟状况,一般氮碱比以接近1.00 为宜。烤烟中钾含量与氯含量的比值被称为钾氯比,钾氯比值大小可以反映烤烟燃烧性的优劣程度,一般适宜的钾氯比值大于 4。糖含量过高或过低都会使叶片化学成分失衡,而还原糖占总糖含量的 90% 以上时,烟叶的成熟度好,比值越低成熟度越差(刘国顺,2003)。会东县红花大金元上部叶糖碱比稍高于适宜范围,下部和中部叶远远大于适宜范围,这是因为下部和中部烟叶烟碱含量偏低,还原糖含量偏高,导致糖碱比偏高;中部叶氮碱比接近于1,在适宜范围内,上部和下部叶低于适宜范围,是因为上部叶和少部分下部叶烟碱含量较高,导致氮碱比偏低;三部位烟叶钾氯比均大于 4,燃烧性均较好,其中下部叶钾氯比最大;C2F 两糖比稍低为 0.84,其余三个等级烟叶两糖比均为 0.88,接近适宜范围。会东县红花大金元化学成分赋值得分 X2F 平均52.08 分,C2F 平均 50.52 分,C3F 平均 53.97 分,B2F 平均 63.12 分。

第四节　凉山州会东县红花大金元 烟叶感官质量评价

　　烟叶的内在质量是烟支或烟丝通过燃烧所产生的烟气的特征特性,总的包括香气和吃味两个方面。一般评吸时,认为香气质好、香气量足、刺激性和杂气较小、劲头适中、燃烧性好的烟叶为感官质量适宜。闫克玉等(2001)通过对烟叶评吸质量和主要理化指标的相关及回归分析,找出了对烤烟感官质量有显著性影响的主要理化指标包括还原糖、总氮、烟碱、石油醚提取物、总细胞壁物质、全纤维素、平衡含水率、单料烟支阴燃时间、焦油、糖/氮等。周翔等(2009)研究了各项评吸指标与烤烟生长期间降水量的相关关系,结果发现山东烤烟评吸总得分、劲头、余味、杂气、刺激性与 5~8 月降水量(496.08 mm)有正相关关系;燃烧性、香气质与降水量有负相关关系。

　　感官质量评价由湖北中烟工业有限责任公司、国家烟草质量检验监督中心和河南农业大学等单位共 10 名评吸专家,按照湖北中烟《单料烟感官质量评价方法》,采用定性描述结合定量打分的方法对单料烟样品进行评价。评价指标及打分具体为:香气质(好 18、较好 16、中等+15、中等 14、中等-13、较差 12、差 10)、香气量(足 16、较足 14、尚充足+13、尚充足 12、尚充足−11、较少 10、少 8)、杂气(无 16、较轻 14、有+13、有 12、有−11、较重 10、重 8)、刺激性 (无 20、微有 18、有+17、有 16、有−15、较大 14、大 12)、余味(舒适 22、较舒适 20、尚舒适+19、尚舒适 18、尚舒适−17、较苦辣 16、滞舌 14)、燃烧性(强 4、中 等 3、差 2、熄火 0)、灰色(白 4、灰白 3、灰黑 2、黑 1)、浓度(浓 5、较浓 4、中等 3、较淡 2、淡 1)、劲头(大 5、较大 4、中等 3、较小 2、小 1)和可用性(好 5、较好 4、中等 3、较差 2、差 1)。综合得分=香气质+香气量+杂气+刺激性+余味+燃 烧性+灰色,分值越大,品质越好。

一、凉山州会东县红花大金元 X2F 感官质量评价

2020 年凉山州会东县红花大金元 X2F 感官质量评价结果见表 1-20。下 部烟叶香气质为"中等+—较好",分值分布在 15.20～15.40 分,平均 15.23 分,变异系数较小,为 0.46%;香气量为"尚充足+—较足",分值分布在 13.30～ 13.70 分,平均 13.45 分,变异系数为 1.32%;杂气为"有+—较轻",分值分布 在 13.20～13.50 分,平均 13.36 分,变异系数为 0.97%;刺激性为"有+—微 有",分布在 17.30～17.50 分,平均 17.43 分,变异系数为 0.59%;余味为"尚 舒适−—尚舒适",分值分布在 17.30～18.00 分,平均 17.71 分,变异系数 1.52%;燃烧性均为强,分值均为 4 分;灰色均为白,分值均为 4 分;浓度"中 等—较浓",分值分布在 3.00～3.50 分,平均为 3.25 分,变异系数 8.22%。劲 头为"中等—较大",得分分布在 3.00～3.50 分,平均 3.06 分,变异系数为 5.77%。可用性"中等—好",得分分布在 3.00～4.20 分,平均 3.85 分,变异 系数较大,为 11.94%。会东县红花大金元 X2F 感官质量"中等+—较好",总 分分布在 84.30～85.90 分,均值为 85.18 分,变异系数为 0.71%。

表 1-20　会东县 2020 年红花大金元 X2F 感官质量统计分析

指标	最小值(分)	最大值(分)	平均值(分)	标准偏差 S_d	变异系数 $C_v(\%)$
香气质	15.20	15.40	15.23	0.07	0.46
香气量	13.30	13.70	13.45	0.18	1.32
杂气	13.20	13.50	13.36	0.13	0.97
刺激性	17.30	17.50	17.43	0.10	0.59
余味	17.30	18.00	17.71	0.27	1.52

续表 1-20

指标	最小值（分）	最大值（分）	平均值（分）	标准偏差 S_d	变异系数 C_v（%）
燃烧性	4.00	4.00	4.00	0.00	0.00
灰色	4.00	4.00	4.00	0.00	0.00
总分	84.30	85.90	85.18	0.60	0.71
浓度	3.00	3.50	3.25	0.27	8.22
劲头	3.00	3.50	3.06	0.18	5.77
可用性	3.00	4.20	3.85	0.46	11.94

二、凉山州会东县红花大金元 C2F 感官质量评价

由表 1-21 可知,会东县红花大金元 C2F 感官质量具体表现为:香气质"中等+—较好",分值范围 15.20～15.50 分,均值 15.42 分,变异系数较小,为 0.77%;香气量"尚充足+—较足",分值范围 13.20～14.00 分,均值 13.58 分,变异系数为 1.94%;杂气"有+—较轻",分值范围 13.20～13.50 分,均值 13.38 分,变异系数为 1.06%;刺激性"有+—微有",分值范围 17.40～17.80 分,均值 17.55 分,变异系数为 0.67%;余味"尚舒适–—尚舒适",得分范围 17.40～18.00 分,均值 17.88 分,变异系数为 1.29%;燃烧性均为强,得分均为 4 分;灰色均为白,得分均为 4 分;浓度"中等—较浓",分值范围 3.00～4.00 分,均值为 3.34 分,变异系数为 10.56%。劲头为"中等—较大",得分范围 3.00～3.50 分,均值 3.12 分,变异系数为 6.24%。可用性"中等—好",得分范围 3.50~4.50 分,平均 4.18 分,变异系数为 8.21%。会东县红花大金元 C2F 感官质量"中等+—较好",总分范围 84.80～86.50 分,均值为 85.79 分,变异系数为 0.68%。

表 1-21　会东县 2020 年红花大金元 C2F 感官质量统计分析

指标	最小值（分）	最大值（分）	平均值（分）	标准偏差 S_d	变异系数 C_v（%）
香气质	15.20	15.50	15.42	0.12	0.77
香气量	13.20	14.00	13.58	0.26	1.94

续表 1-21

指标	最小值(分)	最大值(分)	平均值(分)	标准偏差 S_d	变异系数 C_v(%)
杂气	13.20	13.50	13.38	0.14	1.06
刺激性	17.40	17.80	17.55	0.12	0.67
余味	17.40	18.00	17.88	0.23	1.29
燃烧性	4.00	4.00	4.00	0.00	0.00
灰色	4.00	4.00	4.00	0.00	0.00
总分	84.80	86.50	85.79	0.58	0.68
浓度	3.00	3.34	3.34	0.35	10.56
劲头	3.00	3.50	3.12	0.19	6.24
可用性	3.50	4.50	4.18	0.34	8.21

三、凉山州会东县红花大金元 C3F 感官质量评价

根据表 1-22 分析可得,会东县红花大金元 C3F 烟叶感官质量具体表现为:香气质"中等+—较好",分值范围 15.40~15.50 分,平均 15.48 分,变异系数较小,为 0.25%;香气量"尚充足+—较足",分值范围 13.30~14.00 分,平均 13.57 分,变异系数为 1.45%;杂气"有+—较轻",分值范围 13.30~13.50 分,平均 13.48 分,变异系数为 0.46%;刺激性"有+—微有",分值范围 17.50~17.70 分,平均 17.56 分,变异系数为 0.45%;余味"尚舒适-—尚舒适",得分范围 17.50~18.00 分,平均 17.89 分,变异系数为 0.87%;燃烧性均为强,得分均为 4 分;灰色均为白,得分均为 4 分;浓度"中等—较浓",分值范围 3.00~3.70 分,平均为 3.28 分,变异系数较大,为 9.26%;劲头"中等—较大",得分范围 3.00~3.50 分,平均 3.06 分,变异系数为 4.92%;可用性"较好—好",得分范围 4.00~4.50 分,平均 4.25 分。会东县红花大金元 C3F 感官质量"中等+—较好",总分范围 85.10~86.50 分,均值为 85.98 分,变异系数为 0.41%。

表 1-22　会东县 2020 年红花大金元 C3F 感官质量统计分析

指标	最小值（分）	最大值（分）	平均值（分）	标准偏差 S_d	变异系数 C_v（%）
香气质	15.40	15.50	15.48	0.04	0.25
香气量	13.30	14.00	13.57	0.20	1.45
杂气	13.30	13.50	13.48	0.06	0.46
刺激性	17.50	17.70	17.56	0.08	0.45
余味	17.50	18.00	17.89	0.16	0.87
燃烧性	4.00	4.00	4.00	0.00	0.00
灰色	4.00	4.00	4.00	0.00	0.00
总分	85.10	86.50	85.98	0.35	0.41
浓度	3.00	3.70	3.28	0.30	9.26
劲头	3.00	3.50	3.06	0.15	4.92
可用性	4.00	4.50	4.25	0.20	4.76

四、凉山州会东县红花大金元 B2F 感官质量评价

2020 年凉山州会东县红花大金元 B2F 感官质量评价结果见表 1-23。上部叶香气质为"中等+—较好"，分值分布在 15.00~15.50 分，平均 15.22 分，变异系数为 1.00%；香气量为"尚充足+—较足"，分值分布在 13.20~13.80 分，平均 13.54 分，变异系数为 1.59%；杂气为"有+—较轻"，分值分布在 13.00~13.40 分，平均 13.19 分，变异系数较小，为 0.92%；刺激性为"有+—微有"，分值分布在 17.00~17.50 分，平均 17.33 分，变异系数为 1.10%；余味为"尚舒适——尚舒适"，分值分布在 17.00~18.00 分，平均 17.53 分，变异系数为 1.73%；燃烧性均为强，得分均为 4 分；灰色均为白，得分均为 4 分；浓度"中等—较浓"，分值分布在 3.20~4.00 分，平均为 3.58 分，变异系数为 7.70%；劲头为"中等—较大"，得分分布在 3.00~4.00 分，平均 3.42 分，变异系数为 9.65%；可用性"中等—较好"，得分分布在 3.00~4.00 分，平均 3.56 分，变异系数为 12.13%。会东县红花大金元上部叶感官质量"中等+—较好"，总分范围 83.40~86.00 分，均值为 84.81 分，变异系数较小，为 0.92%。

表 1-23　会东县 2020 年红花大金元 B2F 感官质量统计分析

指标	最小值（分）	最大值（分）	平均值（分）	标准偏差 S_d	变异系数 C_v（%）
香气质	15.00	15.50	15.22	0.15	1.00
香气量	13.20	13.80	13.54	0.22	1.59
杂气	13.00	13.40	13.19	0.12	0.94
刺激性	17.00	17.50	17.33	0.19	1.10
余味	17.00	18.00	17.53	0.30	1.73
燃烧性	4.00	4.00	4.00	0.00	0.00
灰色	4.00	4.00	4.00	0.00	0.00
总分	83.40	86.00	84.81	0.78	0.92
浓度	3.20	4.00	3.58	0.28	7.70
劲头	3.00	4.00	3.42	0.33	9.65
可用性	3.00	4.00	3.56	0.43	12.13

五、小结

感官质量即内在质量，主要是通过评吸，靠人的口腔、舌、喉、鼻等感官鉴别烟叶的香气、吸味、生理强度、刺激性等内在品质特点（于建军，2009）。感官质量是卷烟产品质量的重要组成部分，是产品质量的基础和核心。会东县红花大金元各部位烟叶香气质均为"中等+—较好"；香气量均为"尚充足+—较足"；杂气均为"有+—较轻"；刺激性均为"有+—微有"；余味均为"尚舒适——尚舒适"；燃烧性均为"强"；灰色均为"白"；总分 C2F、C3F 多数为"较好"，少数为"中等+"；浓度均为"中等—较浓"；劲头均为"中等—较大"；C2F、C3F 均为"较好—好"，B2F、X2F 为"中等—较好"。C2F 浓度、B2F 及 X2F 可用性变异系数较大，分别为 10.56%、12.13%、11.94%。

第五节　凉山州会东县红花大金元
烟叶品质综合评价

烟叶质量是一个综合性的概念，因此在评价烟叶质量时必须兼顾各个方面并选择正确的评价方法,才能对烟叶做出科学评价。生态条件对烟叶质量风格和特征的形成具有重要影响,不同烟叶产区生态条件不同,其烟叶质量风格特征也存在明显差异。凉山州与云南烟区相邻,除了地理位置接近,气温、光照、降雨和土壤类型等生态条件与云南烟区也十分类似,适宜的光、温、水等自然条件有利于烟株的自身碳水化合物的形成、累积和转化(吕芬等,2006)。在2017年修订的《全国烤烟烟叶香型风格区划》中,将四川省凉山州烤烟基本归属于西南高原生态区–清甜香型(Ⅰ区)。

　　本书对烟叶质量的综合评价采用的方法是将外观质量评价得分、物理特性评价得分、化学成分评价得分和感官质量评价得分,乘以各自权重系数后的相加之和(注:化学成分赋值时未计算淀粉得分,满分为88.20分,计算烟叶品质值时将化学成分得分按比例换算为满分100分)。

　　Y(烟叶品质值)= 外观质量评价得分×15%+物理特性评价得分×10%+化学成分评价得分×25%+感官质量评价得分×50%

　　通过对烟叶外观质量、物理特性、化学成分、感官质量的各自评价,得出会东县红花大金元烟叶综合评价结果,见图1-1。

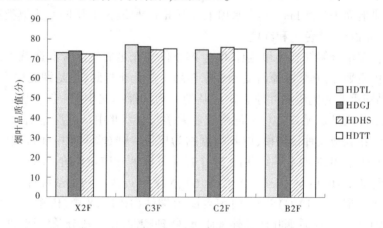

图1-1　会东县红花大金元各等级烟叶品质值

　　会东县红花大金元烟叶品质值分布在72.12~77.39分,均值为74.84分,各个烟站样品差异不大。其中下部叶以会东县嘎吉烟站烟叶品质最好,其次为铁柳烟站、火石烟站、淌塘烟站;C3F烟叶品质值从高到低依次为:铁柳烟站、嘎吉烟站、淌塘烟站、火石烟站;C2F烟叶品质值从高到低依次为:火石烟站、淌塘烟站、铁柳烟站、嘎吉烟站;上部叶烟叶品质值以火石烟站最高,其次为淌塘烟站、嘎吉烟站、铁柳烟站。

第二章　凉山州会理市红花大金元烟叶质量评价

　　会理市隶属于四川省凉山彝族自治州,位于四川省凉山彝族自治州最南端,地理坐标为东经 101°52′~102°38′,北纬 26°05′~27°12′,东部和北部分别与会东、宁南、德昌县相邻,西与攀枝花市仁和区及盐边县、米易县接壤,南与楚雄州元谋县、武定县,昆明市禄劝县隔金沙江相望,地形以山地、丘陵、平坝为主,其中山地约占幅员面积的 40%、丘陵约占 50%、平坝约占 10%。会理属中亚热带西部半湿润气候区,有丰富的光热资源和宜人的气候条件,中部山丘区年均气温 15.3 ℃,南部河谷区年均气温 23 ℃以上;全市年平均降水量 1 211.7 mm,降水量 90%以上集中在 6~10 月;全市干湿季节明显,日照充足,全年平均日照时数达 2 421.5 h;无霜期 250 天左右。会理市土地资源丰富,全市耕地面积 7 万 hm²,其中水田 1.6 万 hm²、旱地 5.4 万 hm²,土壤类型有水稻土、冲积土、紫色土和红壤。

　　会理市全年气候温和,独特的生态条件和充足的光热资源造就了山地清甜香优质烟叶,其烟叶原料受到多家卷烟工业企业青睐,也是湖北中烟"黄鹤楼"品牌重要的优质烟叶原料供应基地。为掌握湖北中烟-会理基地红花大金元烟叶质量状况,2020 年,河南农业大学联合湖北中烟武汉卷烟厂,根据会理市红花大金元种植规模,以收购烟站为单位,从收购烟叶中随机抽取 X2F、C2F、C3F 和 B2F 四个等级共计 24 个样品开展烟叶质量评价。取样样品按等级统计如下:B2F(6)、C3F(6)、C2F(6)、X2F(6);按收购烟站统计如下:城北街道茅草烟站(HLMC)8 个、内东乡团山烟站(HLTS)8 个、内东乡马颈烟站(HLMJ)8 个。烤后烟叶样品外观质量、物理特性、化学成分及协调性、感官质量,烟叶品质评价方法及标准与会东县相同。

第一节　凉山州会理市红花大金元烟叶外观质量评价

　　烟叶外观特性是烟叶化学成分和生理结构在人体视觉和触觉上的反映,是内在质量的体现(王卫康,2004)。外观质量与内在质量是密切联系的,都是化学成分在外观特征和烟气特征上的表现。烟叶颜色、油分与其主要化学成分相关性较强,随烟叶颜色加深,烟碱含量增加,烟叶淀粉含量降低;随烟叶油分增加,总糖含量降低,淀粉含量提高(唐宇等,2011)。于川芳等(2005)研究表明,同部位颜色较浅的烟叶比颜色较深的烟叶还原糖含量高,烟碱、总氮及氯含量低,糖碱比高。

一、凉山州会理市红花大金元 X2F 外观质量评价

2020 年会理市红花大金元 X2F 外观质量评价结果见表 2-1。下部烟叶部位分值均为 8.00 分;颜色均为橘黄,分值均为 13.00 分,样品纯度较好;成熟度均为成熟,分值分布在 17.00～18.00 分,平均 17.67 分,变异系数为 2.92%;油分均为"有",分值分布在 15.00～16.00 分,平均 15.33 分,变异系数为 3.37%;叶片结构均为疏松,分值均为 9.00 分;身份均为"稍薄",分值均为 6.00 分;色度均为"强",分值分布在 7.00～8.00 分,平均 7.17 分,变异系数为 5.69%。会理市红花大金元下部叶外观质量综合得分 75.00～78.00 分,平均 76.17 分,变异系数较小,为 1.53%。

表 2-1　会理市红花大金元烤后烟 X2F 外观质量统计分析

指标	最小值(分)	最大值(分)	平均值(分)	标准偏差 S_d	变异系数 C_v(%)
部位	8.00	8.00	8.00	0.00	0.00
颜色	13.00	13.00	13.00	0.00	0.00
成熟度	17.00	18.00	17.67	0.52	2.92
油分	15.00	16.00	15.33	0.52	3.37
叶片结构	9.00	9.00	9.00	0.00	0.00
身份	6.00	6.00	6.00	0.00	0.00
色度	7.00	8.00	7.17	0.41	5.69
总分	75.00	78.00	76.17	1.17	1.53

二、凉山州会理市红花大金元 C2F 外观质量评价

据表 2-2 分析可知,凉山州会理市红花大金元 C2F 外观质量具体表现为:部位均为中部,分值均为 15.00 分;颜色均为橘黄,分值范围为 14.00～15.00

分,平均 14.50 分,变异系数较小,为 3.78%;成熟度均为成熟,分值均为 18.00 分;叶片结构均为疏松,分值均为 10.00 分;身份均为"中等",分值范围 为 9.00~10.00 分,平均为 9.50 分,变异系数为 5.77%;油分均为"多",分值 范围为 18.00~19.00 分,平均 18.50 分,变异系数为 2.96%;色度"浓"的烟叶 样品占比 50%,"强"的烟叶样品占比 50%,分值范围为 8.00~9.00 分,平均 8.50 分,变异系数为 6.44%。会理市红花大金元 C2F 烟叶外观质量综合得分 93.00~95.00 分,平均 94.00 分,变异系数为 1.17%。

表 2-2　会理市红花大金元烤后烟 C2F 外观质量统计分析

指标	最小值(分)	最大值(分)	平均值(分)	标准偏差 S_d	变异系数 C_v(%)
部位	15.00	15.00	15.00	0.00	0.00
颜色	14.00	15.00	14.50	0.55	3.78
成熟度	18.00	18.00	18.00	0.00	0.00
油分	18.00	19.00	18.50	0.55	2.96
叶片结构	10.00	10.00	10.00	0.00	0.00
身份	9.00	10.00	9.50	0.55	5.77
色度	8.00	9.00	8.50	0.55	6.44
总分	93.00	95.00	94.00	1.10	1.17

三、凉山州会理市红花大金元 C3F 外观质量评价

凉山州会理市红花大金元 C3F 样品外观质量评价如表 2-3 所示,分析可 知,凉山州会理市红花大金元 C3F 外观质量为:烟叶颜色均为橘黄,分值均为 15.00 分;部位均为中部,分值均为 15.00 分;成熟度均为成熟,分值均为 18.00 分;叶片结构均为疏松,分值均为 10.00 分;身份均为"中等",分值均为 10.00 分;油分均为"多",分值均为 18.00 分;色度均为"浓",色度分值均为 9.00 分。会理市红花大金元 C3F 烟叶外观质量综合得分均为 95.00 分。

表 2-3　会理市红花大金元烤后烟 C3F 外观质量统计分析

指标	最小值（分）	最大值（分）	平均值（分）	标准偏差 S_d	变异系数 C_v（%）
部位	15.00	15.00	15.00	0.00	0.00
颜色	15.00	15.00	15.00	0.00	0.00
成熟度	18.00	18.00	18.00	0.00	0.00
油分	18.00	18.00	18.00	0.00	0.00
叶片结构	10.00	10.00	10.00	0.00	0.00
身份	10.00	10.00	10.00	0.00	0.00
色度	9.00	9.00	9.00	0.00	0.00
总分	95.00	95.00	95.00	0.00	0.00

四、凉山州会理市红花大金元 B2F 外观质量评价

2020 年凉山州会理市红花大金元 B2F 外观质量评价结果见表 2-4。上部烟叶颜色均为橘黄，分值分布在 13.00～14.00 分,平均为 13.17 分,变异系数为 3.10%;部位均为上部,分值分布在 12.00～13.00 分,平均为 12.83 分,变异系数为 3.18%;成熟度均为成熟,分值分布在 17.00～18.00 分,平均 17.83 分,变异系数为 2.29%;油分均为"有",分值均为 16.00 分;叶片结构均为尚疏松,分值分布在 7.00～8.00 分,平均 7.83 分,变异系数为 5.21%;身份均为"稍厚",分值均为 7.00 分;色度"强"的烟叶样品占比 50%,"浓"的烟叶样品占比 50%,分值分布在 8.00～9.00 分,平均 8.50 分,变异系数为 6.44%。上部叶外观质量综合得分 81.00～84.00 分,平均 83.17 分,变异系数为 1.41%。

表 2-4　会理市红花大金元烤后烟 B2F 外观质量统计分析

指标	最小值（分）	最大值（分）	平均值（分）	标准偏差 S_d	变异系数 C_v（%）
部位	12.00	13.00	12.83	0.41	3.18
颜色	13.00	14.00	13.17	0.41	3.10
成熟度	17.00	18.00	17.83	0.41	2.29

续表 2-4

指标	最小值(分)	最大值(分)	平均值(分)	标准偏差 S_d	变异系数 C_v(%)
油分	16.00	16.00	16.00	0.00	0.00
叶片结构	7.00	8.00	7.83	0.41	5.21
身份	7.00	7.00	7.00	0.00	0.00
色度	8.00	9.00	8.50	0.55	6.44
总分	81.00	84.00	83.17	1.17	1.41

五、小结

综上所述,会理市红花大金元烤后烟各部位烟叶颜色均为橘黄色,其中C3F分值最高且样品间差异较小;各部位烟叶成熟度均为成熟;下部和上部叶油分均为"有",中部叶均为"多";上部叶结构为"尚疏松",中部和下部叶均为"疏松",其中B2F等级叶片结构变异系数最大为5.21%;上部叶身份均为"稍厚",下部叶均为"稍薄",中部叶均为"中等",其中C2F等级身份变异系数较大,为5.77%;B2F和C2F等级色度"浓"和"强"各占50%,C3F均为"浓",X2F均为"强"。会理市红花大金元外观质量综合得分X2F平均76.17分,C2F平均94.00分,C3F平均95.00分,B2F平均83.17分。

第二节　凉山州会理市红花大金元烟叶物理特性评价

烟叶的物理特性是衡量烟叶品质的一项重要指标,也直接影响卷烟制造过程,产品风格、成本及其他经济因素,与烟叶的类型、等级、品种以及加工和储藏工艺密切相关(左天觉,1993)。物理特性好的烟叶使用比例增大,有助于减少原料损失,节约产品成本。姜莱等(1991)研究了叶片长度与烟叶化学成分之间的相关性,发现烟碱的含量与叶片长度呈正相关,糖含量、氮碱比、糖碱比与叶片长度呈负相关。屈剑波等(1997)分析指出,烤烟部位不同填充力不同,其中下部烟烟叶的填充力最大,上部叶次之,中部叶最小;填充能力强的烟叶成熟度较好、油分多、颜色较浅,而成熟度差、身份厚、油分少及颜色深的烟叶其填充能力一般较弱。

一、凉山州会理市红花大金元 X2F 物理特性评价

2020 年凉山州会理市红花大金元 X2F 物理特性评价结果见表 2-5。下部烟叶叶长分布在 61.78~67.10 cm,均值 64.47 cm,变异系数较小,为 3.18%;叶宽分布在 19.88~24.56 cm,均值为 22.31 cm,变异系数为 7.78%;单叶重分布在 9.42~17.68 g,均值为 13.00 g,变异系数较大,为 26.15%;厚度分布在 0.11~0.16 mm,均值为 0.13 mm,变异系数为 13.34%;拉力分布在 1.45~2.04 N,均值为 1.80 N,变异系数为 13.40%;填充值分布在 3.51~4.68 cm³/g,均值为 3.92 cm³/g,变异系数为 10.53%;含梗率分布在 29.89%~33.87%,均值为 32.25%,变异系数为 4.43%;平衡含水率分布在 12.85%~13.76%,均值为 13.37%,变异系数较小,为 2.48%;叶面密度分布在 65.68~76.15 g/m²,均值为 69.88 g/m²,变异系数为 5.01%。会理市下部叶物理特性赋值得分 58.73~67.68 分,均值为 63.20 分,变异系数为 5.72%。

表 2-5　会理市红花大金元 X2F 物理特性统计

指标	最小值	最大值	平均值	标准偏差 S_d	变异系数 C_v(%)
叶长(cm)	61.78	67.10	64.47	2.05	3.18
叶宽(cm)	19.88	24.56	22.31	1.74	7.78
单叶重(g)	9.42	17.68	13.00	3.40	26.15
厚度(mm)	0.11	0.16	0.13	0.02	13.34
拉力(N)	1.45	2.04	1.80	0.24	13.40
填充值(cm³/g)	3.51	4.68	3.92	0.41	10.53
含梗率(%)	29.89	33.87	32.25	0.01	4.43
平衡含水率(%)	12.85	13.76	13.37	0.33	2.48
叶面密度(g/m²)	65.68	76.15	69.88	3.50	5.01
总分(分)	58.73	67.68	63.20	3.62	5.72

二、凉山州会理市红花大金元 C2F 物理特性评价

据表 2-6 分析可知,会理市红花大金元 C2F 烟叶叶长范围 73.04~78.84 cm,均值为 75.53 cm,变异系数较小,为 3.17%;叶宽范围 22.74~25.74 cm,均值为 24.33 cm,变异系数为 4.41%;单叶重范围 9.54~18.27 g,均值为 14.06 g,变异系数较大,为 23.51%;厚度范围 0.12~0.16 mm,均值为 0.14 mm,变异系数为 11.51%;拉力范围 2.01~3.42 N,均值为 2.57 N,变异系数较大,为 18.14%;填充值范围 3.46~4.28 cm³/g,均值为 3.91 cm³/g,变异系数为 8.20%;含梗率范围 31.84%~35.76%,均值为 32.99%,变异系数为 4.67%;平衡含水率范围 12.87%~13.86%,均值为 13.23%,变异系数较小,为 2.62%;叶面密度范围 76.26~91.53 g/m²,均值为 82.66 g/m²,变异系数为 6.85%;会理市红花大金元 C2F 烟叶物理特性赋值得分 49.19~68.40 分,均值为 60.03 分,变异系数为 11.57%。

表 2-6　会理市红花大金元 C2F 物理特性统计

指标	最小值	最大值	平均值	标准偏差 S_d	变异系数 C_v(%)
叶长(cm)	73.04	78.84	75.53	2.40	3.17
叶宽(cm)	22.74	25.74	24.33	1.07	4.41
单叶重(g)	9.54	18.27	14.06	3.31	23.51
厚度(mm)	0.12	0.16	0.14	0.02	11.51
拉力(N)	2.01	3.42	2.57	0.47	18.14
填充值(cm³/g)	3.46	4.28	3.91	0.32	8.20
含梗率(%)	31.84	35.76	32.99	0.02	4.67
平衡含水率(%)	12.87	13.86	13.23	0.35	2.62
叶面密度(g/m²)	76.26	91.53	82.66	5.66	6.85
总分(分)	49.19	68.40	60.03	6.95	11.57

三、凉山州会理市红花大金元 C3F 物理特性评价

由表 2-7 分析可知,会理市红花大金元 C3F 烟叶叶长范围 67.00~73.24

cm,均值为 70.74 cm,变异系数为 3.35%;叶宽范围 22.79~24.58 cm,均值为 23.68 cm,变异系数较小,为 2.87%;单叶重范围 9.85~15.91 g,均值为 12.75 g,变异系数较大,为 18.64%;厚度范围 0.12~0.16 mm,均值为 0.13 mm,变异系数为 10.00%;拉力范围 2.07~3.09 N,均值为 2.48 N,变异系数较大,为 15.44%;填充值范围 3.82~5.31 cm³/g,均值为 4.48 cm³/g,变异系数为 11.16%;含梗率范围 29.28%~33.98%,均值为 31.33%,变异系数为 4.92%;平衡含水率范围 12.63%~13.66%,均值为 13.21%,变异系数较小,为 2.66%;叶面密度范围 73.72~88.42 g/m²,均值为 82.93 g/m²,变异系数为 6.56%;会理市红花大金元 C3F 烟叶物理特性赋值得分范围为 51.41~64.38 分,均值为 58.78 分,变异系数为 8.14%。

表 2-7　会理市红花大金元 C3F 物理特性统计

指标	最小值	最大值	平均值	标准偏差 S_d	变异系数 $C_v(\%)$
叶长(cm)	67.00	73.24	70.74	2.37	3.35
叶宽(cm)	22.79	24.58	23.68	0.68	2.87
单叶重(g)	9.85	15.91	12.75	2.38	18.64
厚度(mm)	0.12	0.16	0.13	0.01	10.00
拉力(N)	2.07	3.09	2.48	0.38	15.44
填充值(cm³/g)	3.82	5.31	4.48	0.50	11.16
含梗率(%)	29.28	33.98	31.33	0.02	4.92
平衡含水率(%)	12.63	13.66	13.21	0.35	2.66
叶面密度(g/m²)	73.72	88.42	82.93	5.44	6.56
总分(分)	51.41	64.38	58.78	4.78	8.14

四、凉山州会理市红花大金元 B2F 物理特性评价

2020 年凉山州会理市红花大金元 B2F 物理特性评价结果见表 2-8。上部烟叶叶长分布在 67.34~74.60 cm,均值 69.72 cm,变异系数较小,为 3.75%;叶宽分布在 16.72~24.18 cm,均值为 19.34 cm,变异系数为 15.62%;单叶重分布在 12.85~22.62 g,均值为 15.57 g,变异系数较大,为 23.86%;厚度分布

在 0.15~0.20 mm,均值为 0.17 mm,变异系数为 10.47%;拉力分布在 2.33~
2.98 N,均值为 2.58 N,变异系数为 10.04%;填充值分布在 3.51~
4.37 cm³/g,均值为 4.07 cm³/g,变异系数为 9.45%;含梗率分布在 26.28%~
29.28%,均值 27.52%,变异系数为 4.05%;平衡含水率分布在 12.66%~
13.49%,均值为 13.08%,变异系数较小,为 2.36%;叶面密度分布在 99.57~
107.15 g/m²,均值为 102.35 g/m²,变异系数为 2.90%。会理市红花大金元上
部叶物理特性赋值得分分布在 57.92~70.13 分,均值为 66.16 分,变异系数
为 6.39%。

表 2-8　会理市红花大金元 B2F 物理特性统计

指标	最小值	最大值	平均值	标准偏差 S_d	变异系数 $C_v(\%)$
叶长(cm)	67.34	74.60	69.72	2.61	3.75
叶宽(cm)	16.72	24.18	19.34	3.02	15.62
单叶重(g)	12.85	22.62	15.57	3.71	23.86
厚度(mm)	0.15	0.20	0.17	0.02	10.47
拉力(N)	2.33	2.98	2.58	0.26	10.04
填充值(cm³/g)	3.51	4.37	4.07	0.38	9.45
含梗率(%)	26.28	29.28	27.52	0.01	4.05
平衡含水率(%)	12.66	13.49	13.08	0.31	2.36
叶面密度(g/m²)	99.57	107.15	102.35	2.96	2.90
总分(分)	57.92	70.13	66.16	4.23	6.39

五、小结

会理市红花大金元品种各部位烟叶叶长分布在 61.78~78.84 cm,叶宽分
布在 16.72~25.74 cm,叶长均大于 60.00 cm 小于 80.00 cm,只有少部分样品
叶宽大于 24.00 cm。会理市烟叶样品单叶重分布在 9.42~22.62 g,上部叶单
叶重均值为 15.57 g,C3F 均值为 12.75 g,C2F 均值为 14.06 g,下部叶均值为
13.00 g,各部位单叶重均值均高于适宜范围;厚度分布在 0.11~0.20 mm,上
部叶厚度均值为 0.17 mm,C3F 均值为 0.13 mm,C2F 均值为 0.14 mm,下部

叶均值为 0.13 mm,B2F、C2F 烟叶叶片厚度均值高于 0.13 mm,整体偏厚,
C3F、X2F 叶片厚度适宜;拉力分布在 1.45 ~ 3.42 N,上部叶拉力均值为
2.58 N,C3F 均值为 2.48 N,C2F 均值为 2.57 N,下部叶均值为 1.80 N,中上
部烟叶拉力均值高于适宜范围,下部叶拉力均值在适宜范围内;填充值分布在
3.46 ~ 5.31 cm³/g,上部叶填充值均值为 4.07 cm³/g,C3F 均值为 4.48 cm³/g,
C2F 均值为 3.91 cm³/g,下部叶均值为 3.92 cm³/g,各部位烟叶填充值均值均
高于适宜范围;含梗率分布在 26.28% ~ 35.76%,上部叶含梗率均值为
27.52%,C3F 均值为 31.33%,C2F 均值为 32.99%,下部叶均值为 32.25%,各
部位烟叶含梗率均值均在适宜范围内;平衡含水率分布在 12.66% ~ 13.86%,
上部叶平衡含水率均值为 13.08%,C3F 均值为 13.21%,C2F 均值为 13.23%,
下部叶均值为 13.37%,各部位烟叶平衡含水率差异不大,均在适宜范围内;
叶面密度分布在 65.68 ~ 107.15 g/m²,上部叶叶面密度均值为 102.35 g/m²,
C3F 均值为 82.93 g/m²,C2F 均值为 82.66 g/m²,下部叶均值为 69.88 g/m²,
下部叶叶面密度在适宜范围内,中部和上部烟叶叶面密度高于适宜范围。会
理市红花大金元物理特性赋值得分 B2F 平均 66.16 分,C2F 平均 60.03 分,
C3F 平均 58.78 分,X2F 平均 63.20 分。

第三节　凉山州会理市红花大金元烟叶
化学成分及协调性评价

烤烟的内在化学成分是烟叶质量评价重要指标之一,是烟叶质量品质的
内在因素。高家合等(2004)研究指出,烤烟的主要化学成分同烟叶的吸食品
质存在显著相关性,与评吸质量呈现极显著正相关的化学成分包括烟碱、总
氮、氯离子及挥发酸;呈极显著负相关关系的化学成分只有总糖;与烟气浓度、
香气量呈显著相关性的化学成分有总糖、总氮、烟碱、氯离子及 pH;与香气质
呈显著相关的化学成分有总氮及烟碱,并且均呈现极显著负相关。陈红丽等
(2010)通过研究中烟 100 常规化学成分与抗破碎指数的关系,指出影响中烟
100 抗破碎性的主要化学成分有总糖、还原糖、淀粉、钾离子、氯离子及果胶
等,同时烤烟抗破碎性不是由单一指标来决定的,而是由这些指标共同影响
的,其相互作用共同影响破碎指数 87.22%的变化。这些影响烤烟破碎指数
的指标也有主次之分,起直接最大影响的是钾离子,而总糖、还原糖、淀粉、氯
和果胶起次要影响,这些指标中钾离子、总糖、还原糖及果胶对烟叶的破碎性
起正面效应,而淀粉及氯离子起负面效应。

一、凉山州会理市红花大金元 X2F 常规化学成分及协调性评价

2020 年凉山州会理市红花大金元 X2F 常规化学成分及协调性分析结果见表 2-9。下部烟叶总氮分布在 1.34%~2.04%，均值为 1.65%，变异系数较大，为 16.36%；总糖分布在 30.25%~37.39%，均值为 34.91%，变异系数较小，为 6.73%；还原糖分布在 28.41%~36.49%，平均值为 32.70%，变异系数为 7.65%；烟碱分布在 1.06%~1.48%，均值为 1.26%，变异系数为 13.49%；钾分布在 1.44%~2.39%，均值为 1.96%，变异系数为 15.82%；氯分布在 0.01%~0.41%，均值为 0.13%，变异系数较大，为 100.00%；糖碱比分布在 23.26~35.38，均值为 28.24，变异系数为 15.37%；氮碱比分布在 1.00~1.75，平均值为 1.33，变异系数为 19.55%；钾氯比分布在 5.08~196.44，均值为 49.42，变异系数较大，为 133.91%；两糖比分布在 0.86~1.00，平均值为 0.94，变异系数为 5.32%；会理市红花大金元下部叶常规化学成分及协调性赋值得分范围 41.28~51.27 分，均值为 47.72 分，变异系数为 7.50%。

表 2-9　会理市红花大金元 X2F 常规化学成分及协调性统计分析

指标	最小值	最大值	平均值	标准偏差 S_d	变异系数 $C_v(\%)$
总氮(%)	1.34	2.04	1.65	0.27	16.36
总糖(%)	30.25	37.39	34.91	2.35	6.73
还原糖(%)	28.41	36.49	32.70	2.50	7.65
烟碱(%)	1.06	1.48	1.26	0.17	13.49
钾(%)	1.44	2.39	1.96	0.31	15.82
氯(%)	0.01	0.41	0.13	0.13	100.00
糖碱比	23.26	35.38	28.24	4.34	15.37
氮碱比	1.00	1.75	1.33	0.26	19.55
钾氯比	5.08	196.44	49.42	66.18	133.91
两糖比	0.86	1.00	0.94	0.05	5.32
总分(分)	41.28	51.27	47.72	3.58	7.50

二、凉山州会理市红花大金元 C2F 常规化学成分及协调性评价

由表 2-10 可知,会理市红花大金元 C2F 烟叶常规化学成分及协调性具体表现为:总氮范围 1.50~2.26%,均值 1.93%,变异系数为 12.95%;总糖范围 28.33%~36.28%,均值为 32.20%,变异系数为 8.07%;还原糖范围 27.25%~33.18%,均值为 30.19%,变异系数较小,为 6.06%;烟碱范围 1.08%~1.64%,均值为 1.42%,变异系数为 13.38%;钾范围 1.21%~1.95%,均值 1.66%,变异系数为 16.27%;氯范围 0.02%~0.14%,均值为 0.09%,变异系数较大,为 33.33%;糖碱比范围 20.53~26.31,均值为 22.95,变异系数为 9.63%;氮碱比范围 0.92~2.10,均值为 1.41,变异系数较大,为 26.95%;钾氯比范围 13.89~95.17,均值为 29.75,变异系数较大,为 98.66%;两糖比范围 0.86~0.99,均值为 0.94,变异系数较小,为 5.32%。会理市红花大金元 C2F 常规化学成分及协调性赋值得分范围 36.47~48.74 分,均值为 43.60 分,变异系数为 12.97%。

表 2-10　会理市红花大金元 C2F 常规化学成分及协调性统计分析

指标	最小值	最大值	平均值	标准偏差 S_d	变异系数 C_v（%）
总氮(%)	1.50	2.26	1.93	0.25	12.95
总糖(%)	28.33	36.28	32.20	2.60	8.07
还原糖(%)	27.25	33.18	30.19	1.83	6.06
烟碱(%)	1.08	1.64	1.42	0.19	13.38
钾(%)	1.21	1.95	1.66	0.27	16.27
氯(%)	0.02	0.14	0.09	0.03	33.33
糖碱比	20.53	26.31	22.95	2.21	9.63
氮碱比	0.92	2.10	1.41	0.38	26.95
钾氯比	13.89	95.17	29.75	29.35	98.66
两糖比	0.86	0.99	0.94	0.05	5.32
总分(分)	36.47	48.74	43.60	5.66	12.97

三、凉山州会理市红花大金元 C3F 常规化学成分及协调性评价

由表 2-11 分析可知,会理市红花大金元 C3F 烟叶常规化学成分及协调性具体表现为:总氮范围 1.88%~2.28%,均值 2.09%,变异系数为 6.22%;总糖范围 30.33%~36.00%,均值为 33.02%,变异系数为 7.00%;还原糖范围 29.21%~33.80%,均值为 30.97%,变异系数较小,为 4.91%;烟碱范围 1.17%~2.09%,均值为 1.51%,变异系数较大,为 22.52%;钾范围 1.48%~2.05%,均值为 1.65%,变异系数为 11.52%;氯范围 0.02%~0.45%,均值为 0.15%,变异系数较大,为 93.33%;糖碱比范围 16.74~30.32,均值为 22.75,变异系数为 20.66%;氮碱比范围 1.05~1.61,均值为 1.43,变异系数为 15.38%;钾氯比范围 3.45~115.86,均值为 31.52,变异系数较大,为 122.11%;两糖比范围 0.88~1.00,均值为 0.94,变异系数较小,为 4.26%。会理市红花大金元 C3F 常规化学成分及协调性赋值得分范围 28.47~59.83 分,均值为 42.39 分,变异系数较大,为 29.39%。

表 2-11　会理市红花大金元 C3F 常规化学成分及协调性统计分析

指标	最小值	最大值	平均值	标准偏差 S_d	变异系数 C_v(%)
总氮(%)	1.88	2.28	2.09	0.13	6.22
总糖(%)	30.33	36.00	33.02	2.31	7.00
还原糖(%)	29.21	33.80	30.97	1.52	4.91
烟碱(%)	1.17	2.09	1.51	0.34	22.52
钾(%)	1.48	2.05	1.65	0.19	11.52
氯(%)	0.02	0.45	0.15	0.14	93.33
糖碱比	16.74	30.32	22.75	4.70	20.66
氮碱比	1.05	1.61	1.43	0.22	15.38
钾氯比	3.45	115.86	31.52	38.49	122.11
两糖比	0.88	1.00	0.94	0.04	4.26
总分(分)	28.47	59.83	42.39	12.46	29.39

四、凉山州会理市红花大金元 B2F 常规化学成分及协调性评价

2020 年凉山州会理市红花大金元 B2F 常规化学成分及协调性分析结果见表 2-12。上部烟叶总氮分布在 1.20%～2.61%,均值为 2.17%,变异系数为 22.12%;总糖分布在 25.85%～30.92%,均值为 28.23%,变异系数为 6.38%;还原糖分布在 22.74%～30.54%,均值为 26.53%,变异系数为 9.12%;烟碱分布在 1.41%～2.93%,均值为 2.29%,变异系数为 22.71%;钾分布在 1.30%～2.26%,均值为 1.74%,变异系数为 18.97%;氯分布在 0.01%～0.32%,均值为 0.10%,变异系数较大,为 110.00%;糖碱比分布在 8.81～18.73,均值为 13.10,变异系数为 25.42%;氮碱比分布在 0.41～1.80,均值为 1.05,变异系数为 41.90%;钾氯比分布在 5.15～199.93,均值为 66.19,变异系数较大,为 106.57%;两糖比分布在 0.88～0.99,均值为 0.93,变异系数较小,为 4.30%。会理市红花大金元上部叶常规化学成分及协调性赋值得分范围 41.48～84.47 分,均值为 60.91 分,变异系数为 24.73%。

表 2-12　会理市红花大金元 B2F 常规化学成分及协调性统计分析

指标	最小值	最大值	平均值	标准偏差 S_d	变异系数 C_v(%)
总氮(%)	1.20	2.61	2.17	0.48	22.12
总糖(%)	25.85	30.92	28.23	1.80	6.38
还原糖(%)	22.74	30.54	26.53	2.42	9.12
烟碱(%)	1.41	2.93	2.29	0.52	22.71
钾(%)	1.30	2.26	1.74	0.33	18.97
氯(%)	0.01	0.32	0.10	0.11	110.00
糖碱比	8.81	18.73	13.10	3.33	25.42
氮碱比	0.41	1.80	1.05	0.44	41.90
钾氯比	5.15	199.93	66.19	70.54	106.57
两糖比	0.88	0.99	0.93	0.04	4.30
总分(分)	41.48	84.47	60.91	15.06	24.73

五、小结

会理市红花大金元烤后烟化学成分总氮分布在 1.20%～2.61%,中部叶总氮含量均在适宜范围内,下部叶大部分样品总氮含量稍低于适宜范围,上部叶极少数样品低于适宜范围。总糖含量分布在 25.85%～37.39%,B2F 总糖含量均值为 28.23%,C2F 均值为 32.20%,C3F 均值为 33.02%,X2F 均值为 34.91%,四个等级总糖含量平均值全部处于湖北中烟对烟叶原料需求目标内,少部分中部和下部烟叶样品总糖含量稍高于需求范围。还原糖含量分布在 22.74%～36.49%,B2F 还原糖含量均值为 26.53%,C2F 还原糖含量均值为 30.19%,C3F 还原糖含量均值为 30.97%,X2F 还原糖含量均值为 32.70%,上部叶样品还原糖均值处于湖北中烟原料需求范围内,中部和下部烟叶样品还原糖含量均值稍高于原料需求范围。烟碱含量分布在 1.06%～2.93%,B2F 烟碱含量均值为 2.29%,C2F 均值为 1.42%,C3F 均值为 1.51%,X2F 均值为 1.26%,四个等级样品烟碱含量均值均低于原料需求范围,会理市红花大金元烟叶样品烟碱含量整体偏低。钾含量分在 1.21%～2.39%,B2F 钾含量均值为 1.74%,C2F 均值为 1.66%,C3F 均值为 1.65%,X2F 均值为 1.96%,四个等级钾含量均值整体稍低于原料需求范围,上部和下部有少部分样品钾含量处于原料需求目标范围内。氯含量分布在 0.01%～0.45%,整体处于湖北中烟原料需求目标范围内。糖碱比分布在 8.81～35.38,B2F 糖碱比均值为 13.10,C2F 均值为 22.95,C3F 均值为 22.75,X2F 均值为 28.24,上部叶糖碱比均值处于需求目标范围内,中部和下部均高于原料需求目标,主要原因是会理市红花大金元烟叶烟碱含量偏低。氮碱比分布在 0.41～2.10,B2F 氮碱比均值为 1.05,C2F 均值为 1.41,C3F 均值为 1.43,X2F 均值为 1.33,B2F 氮碱比均值处于适宜范围内,中部和下部样品氮碱比稍高于适宜范围。钾氯比分布在 3.45～199.93,极少数中部样品钾氯比稍低于原料需求目标,其余样品钾氯比均在需求目标范围内。两糖比分布在 0.86～1.00,两糖比整体处于适宜范围内。两糖比、总糖变异系数较小,低于 10.00%,其余指标变异系数均较大。会理市红花大金元化学成分赋值得分 X2F 平均 47.72 分,C2F 平均 43.60 分,C3F 平均 42.39 分,B2F 平均 60.91 分。

第四节　凉山州会理市红花大金元
烟叶感官质量评价

香气质是指烟叶本身所具有的香气的品质,香气量是指烟叶本身所具有的香气的多少。杂气是烟叶在抽吸过程中所感受到的青杂气、糊焦气等令人感觉不舒服的味道。刺激性是指在抽吸过程中烟气对口腔、鼻腔、喉部引起的刺、辣、呛等不舒适的感觉。导致刺激性产生的主要物质是烟气中的碱性物质成分。余味是指对烟制品抽吸之后,口腔内残留的感觉。余味一般划分为舒适、尚舒适、欠适。优质的烟制品抽吸之后,余味干净舒适,没有滞舌等感觉。上部叶叶片厚,抽吸时上部叶一般烟气浓度比较浓,下部叶叶片较薄,抽吸时一般较淡。劲头在烤烟感官质量评价中占有很大的作用,王彪等(2006)研究表明,烤烟的劲头对烟气的香韵、杂气、香气质以及综合得分都有着较大的影响。

一、凉山州会理市红花大金元 X2F 感官质量评价

2020 年会理市红花大金元 X2F 感官质量评价结果见表 2-13。下部烟叶香气质为“中等—较好”,分值分布在 14.50~15.20 分,平均 14.85 分,变异系数为 3.33%;香气量为“尚充足+—较足”,分值分布在 13.00~13.50 分,平均 13.25 分,变异系数为 2.67%;杂气为“有+—较轻”,分值分布在 13.00~13.50 分,平均 13.25 分,变异系数为 2.67%;刺激性为“有+—微有”,分值分布在 17.20~17.50 分,平均 17.35 分,变异系数较小,为 1.22%;余味为“尚舒适+—尚舒适”,分值分布在 17.00~17.70 分,平均 17.35 分,变异系数为 2.85%;燃烧性均为强,得分均为 4.00 分;灰色均为白,得分均为 4.00 分;浓度“较淡—较浓”,分值分布在 2.50~3.50 分,平均为 3.00 分,变异系数较大,为 23.57%;劲头为“较小—中等”,得分为 2.50~3.00 分,平均 2.75 分;可用性“较差—好”,得分 2.50~4.20 分,平均 3.35 分,变异系数较大,为 35.88%。会理市红花大金元 X2F 感官质量“中等+—较好”,总分分布在 82.70~85.40 分,均值为 84.05 分,变异系数为 2.27%。

表 2-13　　会理市红花大金元 X2F 感官质量统计分析

指标	最小值(分)	最大值(分)	平均值(分)	标准偏差 S_d	变异系数 $C_v(\%)$
香气质	14.50	15.20	14.85	0.49	3.33
香气量	13.00	13.50	13.25	0.35	2.67
杂气	13.00	13.50	13.25	0.35	2.67
刺激性	17.20	17.50	17.35	0.21	1.22
余味	17.00	17.70	17.35	0.49	2.85
燃烧性	4.00	4.00	4.00	0.00	0.00
灰色	4.00	4.00	4.00	0.00	0.00
总分	82.70	85.40	84.05	1.91	2.27
浓度	2.50	3.50	3.00	0.71	23.57
劲头	2.50	3.00	2.75	0.35	12.86
可用性	2.50	4.20	3.35	1.20	35.88

二、凉山州会理市红花大金元 C2F 感官质量评价

由表 2-14 可知,会理市红花大金元 C2F 感官质量具体表现为:香气质为"中等+—较好",分值范围 15.20~15.50 分,均值 15.44 分,变异系数较小,为 0.87%;香气量为"尚充足+—较足",分值范围 13.40~14.00 分,变异系数为 2.16%;杂气为"有+—较轻",分值范围 13.20~13.50 分,均值 13.44 分,变异系数为 1.00%;刺激性为"有+—微有",分值范围 17.50~17.70 分,均值 17.56 分,变异系数较小,为 0.51%;余味为"尚舒适-—尚舒适",分值范围 17.70~18.00 分,均值 17.94 分,变异系数较小,为 0.75%;燃烧性均为强,分值均为 4.00 分;灰色均为白,分值均为 4.00 分;浓度"中等—较浓",分值范围 3.00~3.70 分,平均为 3.34 分,变异系数 9.61%;劲头为"中等—较大",分值范围 3.00~3.50 分,均值 3.20 分,变异系数 6.63%;可用性"中等—好",分值范围 3.70~4.50 分,均值 4.28 分,变异系数 8.16%。会理市红花大金元 C2F 感官质量"较好",总分范围 85.10~86.50 分,均值为 86.06 分,变异系数较小,为 0.67%。

表 2-14　会理市红花大金元 C2F 感官质量统计分析

指标	最小值（分）	最大值（分）	平均值（分）	标准偏差 S_d	变异系数 C_v（%）
香气质	15.20	15.50	15.44	0.13	0.87
香气量	13.40	14.00	13.68	0.29	2.16
杂气	13.20	13.50	13.44	0.13	1.00
刺激性	17.50	17.70	17.56	0.09	0.51
余味	17.70	18.00	17.94	0.13	0.75
燃烧性	4.00	4.00	4.00	0.00	0.00
灰色	4.00	4.00	4.00	0.00	0.00
总分	85.10	86.50	86.06	0.57	0.67
浓度	3.00	3.70	3.34	0.32	9.61
劲头	3.00	3.50	3.20	0.21	6.63
可用性	3.70	4.50	4.28	0.35	8.16

三、凉山州会理市红花大金元 C3F 感官质量评价

根据表 2-15 分析可得，会理市红花大金元 C3F 烟叶感官质量具体表现为：香气质为"中等+—较好"，分值范围 15.20~15.50 分，均值 15.40 分，变异系数为 1.01%；香气量为"尚充足+—较足"，分值范围 13.20~13.50 分，均值 13.35 分，变异系数为 1.03%；杂气为"有+—较轻"，分值范围 13.20~13.50 分，均值 13.40 分，变异系数为 1.16%；刺激性为"有+—微有"，分值范围 17.50~17.70 分，均值 17.60 分，变异系数较小，为 0.62%；余味为"尚舒适——尚舒适"，分值范围 17.70~18.00 分，均值 17.87 分，变异系数为 0.84%；燃烧性均为强，分值均为 4.00 分；灰色均为白，分值均为 4.00 分；浓度"中等—较浓"，分值范围 3.00~3.50 分，均值 3.25 分，变异系数 8.43%；劲头为"中等—较大"，分值范围 3.00~3.20 分，均值 3.10 分，变异系数为 3.53%；可用性"中等—好"，分值范围 3.70~4.50 分，均值 4.15 分，变异系数 9.61%。会理市红花大金元 C3F 感官质量"中等+—较好"，总分范围 84.80~86.10 分，均值为 85.62 分，变异系数较小，为 0.74%。

表 2-15　会理市红花大金元 C3F 感官质量统计分析

指标	最小值（分）	最大值（分）	平均值（分）	标准偏差 S_d	变异系数 C_v（%）
香气质	15.20	15.50	15.40	0.15	1.01
香气量	13.20	13.50	13.35	0.14	1.03
杂气	13.20	13.50	13.40	0.15	1.16
刺激性	17.50	17.70	17.60	0.11	0.62
余味	17.70	18.00	17.87	0.15	0.84
燃烧性	4.00	4.00	4.00	0.00	0.00
灰色	4.00	4.00	4.00	0.00	0.00
总分	84.80	86.10	85.62	0.63	0.74
浓度	3.00	3.50	3.25	0.27	8.43
劲头	3.00	3.20	3.10	0.11	3.53
可用性	3.70	4.50	4.15	0.40	9.61

四、凉山州会理市红花大金元 B2F 感官质量评价

2020 年凉山州会理市红花大金元 B2F 感官质量评价结果见表 2-16。上部烟叶香气质为"中等+—较好"，分值分布在 15.20~15.30 分，平均 15.22 分，变异系数较小，为 0.27%；香气量为"尚充足+—较足"，分值范围 13.30~13.70 分，平均 13.45 分，变异系数为 1.13%；杂气为"有+—较轻"，分值均为 13.20 分；刺激性为"有+—微有"，分值分布在 17.00~17.50 分，平均 17.38 分，变异系数为 1.17%；余味为"尚舒适-—尚舒适"，分值分布在 17.20~17.70 分，平均 17.48 分，变异系数为 1.17%；燃烧性均为强，分值均为 4.00 分；灰色均为白，分值均为 4.00 分；浓度"中等—较浓"，分值分布在 3.20~4.00 分，平均为 3.57 分，变异系数较大，为 10.13%；劲头为"中等—较大"，分值分布在 3.20~4.00 分，平均 3.38 分，变异系数 9.05%；可用性"中等—较好"，分值分布在 3.00~3.70 分，平均 3.40 分，变异系数 9.49%。会理市红花大金元上部叶感官质量"中等+—较好"，总分分布在 84.40~85.30 分，均值为 84.73 分，变异系数较小，为 0.44%。

表 2-16　会理市红花大金元 B2F 感官质量统计分析

指标	最小值(分)	最大值(分)	平均值(分)	标准偏差 S_d	变异系数 C_v(%)
香气质	15.20	15.30	15.22	0.04	0.27
香气量	13.30	13.70	13.45	0.15	1.13
杂气	13.20	13.20	13.20	0.00	0.00
刺激性	17.00	17.50	17.38	0.20	1.17
余味	17.20	17.70	17.48	0.20	1.17
燃烧性	4.00	4.00	4.00	0.00	0.00
灰色	4.00	4.00	4.00	0.00	0.00
总分	84.40	85.30	84.73	0.37	0.44
浓度	3.20	4.00	3.57	0.36	10.13
劲头	3.20	4.00	3.38	0.31	9.05
可用性	3.00	3.70	3.40	0.32	9.49

五、小结

会理市红花大金元烟叶香气质大部分为"中等+—较好",部分 X2F 为"中等";香气量均为"尚充足+—较足";杂气均为"有+—较轻";刺激性均为"有+—微有";余味均为"尚舒适——尚舒适";燃烧性均为"强";灰色均为"白";B2F、C3F、X2F 总分大部分为"中等+",C2F 烟叶得分略高于"中等+"达到"较好";浓度为"中等—较浓",B2F、C2F、C3F、X2F 四个等级浓度变异系数分别为 10.13%、9.61%、8.43%、23.57%;劲头多数为"中等—较大",B2F 变异系数达 9.05%,C2F 变异系数达 6.63%,X2F 变异系数达 12.86%;C2F、C3F 可用性部分为"较好—好",其余为"中等—较好",四个等级变异系数分别为 9.49%、8.16%、9.61%、35.88%。

第五节　凉山州会理市红花大金元
烟叶品质综合评价

烟叶是一种特殊的农业作物,在烟叶的生产中产量和质量是并重的。因此,在追求获得最大经济利益的同时也要兼顾烤烟烟叶的可用性,并以烟叶可用性为主。在不影响产量的情况下,对于如何提高和改善烟叶质量是烟草科技工作者一直研究的问题,进而形成了以外观质量、物理特征、化学成分和感官质量为体系的烟叶质量评价模式。会理市烟叶品质综合评价方法与会东县相同。

　　会理市红花大金元烟叶品质值分布在 71.08～80.65 分(见图 2-1),均值为 73.95 分。其中下部叶以会理市团山烟站烟叶品质最好,其次为茅草烟站、马颈烟站,均值分别为 71.90 分、71.67 分、71.08 分;C3F 烟叶品质值从高到低依次为:茅草烟站、马颈烟站、团山烟站,均值分别为 74.61 分、74.34 分、71.65 分;C2F 烟叶品质值从高到低依次为:茅草烟站、团山烟站、马颈烟站,均值分别为 74.53 分、74.15 分、73.42 分;上部叶烟叶品质值以团山烟站最高,其次为茅草烟站、马颈烟站,均值分别为 80.65 分、75.95 分、73.45 分。

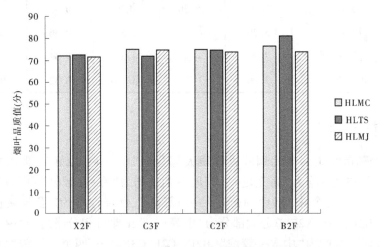

图 2-1　会理市红花大金元各等级烟叶品质值

第三章　凉山州两会红花大金元烟叶品质相似性分析

烤烟是我国主要的经济作物之一,随着全国特色优质烟叶开发工作不断深入,对烟叶质量和品质提出越来越高的要求。烟区生态条件是决定烤烟风格特色及质量高低的重要因素。有研究表明,气候、土壤及地形地貌等生态因素对烤烟的物理性状、化学成分、经济性状以及评吸质量的影响高于品种、栽培等因素,且气候和土壤条件已经成为我国众多地区烤烟产质量的主要限制因子。

会东县和会理市均位于四川省凉山彝族自治州南部,气候条件会东县年平均气温稍高于会理市。两县降雨均集中在6~10月,年降水量会东县稍低于会理市。两县地形都以山地、丘陵、平坝为主,山形地貌错综复杂,不同海拔的土壤类型、成土母质及气候条件也会不同,进而对烤烟的生长发育及产质量有重要的影响(简永兴等,2005),不同区域烤烟的产量和品质差异较大。通过对两地烤后烟外观质量、物理特性、常规化学成分及协调性、感官质量等指标进行差异性和聚类分析,找出两县烟叶品质间的差异。

第一节　凉山州两会红花大金元烟叶外观质量相似性分析

一、凉山州两会红花大金元烟叶 X2F 外观质量相似性分析

(一)凉山州两会红花大金元烟叶 X2F 外观质量差异性分析

由表 3-1 分析可知,会东县、会理市下部叶部位指标差异未达到显著水平。会东县铁柳烟站下部叶颜色指标与会理市差异达到显著水平,其他三个烟站与会理市差异不显著。会东县铁柳、嘎吉、火石三个烟站下部烟叶成熟度与会理市团山、马颈烟站差异达到显著水平。会东铁柳烟站烟叶油分与会理市差异显著,其他三个烟站与会理市差异不显著。会东县铁柳、嘎吉、火石三个烟站下部烟叶片结构与会理市差异达到显著水平。会东县淌塘烟站烟叶身份与会理市差异显著,其他三个烟站与会理市差异不显著。会东县铁柳、嘎吉烟站烟叶色度与会理市差异显著,会东火石、淌塘烟站与会理马颈烟站差异达到显著水平。

表 3-1　凉山州两会红花大金元烟叶 X2F 外观质量差异性分析

指标	部位（分）	颜色（分）	成熟度（分）	油分（分）	叶片结构（分）	身份（分）	色度（分）
HDTL	7.83a	12.00b	16.83bc	12.33b	8.17b	6.83ab	4.50d
HDGJ	10.17a	12.50ab	17.00bc	13.33ab	8.17b	7.67ab	5.17cd
HDHS	11.17a	12.67ab	16.17c	13.17ab	8.17b	6.33b	5.67bcd
HDTT	10.83a	12.67ab	17.33ab	14.00ab	8.50ab	8.17a	6.00bc
HLMC	8.00a	13.00a	17.00bc	15.00a	9.00a	6.00b	7.00ab
HLTS	8.00a	13.00a	18.00a	15.50a	9.00a	6.00b	7.00ab
HLMJ	8.00a	13.00a	18.00a	15.50a	9.00a	6.00b	7.50a

(二)凉山州两会红花大金元烟叶 X2F 外观质量总分聚类分析

由图 3-1 分析可知,在欧氏距离为 5 处可将会东、会理 7 个烟站下部叶样品分为 3 类。第一类包括会理团山、会理马颈和会东淌塘,第二类包括会东嘎吉、会东火石和会理茅草,第三类仅有会东铁柳。

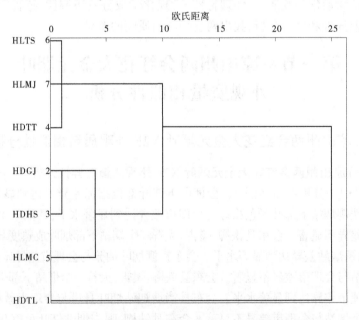

图 3-1　凉山州两会红花大金元烟叶 X2F 外观质量聚类分析

二、凉山州两会红花大金元烟叶 C2F 外观质量相似性分析

(一)凉山州两会红花大金元烟叶 C2F 外观质量差异性分析

由表 3-2 分析可得,会东县铁柳、嘎吉烟站 C2F 部位指标与会理市差异显著。会东县铁柳烟站与会东县淌塘、会理市团山 C2F 颜色指标差异达到显著水平,其他烟站间差异不显著。会东县 C2F 成熟度与会理市差异不显著。会东铁柳、嘎吉烟叶油分与会理市差异显著,火石、淌塘烟站与会理市差异不显著。会东县铁柳、嘎吉烟站 C2F 叶片结构与会理市差异达到显著水平。会东县铁柳烟站 C2F 烟叶身份与会理市茅草、马颈烟站差异显著,与会理团山烟站差异不显著;会东嘎吉与会理马颈差异显著。会东县铁柳、嘎吉、淌塘烟站 C2F 烟叶色度与会理茅草、马颈烟站差异显著。

表 3-2 凉山州两会红花大金元烟叶 C2F 外观质量差异性分析

指标	部位(分)	颜色(分)	成熟度(分)	油分(分)	叶片结构(分)	身份(分)	色度(分)
HDTL	13.83c	13.67b	17.33a	16.33b	8.33c	8.33c	7.00b
HDGJ	14.17bc	14.00ab	17.67a	16.33b	9.00bc	8.67bc	7.17b
HDHS	15.00a	14.67ab	17.33a	18.50a	9.33ab	9.83a	8.00ab
HDTT	14.83ab	14.83a	18.00a	17.67a	9.83ab	9.67ab	7.17b
HLMC	15.00a	14.50ab	18.00a	18.50a	10.00a	9.50ab	8.50a
HLTS	15.00a	15.00a	18.00a	18.00a	10.00a	9.00abc	8.00ab
HLMJ	15.00a	14.00ab	18.00a	19.00a	10.00a	10.00a	9.00a

(二)凉山州两会红花大金元烟叶 C2F 外观质量聚类分析

由图 3-2 分析可知,在欧氏距离为 5 处可将会东、会理 7 个烟站 C2F 样品分为 4 类。第一类包括会东火石、会理团山和会东淌塘,第二类包括会理茅草和马颈烟站,第三类仅会东铁柳,第四类仅有会东嘎吉。

三、凉山州两会红花大金元烟叶 C3F 外观质量相似性分析

(一)凉山州两会红花大金元烟叶 C3F 外观质量差异性分析

由表 3-3 分析可知,会东县 C3F 成熟度、叶片结构和身份 3 个指标与会理市差异不显著。会东县嘎吉烟站 C3F 部位指标与会理市差异达到显著水平,

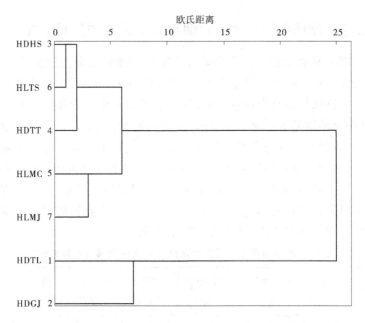

图 3-2　凉山州两会红花大金元烟叶 C2F 外观质量聚类分析

其他烟站与会理市差异不显著。会东县铁柳、嘎吉 C3F 颜色与会理市差异达到显著水平，其他烟站与会理市差异不显著。会东嘎吉烟叶油分与会理市差异显著，会东铁柳烟站与会理茅草、团山烟站差异显著，会东火石、淌塘烟站与会理市差异不显著。会东县铁柳、嘎吉烟站 C3F 烟叶色度与会理市差异显著，火石、淌塘烟站与会理市差异不显著。

表 3-3　凉山州两会红花大金元烟叶 C3F 外观质量差异性分析

指标	部位（分）	颜色（分）	成熟度（分）	油分（分）	叶片结构（分）	身份（分）	色度（分）
HDTL	14.50ab	14.17b	17.33a	17.33bc	9.50a	9.33a	6.67bc
HDGJ	14.00b	14.00b	17.33a	17.00c	9.50a	8.83a	6.50c
HDHS	14.67a	14.33ab	18.00a	18.00ab	9.83a	9.83a	7.83ab
HDTT	15.00a	14.67ab	17.67a	17.67abc	9.67a	10.00a	8.00a
HLMC	15.00a	15.00a	18.00a	18.50a	9.50a	10.00a	9.00a
HLTS	15.00a	15.00a	18.00a	18.50a	9.50a	10.00a	9.00a
HLMJ	15.00a	15.00a	18.00a	18.00ab	10.00a	10.00a	9.00a

(二) 凉山州两会红花大金元烟叶 C3F 外观质量聚类分析

由图 3-3 分析可知,在欧氏距离为 5 处可将会东、会理 7 个烟站 C3F 样品分为 4 类。第一类包括会理团山、会理马颈和会理茅草,第二类包括会东火石和会东淌塘,第三类仅有会东铁柳,第四类仅有会东嘎吉。

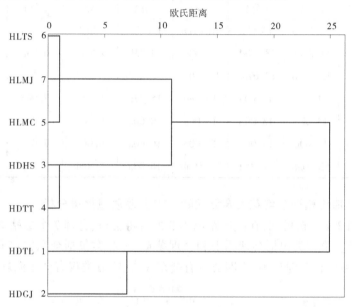

图 3-3　凉山州两会红花大金元烟叶 C3F 外观质量聚类分析

四、凉山州两会红花大金元烟叶 B2F 外观质量相似性分析

(一) 凉山州两会红花大金元烟叶 B2F 外观质量差异性分析

由表 3-4 分析可知,会东县淌塘烟站上部叶部位指标与会理市差异显著;会东嘎吉、火石烟站与会理茅草、团山烟站差异显著,与会理马颈烟站差异不显著;会东铁柳与会理市差异不显著。会东县铁柳、淌塘烟站上部叶颜色指标与会理市茅草、团山烟站差异达到显著水平,会东嘎吉、火石烟站与会理市差异不显著。会东县铁柳、嘎吉、淌塘三个烟站上部烟叶成熟度与会理市差异达到显著水平;会东火石烟站与会理茅草、团山烟站差异显著,与会理马颈差异不显著。会东嘎吉上部叶烟叶油分与会理市差异显著,其他三个烟站与会理市差异不显著。会东县淌塘烟站上部烟叶片结构与会理市差异达到显著水平;会东嘎吉烟站与会理茅草、团山烟站差异显著,与会理马颈差异不显著;会东铁柳、火石烟站与会理市差异不显著。会东县上部叶身份与会理市差异不

显著。会东县嘎吉烟站上部叶色度与会理茅草、团山烟站差异显著,与会理马颈烟站差异不显著;会东铁柳、火石、淌塘烟站与会理市差异不显著。

表 3-4　凉山州两会红花大金元烟叶 B2F 外观质量差异性分析

指标	部位（分）	颜色（分）	成熟度（分）	油分（分）	叶片结构（分）	身份（分）	色度（分）
HDTL	12.17ab	14.00a	16.67cd	15.33a	7.00abc	7.17a	7.50ab
HDGJ	11.83bc	13.67ab	15.50e	13.83b	6.67bc	6.83a	6.33b
HDHS	12.33ab	13.67ab	17.17bc	15.00ab	7.50ab	7.17a	8.00ab
HDTT	11.17c	14.00a	16.33c	15.33a	6.33c	7.00a	7.50ab
HLMC	13.00a	13.00b	18.00a	16.00a	8.00a	7.00a	9.00a
HLTS	13.00a	13.00b	18.00a	16.00a	8.00a	7.00a	8.50a
HLMJ	12.50ab	13.50ab	17.50ab	16.00a	7.50ab	7.00a	8.00ab

(二)凉山州两会红花大金元烟叶 B2F 外观质量聚类分析

由图 3-4 分析可知,在欧氏距离为 5 处可将会东、会理 7 个烟站 B2F 样品分为 5 类。第一类包括会理团山和会理茅草,第二类包括会东铁柳和会东火石,第三类仅有会理马颈,第四类仅有会东嘎吉,第五类仅有会东淌塘。

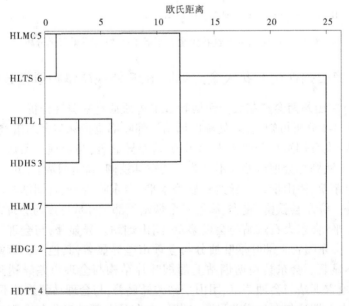

图 3-4　凉山州两会红花大金元烟叶 B2F 外观质量聚类分析

五、小结

会东县和会理市红花大金元烟叶外观质量在 X2F(部位、身份)、C2F(成熟度)、C3F(成熟度、叶片结构和身份)和 B2F(身份)等指标差异不大。会东县红花大金元下部烟叶成熟度、叶片结构、色度与会理市差异较大;会东县铁柳和嘎吉烟站烟叶在 C2F(部位、油分、叶片结构)、C3F(颜色、烟叶色度)等指标与会理市差异达到显著水平;会东县(铁柳、嘎吉、淌塘)上部叶成熟度、嘎吉烟站烟叶油分、淌塘烟站烟叶叶片结构与会理市差异达到显著水平。

凉山州红花大金元下部叶外观质量会理团山、会理马颈和会东淌塘可归为一类,会东嘎吉、会东火石和会理茅草可归为一类,会东铁柳单独一类;C2F 外观质量会东火石、会东淌塘和会理团山可归为一类,会理茅草和会理马颈可归为一类,会东铁柳、会东嘎吉单独为一类;C3F 外观质量会理团山、会理马颈和会理茅草可归为一类,会东火石和会东淌塘可归为一类,会东铁柳和会东嘎吉单独为一类;上部叶外观质量会理团山和会理茅草可归为一类,会东铁柳和会东火石可归为一类,会理马颈、会东嘎吉和会东淌塘单独为一类。

第二节 凉山州两会红花大金元烟叶物理特性相似性分析

一、凉山州两会红花大金元烟叶 X2F 物理特性相似性分析

(一)凉山州两会红花大金元烟叶 X2F 物理特性差异性分析

由表 3-5 分析可知,会东县红花大金元下部叶叶长、拉力、填充值和叶面密度 4 个指标与会理市差异未达到显著水平。会东铁柳、嘎吉下部叶单叶重与会理团山、马颈烟站差异显著,与会理茅草烟站差异不显著;会东火石烟站与会理团山差异显著,与会理茅草、马颈烟站差异不显著,会东淌塘烟站与会理市差异不显著。会东铁柳烟站下部叶叶长与会东火石烟站差异显著。会东铁柳烟站叶宽与会理马颈烟站差异达到显著水平,其余烟站间差异不显著。会东嘎吉、火石、淌塘烟站下部叶片厚度与会理茅草烟站差异显著。会东铁柳、嘎吉烟站下部烟叶含梗率与会理茅草、团山烟站差异显著,与会理马颈差异不显著;会东火石与会理市差异显著,会东淌塘与会理市差异不显著。会东嘎吉烟站下部叶平衡含水率与会理市差异显著;会东铁柳、火石与会理茅草、马颈烟站差异显著,与会理团山差异不显著;会东淌塘与会理市差异不显著。会东嘎吉下部叶叶面密度与会东淌塘烟站差异达到显著水平。

表 3-5   凉山州两会红花大金元烟叶 X2F 物理特性差异性分析

指标	单叶重（g）	叶长（cm）	叶宽（cm）	厚度（mm）	拉力（N）	填充值（cm³/g）	含梗率（%）	平衡含水率（%）	叶面密度（g/m²）
HDTL	8.13d	59.09b	18.97b	0.14ab	1.91a	3.92a	37.09ab	12.54bc	66.85ab
HDGJ	9.45cd	61.55ab	20.99ab	0.15a	1.91a	4.36a	37.05ab	12.03c	61.74b
HDHS	11.04bcd	67.49a	22.47ab	0.15a	2.01a	4.15a	37.82a	12.55bc	68.68ab
HDTT	12.80abc	66.30ab	22.22ab	0.15a	1.87a	3.78a	33.08bc	13.50a	82.51a
HLMC	9.48cd	63.47ab	20.26ab	0.12b	1.58a	4.09a	30.79c	13.39a	68.85ab
HLTS	15.84a	65.51ab	22.84ab	0.14ab	1.86a	3.87a	32.58c	13.02ab	67.34ab
HLMJ	13.69ab	64.44ab	23.84a	0.13ab	1.90a	3.80a	33.39bc	13.70a	73.44ab

（二）凉山州两会红花大金元烟叶 X2F 物理特性聚类分析

由图 3-5 分析可知,在欧氏距离为 5 处可将会东、会理 7 个烟站红花大金元 X2F 样品分为 4 类。第一类包括会东火石、会理茅草和会理马颈,第二类包括会东铁柳和会理团山,第三类仅有会东淌塘,第四类仅有会东嘎吉。

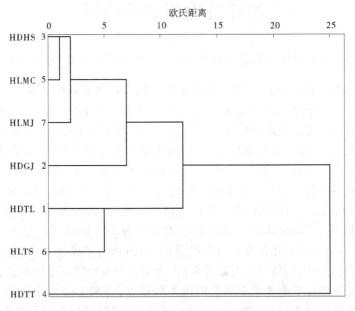

图 3-5   凉山州两会红花大金元烟叶 X2F 物理特性赋值总分聚类分析

二、凉山州两会红花大金元烟叶 C2F 物理特性相似性分析

(一)凉山州两会红花大金元烟叶 C2F 物理特性差异性分析

由表 3-6 分析可知,会东县红花大金元 C2F 叶宽、厚度、含梗率、平衡含水率和叶面密度 5 个指标与会理市差异未达到显著水平。会东铁柳 C2F 单叶重与会理马颈烟站差异显著,与会理茅草、团山烟站差异不显著;会东嘎吉、淌塘烟站与会理茅草、马颈差异显著,与会理团山烟站差异不显著,会东火石烟站与会理茅草、团山烟站差异显著,与会理马颈烟站差异不显著。会东铁柳烟站 C2F 叶长与会理茅草、马颈烟站差异显著,与会理团山烟站差异不显著;会东嘎吉、淌塘烟站与会理马颈烟站差异显著,与会理茅草、团山烟站差异不显著;会东火石烟站与会理市差异不显著。会东铁柳、火石、淌塘烟站 C2F 拉力与会理团山、马颈烟站差异显著;与会理茅草差异不显著;会东嘎吉烟站与会理市差异显著。会东淌塘烟站 C2F 填充值与会理茅草烟站差异达到显著水平,与会理团山、马颈烟站差异不显著;会东铁柳、嘎吉、火石烟站与会理市差异不显著。

表 3-6　凉山州两会红花大金元烟叶 C2F 物理特性差异性分析

指标	单叶重（g）	叶长（cm）	叶宽（cm）	厚度（mm）	拉力（N）	填充值（cm³/g）	含梗率（%）	平衡含水率（%）	叶面密度（g/m²）
HDTL	13.27cd	68.75c	19.88b	0.15a	1.75cd	4.06a	32.12a	12.99a	85.70a
HDGJ	14.82bc	69.90bc	24.88ab	0.13a	1.30d	4.27a	34.02a	12.57a	93.95a
HDHS	17.53ab	76.28a	32.39a	0.15a	1.64cd	4.12a	32.68a	12.69a	81.21a
HDTT	14.44c	70.27bc	22.95ab	0.15a	1.72cd	3.43b	33.18a	13.45a	87.23a
HLMC	11.16d	74.30ab	24.62ab	0.15a	2.29bc	4.00a	33.80a	13.36a	79.40a
HLTS	13.06cd	73.86abc	23.66ab	0.14a	2.42ab	3.85ab	32.91a	13.16a	80.37a
HLMJ	17.95a	78.42a	24.71ab	0.13a	3.01a	3.87ab	32.27a	13.17a	88.21a

(二)凉山州两会红花大金元烟叶 C2F 物理特性聚类分析

由图 3-6 分析可知,在欧氏距离为 5 处可将会东、会理 7 个烟站红花大金元 C2F 样品分为 4 类。第一类包括会东火石、会理茅草、会理团山和会东铁柳,第二类仅会东嘎吉,第三类仅有会东淌塘,第四类仅会理马颈。

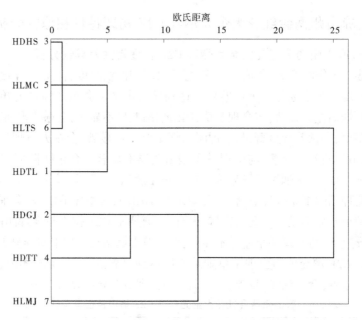

图 3-6　凉山州两会红花大金元烟叶 C2F 物理特性赋值总分聚类分析

三、凉山州两会红花大金元烟叶 C3F 物理特性相似性分析

(一)凉山州两会红花大金元烟叶 C3F 物理特性差异性分析

由表 3-7 分析可知,会东县红花大金元 C3F 叶宽、填充值和平衡含水率 3 个指标与会理市差异未达到显著水平。会东铁柳、火石、淌塘烟站 C3F 单叶重与会理团山烟站差异显著,与会理茅草、马颈烟站差异不显著;会东嘎吉与会理茅草差异显著,与会理团山、马颈差异不显著。会东嘎吉烟站 C3F 叶长与会理茅草、马颈烟站差异达到显著水平,与会理团山烟站差异不显著;会东铁柳、火石、淌塘烟站与会理市差异不显著。会东铁柳、火石、淌塘烟站 C3F 叶片厚度与会理茅草、团山烟站差异显著,与会理马颈烟站差异不显著;会东嘎吉与会理茅草烟站差异显著,与会理团山、马颈差异不显著。会东铁柳、淌塘烟站 C3F 拉力与会理茅草差异显著,与会理团山、马颈烟站差异不显著;会东嘎吉烟站与会理市差异显著;会东火石烟站与会理市差异不显著。会东嘎吉烟站 C3F 含梗率与会理茅草、团山烟站差异显著,与会理马颈烟站差异不显著;会东淌塘烟站与会理团山烟站差异显著,与会理茅草、马颈烟站差异不显著;会东铁柳、火石烟站与会理市差异不显著。会东嘎吉烟站 C3F 叶面密度与会理市差异显著;会东铁柳、火石、淌塘烟站与会理市差异不显著。

表 3-7 凉山州两会红花大金元烟叶 C3F 物理特性差异性分析

指标	单叶重（g）	叶长（cm）	叶宽（cm）	厚度（mm）	拉力（N）	填充值（cm³/g）	含梗率（%）	平衡含水率（%）	叶面密度（g/m²）
HDTL	12.58ab	67.58ab	21.04a	0.16a	2.07bc	4.50a	34.13abc	12.88a	83.88a
HDGJ	10.97bc	64.38b	22.42a	0.14ab	1.70c	4.09a	35.98a	12.96a	63.67b
HDHS	13.49a	72.60a	22.78a	0.15a	2.54ab	4.03a	33.83abc	12.50a	84.13a
HDTT	14.53a	68.74ab	23.97a	0.15a	2.06bc	3.89a	34.26ab	13.25a	86.50a
HLMC	15.12a	72.68a	23.52a	0.12c	2.72a	4.58a	31.33bc	13.33a	87.98a
HLTS	10.00c	68.32ab	23.27a	0.13bc	2.26ab	4.29a	29.98c	13.41a	78.39a
HLMJ	13.14ab	71.22a	24.24a	0.15a	2.45ab	4.57a	32.67abc	12.88a	82.43a

（二）凉山州两会红花大金元烟叶 C3F 物理特性聚类分析

由图 3-7 分析可得,在欧氏距离为 5 处可将会东、会理 7 个烟站红花大金元 C3F 样品分为 5 类。第一类包括会东嘎吉和会东淌塘,第二类仅有会理茅草,第三类仅有会东火石,第四类仅有会理马颈,第五类包括会东铁柳和会理团山。

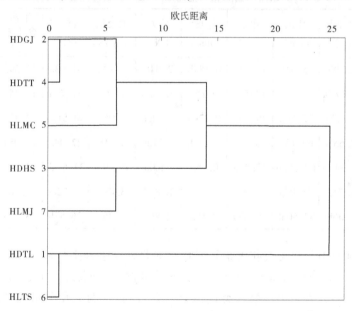

图 3-7 凉山州两会红花大金元烟叶 C3F 物理特性赋值总分聚类分析

四、凉山州两会红花大金元烟叶 B2F 物理特性相似性分析

(一) 凉山州两会红花大金元烟叶 B2F 物理特性差异性分析

由表 3-8 可知,会东县红花大金元 B2F 叶宽、平衡含水率和叶面密度 3 个指标与会理市差异未达到显著水平。会东县铁柳烟站上部叶单叶重与会理团山烟站差异达到显著水平,与会理茅草、马颈烟站差异不显著;会东火石烟站与会理马颈烟站差异显著,与会理茅草、团山烟站差异不显著;会东嘎吉、淌塘烟站与会理市差异不显著。会东铁柳、嘎吉、淌塘烟站上部叶叶长与会理团山烟站差异显著,与会理茅草、马颈烟站差异不显著;会东火石烟站与会理市差异不显著。会东铁柳、火石、淌塘烟站上部叶叶片厚度与会理市差异不显著;会东嘎吉烟站与会理茅草、马颈烟站差异显著,与会理团山烟站差异不显著。会东嘎吉、火石、淌塘烟站上部叶拉力与会理市差异不显著;会东铁柳烟站与会理马颈烟站差异显著,与会理茅草、团山烟站差异不显著。会东铁柳、嘎吉、火石烟站上部叶填充值与会理市差异不显著;会东淌塘烟站与会理市差异显著。会东铁柳、嘎吉烟站上部叶含梗率与会理马颈烟站差异显著,与会理茅草、团山烟站差异不显著;会东火石、淌塘烟站与会理市差异不显著。

表 3-8　凉山州两会红花大金元烟叶 B2F 物理特性差异性分析

指标	单叶重 (g)	叶长 (cm)	叶宽 (cm)	厚度 (mm)	拉力 (N)	填充值 (cm^3/g)	含梗率 (%)	平衡含水率 (%)	叶面密度 (g/m^2)
HDTL	12.78c	65.41b	18.13a	0.18ab	2.04b	4.12a	31.93a	12.59a	92.46a
HDGJ	14.89abc	64.79b	19.51a	0.20a	2.14ab	4.39a	31.74a	12.45a	93.59a
HDHS	19.22a	72.00a	19.76a	0.17ab	2.30ab	4.05a	30.51ab	12.47a	98.75a
HDTT	13.65bc	65.13b	16.77a	0.18ab	2.31ab	3.41b	27.09b	13.05a	108.88a
HLMC	14.90abc	68.66ab	17.24a	0.16b	2.53ab	3.99a	27.67ab	12.76a	100.06a
HLTS	17.74ab	71.99a	20.45a	0.18ab	2.36ab	3.89a	28.32ab	13.26a	102.40a
HLMJ	14.06bc	68.50ab	20.33a	0.16b	2.86a	4.35a	26.57b	13.23a	104.58a

(二) 凉山州两会红花大金元烟叶 B2F 物理特性聚类分析

由图 3-8 分析可得,在欧氏距离为 5 处可将会东、会理 7 个烟站红花大金元 B2F 样品分为 4 类。第一类包括会东火石、会东淌塘和会东铁柳,第二类仅有会理团山,第三类包括会理茅草和会理马颈,第四类仅有会东嘎吉。

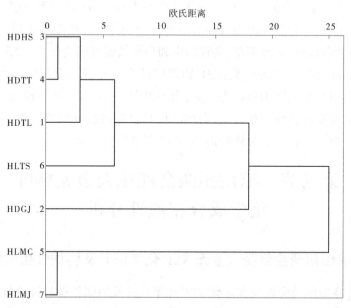

图 3-8 凉山州两会红花大金元烟叶 B2F 物理特性赋值总分聚类分析

五、小结

综上所述,凉山州红花大金元会东县下部叶(叶长、拉力、填充值和叶面密度)、C2F(叶宽、厚度、含梗率、平衡含水率和叶面密度)、C3F(叶宽、填充值和平衡含水率)、上部叶(叶宽、平衡含水率和叶面密度)与会理市差异未达到显著水平。下部叶会东嘎吉烟站平衡含水率与会理市差异显著。C2F 单叶重会东嘎吉、淌塘烟站与会理茅草、马颈差异显著,会东火石烟站与会理茅草、团山烟站差异显著。C2F 拉力会东铁柳、火石、淌塘烟站与会理团山、马颈烟站差异显著;与会理茅草差异不显著。C3F 单叶重会东铁柳、火石、淌塘烟站与会理团山烟站差异显著。C3F 叶片厚度会东铁柳、火石、淌塘烟站与会理茅草、团山烟站差异显著,与会理马颈烟站差异不显著;会东嘎吉与会理茅草烟站差异显著,与会理团山、马颈差异不显著。C3F 拉力、叶面密度会东嘎吉烟站与会理市差异显著。上部叶叶长会东铁柳、嘎吉、淌塘烟站与会理团山烟站差异显著,与会理茅草、马颈烟站差异不显著;上部叶叶片厚度会东嘎吉烟站与会理茅草、马颈烟站差异显著,与会理团山烟站差异不显著。上部叶填充值会东淌塘烟站与会理市差异显著。

　　凉山州红花大金元下部叶物理特性会东火石、会理茅草和会理马颈可归为一类,会东铁柳和会理团山可归为一类,会东嘎吉、会东淌塘单独一类;C2F物理特性会东火石、会理茅草、会理团山和会东铁柳可归为一类,会东嘎吉、会东淌塘、会理马颈单独为一类;C3F物理特性会东嘎吉和会东淌塘可归为一类,会东铁柳和会理团山可归为一类,会理茅草、会东火石和会理马颈单独为一类;上部叶物理特性会东火石、会东淌塘和会东铁柳可归为一类,会理茅草和会理马颈可归为一类,会理团山、会东嘎吉单独为一类。

第三节　凉山州两会红花大金元烟叶化学成分相似性分析

一、凉山州两会红花大金元 X2F 化学成分及协调性相似性分析

(一)凉山州两会红花大金元 X2F 化学成分及协调性差异性分析

　　由表3-9可知,凉山州会东县红花大金元下部叶总氮、氯和氮碱比3个指标与会理市差异未达到显著水平。会东县嘎吉烟站下部叶总糖含量与会理马颈烟站差异显著,与会理茅草、团山烟站差异不显著;会东铁柳、火石、淌塘烟站与会理市差异不显著。会东县红花大金元下部叶还原糖含量与会理团山烟站、马颈烟站差异达到显著水平,与会理茅草烟站差异不显著。会东铁柳、淌塘烟站下部叶烟碱含量与会理市差异显著,会东嘎吉、火石烟站与会理市差异不显著。会东铁柳、嘎吉、火石烟站下部叶钾含量与会理团山烟站差异显著,与会理茅草、马颈烟站差异不显著;会东淌塘烟站与会理茅草、团山烟站差异达到显著水平,与会理马颈烟站差异不显著。会东铁柳烟站下部叶糖碱比与会理团山、马颈烟站差异显著,与会理茅草差异不显著;会东嘎吉、淌塘烟站与会理马颈烟站差异显著,与会理茅草、团山烟站差异不显著;会东火石烟站与会理市差异不显著。会东县红大下部叶钾氯比与会理马颈烟站差异显著,与会理茅草、团山差异不显著。会东铁柳烟站红花大金元下部叶两糖比与会理团山差异显著,与会理茅草、马颈差异不显著;会东淌塘烟站与会理团山、马颈烟站差异显著,与会理茅草差异不显著;会东嘎吉、火石烟站与会理市差异不显著。

表 3-9　凉山州两会红花大金元烟叶 X2F 化学成分及协调性差异性分析

指标	总氮 (%)	总糖 (%)	还原糖 (%)	烟碱 (%)	钾 (%)	氯 (%)	糖碱比	氮碱比	钾氯比	两糖比
HDTL	1.73a	30.61ab	26.37c	1.81ab	1.50bc	0.22a	18.17c	0.99a	10.99b	0.87bc
HDGJ	1.40a	29.94b	27.25c	1.60abc	1.54bc	0.06a	19.77bc	0.88a	40.48b	0.91abc
HDHS	1.53a	31.09ab	27.91c	1.32bc	1.50bc	0.14a	24.77abc	1.27a	16.33b	0.90abc
HDTT	1.63a	35.89a	29.46c	1.85a	1.43c	0.15a	20.07bc	0.91a	15.92b	0.83c
HLMC	1.69a	33.68ab	30.12bc	1.25c	2.10ab	0.10a	26.79abc	1.37a	21.92b	0.90abc
HLTS	1.51a	34.69ab	33.81ab	1.28c	2.23a	0.24a	27.93ab	1.22a	17.52b	0.97a
HLMJ	1.74a	36.37a	34.18a	1.25c	1.56bc	0.04a	30.01a	1.40a	108.81a	0.94ab

(二)凉山州两会红花大金元 X2F 化学成分及协调性聚类分析

由图 3-9 可以看出,在欧氏距离为 5 处可将会东、会理红花大金元 X2F 烟叶样品分为 3 类。第一类包括会东火石、会东淌塘、会理团山和会理茅草,第二类包括会东铁柳、会东嘎吉,第三类仅有会理马颈。

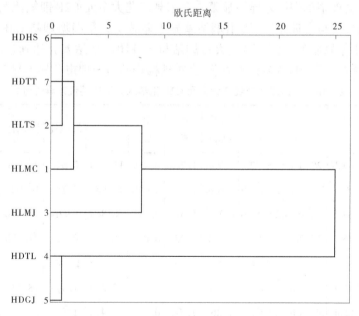

图 3-9　凉山州两会红花大金元 X2F 化学成分及协调性赋值总分聚类分析

二、凉山州两会红花大金元 C2F 化学成分及协调性相似性分析

(一) 凉山州两会红花大金元 C2F 化学成分及协调性差异性分析

由表 3-10 分析可知,凉山州会东县红花大金元 C2F 钾含量与会理市差异未达到显著水平。会东县嘎吉烟站 C2F 总氮含量与会理团山烟站差异显著,与会理茅草、马颈烟站差异不显著;会东铁柳、火石、淌塘烟站与会理市差异不显著。会东铁柳烟站 C2F 总糖含量与会理茅草烟站差异显著,与会理团山、马颈烟站差异不显著;会东嘎吉、火石烟站与会理市差异不显著;会东淌塘烟站与会理团山、马颈烟站差异显著,与会理茅草烟站差异不显著。会东铁柳烟站 C2F 还原糖含量与会理茅草烟站差异显著,与会理团山、马颈烟站差异不显著;会东嘎吉、火石、铁柳烟站与会理市差异不显著。会东铁柳、淌塘烟站 C2F 烟碱含量与会理市差异达到显著水平;会东嘎吉、火石烟站与会理市差异不显著。会东铁柳烟站 C2F 氯含量与会理市差异显著;会东嘎吉、火石、淌塘烟站与会理市差异不显著。会东铁柳烟站 C2F 糖碱比与会理市差异显著;会东嘎吉、火石、淌塘烟站与会理市差异不显著。会东铁柳、嘎吉、淌塘烟站 C2F 氮碱比与会理市差异达到显著水平;会东火石烟站与会理团山、马颈烟站差异显著,与会理茅草烟站差异不显著。会东县红花大金元 C2F 钾氯比与会理马颈差异显著,与会理茅草、团山烟站差异不显著。会东淌塘烟站 C2F 两糖比与会理市差异显著;会东嘎吉、火石烟站与会理团山烟站差异达到显著水平,与会理茅草、马颈烟站差异不显著;会东铁柳烟站与会理市差异不显著。

表 3-10　凉山州两会红花大金元 C2F 化学成分及协调性差异性分析

指标	总氮 (%)	总糖 (%)	还原糖 (%)	烟碱 (%)	钾 (%)	氯 (%)	糖碱比	氮碱比	钾氯比	两糖比
HDTL	1.69ab	28.07c	25.22b	2.78a	1.72a	0.43a	11.29b	0.64c	6.36b	0.90ab
HDGJ	1.34b	33.28abc	28.24ab	1.80bc	1.32a	0.09b	18.68a	0.78c	16.02b	0.85b
HDHS	1.69ab	34.31ab	29.04ab	1.98bc	1.59a	0.21b	18.86a	0.92bc	15.47b	0.85b
HDTT	1.56ab	37.28a	28.12ab	2.17b	1.32a	0.06b	17.58ab	0.72c	24.38b	0.75c
HLMC	1.88ab	34.96ab	32.16a	1.52c	1.55a	0.11b	23.14a	1.25ab	13.98b	0.92ab
HLTS	2.02a	30.67bc	29.80ab	1.38c	1.68a	0.09b	22.29a	1.47a	18.51b	0.97a
HLMJ	1.88ab	30.98bc	28.62ab	1.36c	1.74a	0.05b	23.42a	1.51a	56.76a	0.93ab

（二）凉山州两会红花大金元 C2F 化学成分及协调性聚类分析

由图 3-10 可以看出,在欧氏距离为 5 处可将会东、会理红花大金元 C2F 样品分为 2 类。第一类包括会东铁柳、会东火石、会东淌塘,第二类包括会理马颈、会理茅草、会理团山和会东嘎吉。

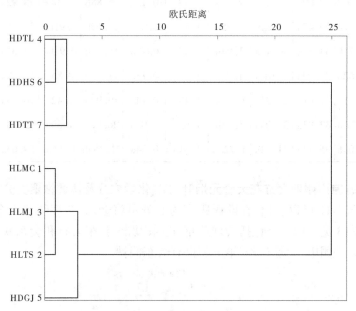

图 3-10　凉山州两会红花大金元 C2F 化学成分及协调性赋值总分聚类分析

三、凉山州两会红花大金元 C3F 化学成分及协调性相似性分析

（一）凉山州两会红花大金元 C3F 化学成分及协调性差异性分析

由表 3-11 分析可知,凉山州会东县红花大金元 C3F 总糖、钾、氯、钾氯比等 4 项指标与会理市差异未达到显著水平。会东嘎吉、火石、淌塘烟站 C3F 总氮含量与会理茅草、马颈烟站差异达到显著水平,与会理团山烟站差异不显著;会东铁柳与会理市差异不显著。会东嘎吉 C3F 还原糖含量与会理市差异显著;会东铁柳、火石、淌塘烟站与会理市差异不显著。会东县 C3F 烟碱、糖碱比与会理团山烟站差异显著,与会理茅草、马颈烟站差异不显著。会东县淌塘烟站 C3F 氮碱比与会理市差异显著;会东铁柳、嘎吉、火石烟站与会理茅草、团山烟站差异显著,与会理马颈烟站差异不显著。会东淌塘烟站 C3F 两糖比与会理团山、马颈烟站差异显著,与会理茅草烟站差异不显著;会东铁柳、嘎吉、火石烟站与会理市差异不显著。

表 3-11　凉山州两会红花大金元 C3F 化学成分及协调性差异性分析

指标	总氮 （%）	总糖 （%）	还原糖 （%）	烟碱 （%）	钾 （%）	氯 （%）	糖碱比	氮碱比	钾氯比	两糖比
HDTL	1.91ab	32.09a	28.52ab	2.18a	1.38a	0.15a	15.85b	0.90bc	48.92a	0.89ab
HDGJ	1.67b	29.47a	25.64b	1.95a	1.59a	0.07a	15.69b	0.91bc	58.85a	0.88ab
HDHS	1.71b	34.56a	30.47a	1.94a	1.54a	0.21a	18.62b	0.93bc	12.01a	0.89ab
HDTT	1.62b	33.79a	28.61ab	1.94a	1.41a	0.13a	17.46b	0.85c	14.31a	0.86b
HLMC	2.21a	31.01a	29.81a	1.59ab	1.49a	0.14a	19.99b	1.42a	10.97a	0.96ab
HLTS	1.97ab	32.93a	32.05a	1.23b	1.65a	0.07a	26.92a	1.60a	23.93a	0.98a
HLMJ	2.09a	35.14a	31.04a	1.72ab	1.81a	0.24a	21.35ab	1.27ab	59.65a	0.88a

（二）凉山州两会红花大金元烟叶 C3F 化学成分及协调性聚类分析

由图 3-11 可以看出，在欧氏距离为 5 处可将会东、会理红花大金元 C3F 样品分为 3 类。第一类包括会理茅草、会东嘎吉、会东火石和会东铁柳，第二类包括会理团山、会理马颈，第三类仅有会东淌塘。

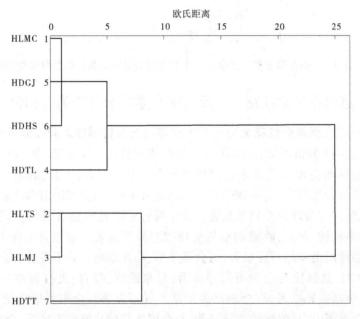

图 3-11　凉山州两会红花大金元 C3F 化学成分及协调性赋值总分聚类分析

四、凉山州两会红花大金元烟叶 B2F 化学成分及协调性相似性分析

(一)凉山州两会红花大金元烟叶 B2F 化学成分及协调性差异性分析

由表 3-12 分析可知,会东铁柳烟站上部叶总氮含量与会理市差异未达到显著水平;会东嘎吉、淌塘烟站与会理马颈烟站差异显著,与会理茅草、团山烟站差异不显著;会东火石烟站与会理茅草、马颈烟站差异达到显著水平,与会理团山烟站差异不显著。会东铁柳烟站上部叶总糖含量与会理茅草烟站差异显著,与会理团山、马颈烟站差异不显著;会东淌塘烟站与会理团山烟站差异显著,与会理茅草、马颈烟站差异不显著;会东嘎吉、火石烟站与会理市差异不显著。会东铁柳、嘎吉烟站上部叶还原糖含量与会理茅草烟站差异显著,与会理团山、马颈烟站差异不显著;会东火石、淌塘烟站与会理市差异不显著。会东铁柳烟站上部叶烟碱含量与会理茅草、马颈烟站差异显著,与会理团山烟站差异不显著;会东嘎吉、淌塘烟站与会理马颈烟站差异显著,与会理茅草、团山烟站差异不显著;会东火石烟站与会理市差异不显著。会东嘎吉、淌塘烟站上部叶钾含量与会理茅草、团山烟站差异显著,与会理马颈烟站差异不显著;会东铁柳、火石烟站与会理市差异不显著。会东铁柳、嘎吉烟站上部叶氯含量与会理团山烟站差异显著,与会理茅草、马颈烟站差异不显著;会东火石、淌塘烟站与会理市差异不显著。会东铁柳、嘎吉烟站上部叶糖碱比与会理茅草、马颈

表 3-12　凉山州两会红花大金元 B2F 化学成分及协调性差异性分析

指标	总氮 (%)	总糖 (%)	还原糖 (%)	烟碱 (%)	钾 (%)	氯 (%)	糖碱比	氮碱比	钾氯比	两糖比
HDTL	2.06abc	24.93c	22.76c	3.40a	1.81a	0.33a	7.93d	0.67c	7.68b	0.92ab
HDGJ	1.75bc	29.27abc	25.07bc	2.89ab	1.12b	0.26ab	10.37cd	0.62c	19.44b	0.86ab
HDHS	1.68c	29.11abc	26.59ab	2.70abc	1.74a	0.09bc	11.10bcd	0.64c	27.14b	0.92ab
HDTT	1.91bc	32.61a	26.75ab	2.78ab	1.21b	0.07bc	12.16bc	0.72c	20.36b	0.83b
HLMC	2.27ab	30.43ab	29.23a	2.20bc	1.78a	0.11abc	14.01ab	1.06b	15.84b	0.96a
HLTS	1.65c	26.73bc	24.00bc	2.88ab	1.90a	0.01c	9.27cd	0.57c	158.71a	0.90ab
HLMJ	2.58a	27.53abc	26.35abc	1.78c	1.53ab	0.18abc	16.02a	1.51a	24.02b	0.96a

烟站差异显著,与会理团山烟站差异不显著;会东火石、淌塘烟站与会理马颈烟站差异显著,与会理茅草、团山烟站差异不显著。会东县上部叶氮碱比与会理茅草、马颈烟站差异显著,与会理团山差异不显著。会东县上部叶钾氯比与会理团山烟站差异显著,与会理茅草、马颈烟站差异不显著。会东淌塘烟站上部叶两糖比与会理茅草、马颈烟站差异显著,与会理团山烟站差异不显著;会东铁柳、嘎吉、火石烟站与会理市差异不显著。

(二)凉山州两会红花大金元烟叶 B2F 化学成分及协调性聚类分析

由图 3-12 可以看出,在欧氏距离为 5 处可将会东、会理红花大金元 B2F 样品分为 3 类。第一类包括会东嘎吉、会东淌塘、会东火石、会理茅草和会东铁柳,第二类为会理马颈,第三类为会理团山。

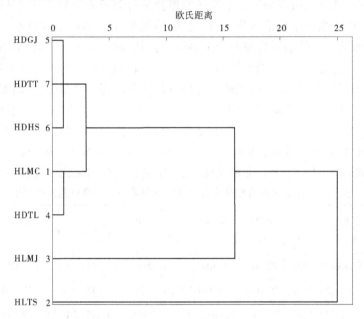

图 3-12　凉山州两会红花大金元 B2F 化学成分及协调性赋值总分聚类分析

五、小结

综上所述,凉山州会东县红花大金元下部叶(总氮、氯和氮碱比)、C2F(钾)、C3F(总糖、钾、氯、钾氯比)等指标与会理市差异未达到显著水平。下部叶:还原糖含量会东县与会理团山烟站、马颈烟站差异达到显著水平;烟碱含量会东铁柳、淌塘烟站与会理市差异显著;会东铁柳、嘎吉、火石烟站下部叶钾含量与会理团山烟站差异显著。C2F:烟碱含量会东铁柳、淌塘烟站与会理市差异达到显著水平;糖碱比会东铁柳烟站与会理市差异显著;氮碱比会东铁柳、嘎吉、淌塘烟站与会理市差异达到显著水平;两糖比会东淌塘烟站与会理市差异显著。C3F:还原糖含量会东嘎吉与会理市差异显著;氮碱比会东县淌塘烟站与会理市差异显著。上部叶:还原糖含量会东铁柳、嘎吉烟站与会理茅草烟站差异显著;烟碱含量会东铁柳烟站与会理茅草、马颈烟站差异,会东嘎吉、淌塘烟站与会理马颈烟站差异显著;钾含量会东嘎吉、淌塘烟站与会理茅草、团山烟站差异显著;氯含量会东铁柳、嘎吉烟站与会理团山烟站差异显著;糖碱比会东铁柳、嘎吉烟站与会理茅草、马颈烟站差异显著,会东火石、淌塘烟站与会理马颈烟站差异显著;氮碱比会东县与会理茅草、马颈烟站差异显著;钾氯比会东县与会理团山烟站差异显著。

凉山州红花大金元下部叶化学成分及协调性会东火石、会东淌塘、会理团山和会理茅草可归为一类,会东铁柳、会东嘎吉可归为一类,会理马颈单独一类;C2F化学成分及协调性会东铁柳、会东火石、会东淌塘可归为一类,会理马颈、会理茅草、会理团山和会东嘎吉可归为一类;C3F化学成分及协调性会理茅草、会东嘎吉、会东火石和会东铁柳可归为一类,会东火石和会东淌塘可归为一类,会东淌塘单独一类;上部叶化学成分及协调性会东嘎吉、会东淌塘、会东火石、会理茅草和会东铁柳可归为一类,会理马颈单独为一类,会理团山单独为一类。

第四节　凉山州两会红花大金元烟叶感官质量相似性分析

一、凉山州两会红花大金元 X2F 感官质量相似性分析

(一)凉山州两会红花大金元 X2F 感官质量差异性分析

由表3-13分析可知,凉山州会东县红花大金元下部叶香气量、杂气、浓度等指标与会理市差异不显著。会东县下部叶香气质、劲头与会理市差异达到显著水平。会东嘎吉、火石烟站下部叶刺激性、余味、可用性与会理市差异显著;会东铁柳、淌塘烟站与会理市差异不显著。

表3-13　凉山州两会红花大金元X2F感官质量差异性分析

指标	香气质（分）	香气量（分）	杂气（分）	刺激性（分）	余味（分）	燃烧性（分）	灰色（分）	浓度（分）	劲头（分）	可用性（分）
HDTL	15.20a	13.50a	13.40a	17.40ab	17.75ab	4.00	4.00	3.25a	3.00a	3.85ab
HDGJ	15.50a	13.45a	13.50a	17.55a	17.90a	4.00	4.00	3.25a	3.10a	4.35a
HDHS	15.50a	13.60a	13.50a	17.57a	17.93a	4.00	4.00	3.40a	3.00a	4.30a
HDTT	15.47a	13.53a	13.40a	17.53ab	17.77ab	4.00	4.00	3.17a	3.00a	4.07ab
HLMC	14.85b	13.25a	13.25a	17.35b	17.35b	4.00	4.00	3.00a	2.75b	3.35b
HLTS	14.85b	13.25a	13.25a	17.35b	17.35b	4.00	4.00	3.00a	2.75b	3.35b
HLMJ	14.85b	13.25a	13.25a	17.35b	17.35b	4.00	4.00	3.00a	2.75b	3.35b

（二）凉山州两会红花大金元烟叶 X2F 感官质量总分聚类分析

由图3-13分析可得,在欧氏距离为5处可将凉山州会东、会理红花大金元 X2F 样品分为2类。第一类包括会理团山、会理马颈和会理茅草,第二类包括会东嘎吉、会东淌塘、会东铁柳和会东火石。

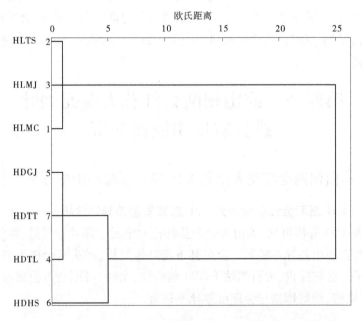

图3-13　凉山州两会红花大金元 X2F 感官质量总分聚类分析

二、凉山州两会红花大金元 C2F 感官质量相似性分析

(一)凉山州两会红花大金元 C2F 感官质量差异性分析

由表 3-14 分析可知,凉山州会东县红花大金元 C2F 浓度与会理市差异不显著。会东嘎吉、淌塘烟站 C2F 香气质与会理茅草、团山烟站差异达到显著水平,与会理马颈烟站差异不显著;会东铁柳、火石烟站与会理市差异不显著。会东嘎吉、淌塘烟站 C2F 香气量与会理团山烟站差异显著,与会理茅草、马颈烟站差异不显著;会东铁柳、火石烟站与会理市差异不显著。会东嘎吉、火石、淌塘烟站 C2F 杂气与会理茅草、团山烟站差异显著,与会理马颈差异不显著;会东铁柳与会理市差异不显著。会东嘎吉烟站 C2F 刺激性与会理市差异显著;会东淌塘烟站与会理马颈差异达到显著水平,与会理茅草、团山烟站差异不显著;会东铁柳、火石烟站与会理市差异不显著。会东嘎吉、淌塘烟站 C2F 余味与会理茅草、团山烟站差异达到显著水平,与会理马颈差异不显著;会东铁柳、火石烟站与会理市差异不显著。会东嘎吉烟站 C2F 劲头与会理市差异显著;会东铁柳、火石、淌塘烟站与会理市差异不显著。会东嘎吉、淌塘烟站 C2F 可用性与会理市差异达到显著水平;会东铁柳、火石烟站与会理市差异不显著。

表 3-14　凉山州两会红花大金元 C2F 感官质量差异性分析

指标	香气质（分）	香气量（分）	杂气（分）	刺激性（分）	余味（分）	燃烧性（分）	灰色（分）	浓度（分）	劲头（分）	可用性（分）
HDTL	15.40ab	13.73ab	13.48a	17.55ab	17.90ab	4.00	4.00	3.30a	3.18b	4.30a
HDGJ	15.20b	13.55b	13.20b	17.30c	17.50b	4.00	4.00	3.60a	3.75a	3.35b
HDHS	15.37ab	13.67ab	13.27b	17.50ab	17.77ab	4.00	4.00	3.70a	3.30b	4.00a
HDTT	15.20b	13.47b	13.20b	17.40bc	17.53b	4.00	4.00	3.40a	3.20b	3.50b
HLMC	15.50a	13.75ab	13.50a	17.55ab	18.00a	4.00	4.00	3.35a	3.25b	4.35a
HLTS	15.50a	14.00a	13.50a	17.50ab	18.00a	4.00	4.00	3.50a	3.30b	4.50a
HLMJ	15.35ab	13.45b	13.35ab	17.60a	17.85ab	4.00	4.00	3.25a	3.10b	4.10a

(二)凉山州两会红花大金元烟叶 C2F 感官质量总分聚类分析

由图 3-14 可以看出,在欧氏距离为 5 处可将凉山州会东会理红花大金元

C2F样品分为3类。第一类包括会东铁柳、会东火石、会东嘎吉、会理茅草和会理团山,第二类是会理马颈,第三类是会东淌塘。

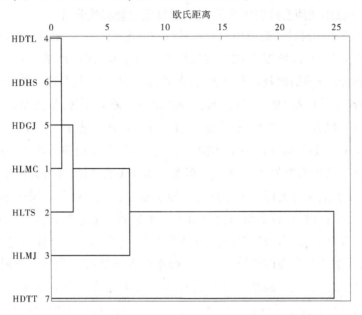

图3-14　凉山州两会红花大金元 C2F 感官质量总分聚类分析

三、凉山州两会红花大金元 C3F 感官质量相似性分析

(一) 凉山州两会红花大金元 C3F 感官质量差异性分析

　　由表3-15分析可知,凉山州会东县红花大金元 C3F 刺激性、浓度、劲头与会理市差异不显著。会东淌塘烟站 C3F 香气质与会理茅草烟站差异达到显著水平,与会理团山、马颈烟站差异不显著;会东铁柳、嘎吉、火石烟站与会理市差异不显著。会东火石烟站 C3F 香气量与会理马颈烟站差异显著,与会理茅草、团山烟站差异不显著;会东铁柳、嘎吉、淌塘烟站与会理市差异不显著。会东火石、淌塘烟站 C3F 杂气与会理茅草烟站差异达到显著水平,与会理团山、马颈烟站差异不显著;会东铁柳、嘎吉烟站与会理市差异不显著。会东淌塘烟站 C3F 余味、可用性与会理茅草烟站差异显著,与会理团山、马颈烟站差异不显著;会东铁柳、嘎吉、火石烟站与会理市差异不显著。

表 3-15　凉山州两会红花大金元 C3F 感官质量差异性分析

指标	香气质（分）	香气量（分）	杂气（分）	刺激性（分）	余味（分）	燃烧性（分）	灰色（分）	浓度（分）	劲头（分）	可用性（分）
HDTL	15.48a	13.63ab	13.50a	17.58a	17.95a	4.00	4.00	3.30a	3.13a	4.30a
HDGJ	15.50a	13.55ab	13.50a	17.60a	18.00a	4.00	4.00	3.25a	3.00a	4.50a
HDHS	15.50a	13.67a	13.30b	17.60a	18.00a	4.00	4.00	3.57a	3.07a	4.30a
HDTT	15.30b	13.30b	13.23b	17.47a	17.63b	4.00	4.00	3.23a	3.17a	3.70b
HLMC	15.50a	13.40ab	13.50a	17.60a	18.00a	4.00	4.00	3.25a	3.10a	4.25a
HLTS	15.35ab	13.35ab	13.35ab	17.60a	17.75ab	4.00	4.00	3.25a	3.10a	4.10ab
HLMJ	15.35ab	13.30b	13.35ab	17.60a	17.85ab	4.00	4.00	3.25a	3.10a	4.10ab

(二)凉山州两会红花大金元烟叶 C3F 感官质量总分聚类分析

由图 3-15 分析可知,在欧氏距离为 5 处可将凉山州会东、会理红花大金元 C3F 样品分为 3 类。第一类包括会理茅草、会东嘎吉、会东火石、会东铁柳,第二类包括会理团山、会理马颈,第三类仅有会东淌塘。

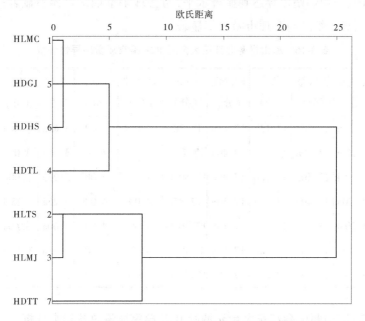

图 3-15　凉山州两会红花大金元 C3F 感官质量总分聚类分析

四、凉山州两会红花大金元 B2F 感官质量相似性分析

(一)凉山州两会红花大金元 B2F 感官质量差异性分析

由表 3-16 分析可知,凉山州会东县红花大金元上部叶香气量、浓度与会理市差异不显著。会东铁柳烟站上部叶香气质与会理团山烟站差异达到显著水平,与会理茅草、马颈烟站差异不显著;会东嘎吉、火石、淌塘烟站与会理市差异不显著。会东嘎吉、淌塘烟站上部叶杂气与会理市差异达到显著水平;会东铁柳、火石烟站与会理市差异不显著。会东嘎吉、火石、淌塘烟站上部叶刺激性与会理茅草烟站差异显著,与会理团山、马颈烟站差异不显著;会东铁柳烟站与会理团山、马颈烟站差异显著,与会理茅草差异不显著。会东淌塘烟站上部叶余味与会理团山烟站差异达到显著水平,与会理茅草、马颈烟站差异不显著;会东铁柳、嘎吉、火石烟站与会理市差异不显著。会东嘎吉、火石烟站上部叶劲头与会理茅草烟站差异达到显著水平,与会理团山、马颈烟站差异不显著;会东铁柳、淌塘烟站与会理市差异不显著。会东淌塘烟站上部叶可用性与会理团山、马颈烟站差异达到显著水平,与会理茅草烟站差异不显著;会东铁柳、嘎吉、火石烟站与会理市差异不显著。

表 3-16　凉山州两会红花大金元 B2F 感官质量差异性分析

指标	香气质（分）	香气量（分）	杂气（分）	刺激性（分）	余味（分）	燃烧性（分）	灰色（分）	浓度（分）	劲头（分）	可用性（分）
HDTL	15.13b	13.50a	13.13b	17.15b	17.38c	4.00	4.00	3.63a	3.50a	3.38b
HDGJ	15.20ab	13.40a	13.40a	17.40a	17.75ab	4.00	4.00	3.25a	3.00b	3.85ab
HDHS	15.20ab	13.50a	13.20b	17.40a	17.50abc	4.00	4.00	3.25a	3.00b	3.60ab
HDTT	15.30a	13.40a	13.45a	17.50a	17.85a	4.00	4.00	3.25a	3.25ab	4.10a
HLMC	15.20ab	13.40a	13.20b	17.15b	17.50abc	4.00	4.00	3.60a	3.60a	3.60ab
HLTS	15.25a	13.50a	13.20b	17.50a	17.45bc	4.00	4.00	3.75a	3.25ab	3.35b
HLMJ	15.20ab	13.45a	13.20b	17.50a	17.50abc	4.00	4.00	3.35a	3.30ab	3.25b

(二)凉山州两会红花大金元烟叶 B2F 感官质量总分聚类分析

由图 3-16 可以看出,在欧氏距离为 5 处可将凉山州会东、会理红花大金

元上部叶样品分为 3 类。第一类包括会理团山、会东嘎吉、会理马颈、会东淌塘,第二类包括会理茅草、会东铁柳,第三类仅有会东火石。

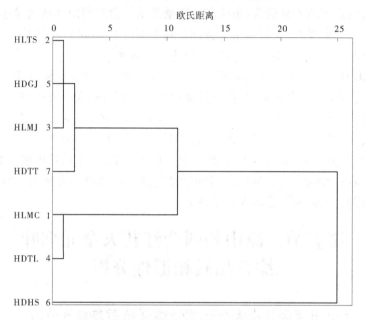

图 3-16　凉山州两会红花大金元 B2F 感官质量总分聚类分析

五、小结

综上所述,凉山州会东县红花大金元下部叶(香气量、杂气、浓度)、C2F浓度、C3F(刺激性、浓度、劲头)、上部叶(香气量、浓度)等指标与会理市差异不显著。下部叶:香气质、劲头会东县与会理市差异达到显著水平;刺激性、余味、可用性会东嘎吉、火石烟站与会理市差异显著。C2F:香气质会东嘎吉、淌塘烟站与会理茅草、团山烟站差异达到显著水平;香气量会东嘎吉、淌塘烟站与会理团山烟站差异显著;杂气会东嘎吉、火石、淌塘烟站与会理茅草、团山烟站差异显著;刺激性会东嘎吉烟站与会理市差异显著,会东淌塘烟站与会理马颈差异达到显著水平;余味会东嘎吉、淌塘烟站与会理茅草、团山烟站差异达到显著水平;劲头会东嘎吉烟站与会理市差异显著;可用性会东嘎吉、淌塘烟站与会理市差异达到显著水平。C3F:香气质会东淌塘烟站与会理茅草烟站差异达到显著水平;香气量会东火石烟站与会理马颈烟站差异显著;杂气会东火石、淌塘烟站与会理茅草烟站差异达到显著水平;余味、可用性会东淌塘烟站与会理茅草烟站差异显著。上部叶:香气质会东铁柳烟站与会理团山烟站差异达到显著水平;杂气会东嘎吉、淌塘烟站与会理市差异达到显著水平;刺激性会东嘎吉、火石、淌塘烟站与会理茅草烟站差异显著,会东铁柳烟站与会理团山、马颈烟站差异显著;余味会东淌塘烟站与会理团山烟站差异达到显著水平;劲头会东嘎吉、火石烟站与会理茅草烟站差异达到显著水平;可用性会东淌塘烟站与会理团山、马颈烟站差异达到显著水平。

凉山州红花大金元下部叶感官质量会理团山、会理马颈和会理茅草可归为一类,会东嘎吉、会东淌塘、会东铁柳和会东火石可归为一类;C2F 感官质量会东铁柳、会东火石、会东嘎吉、会理茅草和会理团山可归为一类,会理马颈单独一类,会东淌塘单独一类;C3F 感官质量会理茅草、会东嘎吉、会东火石、会东铁柳可归为一类,会理团山、会理马颈可归为一类,会东淌塘单独一类;上部叶感官质量会理团山、会东嘎吉、会理马颈、会东淌塘可归为一类,会理茅草、会东铁柳可归为一类,会东火石单独为一类。

第五节　凉山州两会红花大金元烟叶综合品质相似性分析

一、凉山州两会红花大金元烟叶综合品质差异性分析

由表 3-17 分析可知,凉山州红花大金元下部叶烟叶品质值会东嘎吉烟站最高,为 73.89 分;会理马颈烟站最低,为 71.08 分;会东县与会理市下部叶烟叶品质值差异不显著。凉山州红花大金元 C2F 烟叶品质值以会东火石烟站最高,为 75.93 分;会东嘎吉烟站最低,为 72.73 分;会东县与会理市 C2F 烟叶品质值差异不显著。凉山州红花大金元 C3F 烟叶品质值以会东铁柳烟站最高,为 76.79 分;会理团山烟站最低,为 71.65 分;会东铁柳、嘎吉烟站 C3F 烟叶品质值与会理团山烟站差异达到显著水平,与会理茅草、马颈烟站差异不显著;会东火石、淌塘烟站与会理市差异不显著。凉山州红花大金元上部叶烟叶品质值以会理团山烟站最高,为 80.65 分;会理马颈烟站最低,为 73.45 分;会东火石烟站上部叶烟叶品质值与会理团山、马颈烟站差异达到显著水平,与会理茅草烟站差异不显著;会东铁柳、嘎吉、淌塘烟站与会理团山烟站差异显著,与会理茅草、马颈烟站差异不显著。

表 3-17　凉山州两会红花大金元烟叶品质值差异性分析　（单位:分）

烟站	X2F	C2F	C3F	B2F
HDTL	72. 98a	74. 66a	76. 79a	75. 17bc
HDGJ	73. 89a	72. 73a	76. 30a	75. 68bc
HDHS	72. 42a	75. 93a	74. 67ab	77. 39b
HDTT	72. 12a	75. 13a	75. 06ab	76. 47bc
HLMC	71. 67a	74. 53a	74. 61ab	75. 95bc
HLTS	71. 90a	74. 15a	71. 65b	80. 65a
HLMJ	71. 08a	73. 42a	74. 34ab	73. 45c

二、凉山州两会红花大金元 X2F 烟叶品质值聚类分析

由图 3-17 分析可知,在欧氏距离为 5 处可将凉山州会东、会理红花大金元 X2F 样品分为 3 类。第一类包括会理茅草、会东火石、会东淌塘、会理团山,第二类包括会东铁柳、会东嘎吉,第三类仅有会理马颈。

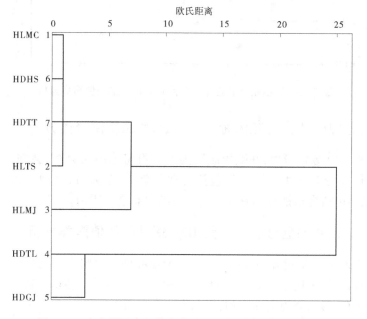

图 3-17　凉山州两会红花大金元 X2F 烟叶品质值聚类分析

三、凉山州两会红花大金元 C2F 烟叶品质值聚类分析

由图 3-18 分析可得,在欧氏距离为 5 处可将凉山州会东、会理红花大金元 C2F 样品分为 3 类。第一类包括会理马颈、会东嘎吉,第二类包括会理茅草、会东铁柳、会理团山和会东淌塘,第三类仅有会东火石。

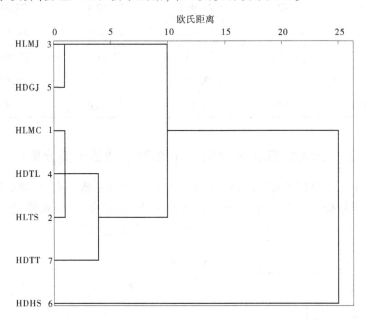

图 3-18　凉山州两会红花大金元 C2F 烟叶品质值聚类分析

四、凉山州两会红花大金元 C3F 烟叶品质值聚类分析

由图 3-19 分析可得,在欧氏距离为 5 处可将凉山州会东、会理红花大金元 C3F 样品分为 3 类。第一类包括会理茅草、会东火石、会理马颈、会东淌塘,第二类包括会东铁柳、会东嘎吉,第三类仅有会理团山。

五、凉山州两会红花大金元 B2F 烟叶品质值聚类分析

由图 3-20 分析可知,在欧氏距离为 5 处可将凉山州会东、会理红花大金元 B2F 样品分为 3 类。第一类包括会理茅草、会东淌塘、会东铁柳、会东嘎吉和会东火石,第二类为会理马颈,第三类为会理团山。

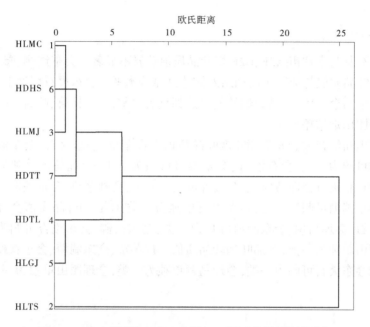

图 3-19 凉山州两会红花大金元 C3F 烟叶品质值聚类分析

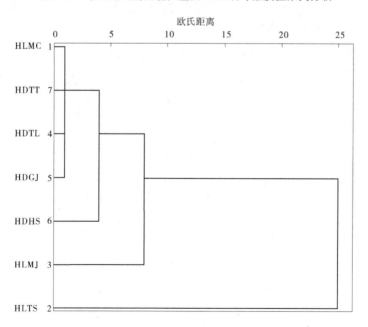

图 3-20 凉山州两会红花大金元 B2F 烟叶品质值聚类分析

六、小结

会东县与会理市 X2F、C2F 烟叶品质值差异不显著。会东铁柳、嘎吉烟站 C3F 烟叶品质值与会理团山烟站差异达到显著水平。会东火石烟站上部叶烟叶品质值与会理团山、马颈烟站差异达到显著水平；会东铁柳、嘎吉、淌塘烟站与会理团山烟站差异显著。

凉山州红花大金元下部叶烟叶品质值会理茅草、会东火石、会东淌塘、会理团山可归为一类，会东铁柳、会东嘎吉可归为一类，会理马颈单独为一类；C2F 烟叶品质值会理马颈、会东嘎吉可归为一类，会理茅草、会东铁柳、会理团山和会东淌塘可归为一类，会东火石单独为一类；C3F 烟叶品质值会理茅草、会东火石、会理马颈、会东淌塘可归为一类，会东铁柳、会东嘎吉可归为一类，会理团山单独为一类；上部叶烟叶品质值会理茅草、会东淌塘、会东铁柳、会东嘎吉和会东火石可归为一类，会理马颈单独为一类，会理团山单独为一类。

第四章　凉山州云烟 87 烟叶质量评价

　　云烟 87 是云南省烟草农业科学研究院用云烟 2 号为母本、K326 作父本杂交,经系谱选择而成,2000 年 7 月通过云南省烟草品种审评委员会评审,同年 12 月通过全国烟草品种审定委员会审定。云烟 87 株式塔形,打顶后近似筒形,中抗黑胫病,中抗南方根结线虫病、爪哇根结线虫病及青枯病,感赤星病、普通花叶病。初烤原烟多金黄色,色度强,油分多,叶片结构疏松,厚薄适中。目前,云烟 87 已经成为云南、四川等省主栽品种之一,也是全国种植面积最大的品种。

　　冕宁县位于四川省西南部,凉山彝族自治州北部,东邻越西、喜德,南接西昌、盐源,西连九龙、木里,北毗石棉,地处青藏高原东缘,属横断山脉北东段牦牛山区,地貌以山地为主,属亚热带季风气候,具有气候温和、雨热同季、雨量充沛、日照充足、立体差异明显等气候特点。越西县位于四川省西南部,凉山州北部,东邻美姑县,南接昭觉县、喜德县,西接冕宁,北连甘洛县、石棉县,主要以横断山脉为主,山川南北纵列,地势南高北低,气候受地形影响,年平均气温 13.3 ℃,年均降水量 1 113 mm,≥10 ℃的年有效积温 3 200~3 915.7 ℃,年日照时数 1 612.9~1 860 h,无霜期 225~248 天。德昌县位于四川省西南部,凉山彝族自治州中部,属亚热带高原季风气候,年均气温 17.7 ℃,年均降水量 1 049 mm,无霜期 300 天以上,常年日照 2 147 h,夏无酷暑,冬无严寒。

　　为掌握凉山州云烟 87 主产区县烟叶质量状况,为湖北中烟更好地利用凉山烟叶和扩大"黄鹤楼"品牌在凉山原料采购区域提供数据依据,提升凉山烟叶对"黄鹤楼"品牌原料需求的保障能力,2020 年河南农业大学与湖北中烟工业有限责任公司武汉卷烟厂联合,根据凉山州各区县云烟 87 种植规模,以县为单位,从收购烟叶中随机抽取 X2F(下橘二)、C2F(中橘二)、C3F(中橘三)和 B2F(上橘二)四个等级共计 102 个样品开展烟叶质量评价。按县统计如下:会东县(HD)18 个(没有 X2F 样品)、会理市(HL)24 个、冕宁县(MN)24 个、越西县(YX)16 个、德昌县(DC)20 个。

第一节　凉山州云烟 87 烟叶外观质量评价

一、凉山州云烟 87 烤后烟 X2F 外观质量评价

(一)凉山州冕宁县云烟 87 烟叶 X2F 外观质量评价

由表 4-1 分析可知,冕宁县云烟 87 下部叶烟叶颜色均为橘黄,分值范围 12.00~13.00 分,平均 12.20 分,变异系数为 3.67%;成熟度以成熟为主,分值 范围 17.00~18.00 分,平均 17.80;叶片结构均为疏松,分值范围 8.00~ 9.00 分,平均 8.60 分;身份"稍薄"的烟叶样品比例为 100%,分值范围 5.00~ 6.00 分,平均 5.60 分,变异系数为 9.78%;油分"有"烟叶样品占比 20%,"稍 有"烟叶样品占比 80%,分值范围 9.00~13.00 分,平均 10.20 分,变异系数为 16.11%;色度"强"烟叶样品占比 20%,80%的烟叶样品色度为"中",分值范 围 4.00~6.00 分,平均 5.00 分,变异系数为 14.14%。

表 4-1　凉山州冕宁县云烟 87 烤后烟 X2F 外观质量评价

指标	部位	颜色	成熟度	油分	结构	身份	色度	总分
最小值(分)	8.00	12.00	17.00	9.00	8.00	5.00	4.00	65.00
最大值(分)	8.00	13.00	18.00	13.00	9.00	6.00	6.00	72.00
平均值(分)	8.00	12.20	17.80	10.20	8.60	5.60	5.00	67.40
标准偏差 S_d	0.00	0.45	0.45	1.64	0.55	0.55	0.71	2.88
变异系数 C_v(%)	0.00	3.67	2.51	16.11	6.37	9.78	14.14	4.27

(二)凉山州越西县云烟 87 烟叶 X2F 外观质量评价

由表 4-2 分析可知,越西县云烟 87 烤后烟下部叶烟叶颜色均为橘黄,分 值为 14.00 分;成熟度均为成熟,分值为 17.00 分;叶片结构均为疏松,分值为 9.00 分;身份均为稍薄,分值为 6.00 分;油分均为"稍有",分值为 10.00 分; 色度均为"中",分值为 5.00 分。

(三)凉山州德昌县云烟 87 烟叶 X2F 外观质量评价

由表 4-3 分析可知,凉山州德昌县云烟 87 烤后烟下部叶烟叶颜色均为橘 黄,分值分布在 13.00~14.00 分,平均 13.40 分,变异系数为 4.09%;成熟度 均为成熟,分值为 18.00 分;叶片结构均为疏松,分值为 9.00 分;身份均为"稍 薄",分值为 6.00 分;油分均为"有",分值分布在 14.00~15.00 分,平均 14.60

分,变异系数为 3.75%;色度均为"强",分值分布在 6.00~7.00 分,平均 6.20 分,变异系数为 7.21%。

表 4-2　凉山州越西县云烟 87 烤后烟 X2F 外观质量评价

指标	部位	颜色	成熟度	油分	结构	身份	色度	总分
最小值(分)	8.00	14.00	17.00	10.00	9.00	6.00	5.00	69.00
最大值(分)	8.00	14.00	17.00	10.00	9.00	6.00	5.00	69.00
平均值(分)	8.00	14.00	17.00	10.00	9.00	6.00	5.00	69.00
标准偏差 S_d	0.00	0.00	0.00	0.00	0.00	0.00	0.00	0.00
变异系数 C_v(%)	0.00	0.00	0.00	0.00	0.00	0.00	0.00	0.00

表 4-3　凉山州德昌县云烟 87 烤后烟 X2F 外观质量评价

指标	部位	颜色	成熟度	油分	结构	身份	色度	总分
最小值(分)	8.00	13.00	18.00	14.00	9.00	6.00	6.00	74.00
最大值(分)	8.00	14.00	18.00	15.00	9.00	6.00	7.00	76.00
平均值(分)	8.00	13.40	18.00	14.60	9.00	6.00	6.20	75.20
标准偏差 S_d	0.00	0.55	0.00	0.55	0.00	0.00	0.45	0.84
变异系数 C_v(%)	0.00	4.09	0.00	3.75	0.00	0.00	7.21	1.11

(四)凉山州会理市云烟 87 烟叶 X2F 外观质量评价

由表 4-4 分析可知,凉山州会理市云烟 87 烤后烟下部叶烟叶颜色均为橘黄,分值范围 13.00~14.00 分,平均 13.83 分,变异系数为 2.95%;成熟度均为成熟,分值 18.00 分;叶片结构均为疏松,分值均为 9.00 分;身份均为"稍薄",分值范围 5.00~6.00 分,平均 5.83 分,变异系数为 7.00%;油分均为"有",分值范围 15.00~16.00 分,平均 15.5 分,变异系数为 3.53%;色度均为"强",分值范围 6.00~8.00 分,平均 7.00 分,变异系数为 9.04%。

二、凉山州云烟 87 烤后烟 C2F 外观质量评价

(一)凉山州冕宁县云烟 87 烟叶 C2F 外观质量评价

由表 4-5 分析可知,凉山州冕宁县云烟 87 烤后烟 C2F 颜色均为橘黄,分值分布在 14.00~15.00 分,平均 14.83 分,变异系数为 2.75%;成熟度均为成熟,分值为 18.00 分;叶片结构均为疏松,分值为 10.00 分;身份均为"中等",

分值分布在 8.00~10.00 分,平均 9.17 分;油分均为"多",分值分布在 17.00~18.00 分,平均 17.50 分,变异系数为 3.13%;色度"强"烟叶样品占比 16.67%,83.33%的烟叶样品色度为"浓",分值分布在 8.00~10.00 分,平均 9.00 分,变异系数为 7.03%。

表 4-4　凉山州会理市云烟 87 烤后烟 X2F 外观质量评价

指标	部位	颜色	成熟度	油分	结构	身份	色度	总分
最小值(分)	8.00	13.00	18.00	15.00	9.00	5.00	6.00	75.00
最大值(分)	8.00	14.00	18.00	16.00	9.00	6.00	8.00	79.00
平均值(分)	8.00	13.83	18.00	15.50	9.00	5.83	7.00	77.17
标准偏差 S_d	0.00	0.41	0.00	0.55	0.00	0.41	0.63	1.47
变异系数 C_v(%)	0.00	2.95	0.00	3.53	0.00	7.00	9.04	1.91

表 4-5　凉山州冕宁县云烟 87 烤后烟 C2F 外观质量评价

指标	部位	颜色	成熟度	油分	结构	身份	色度	总分
最小值(分)	15.00	14.00	18.00	17.00	10.00	8.00	8.00	92.00
最大值(分)	15.00	15.00	18.00	18.00	10.00	10.00	10.00	96.00
平均值(分)	15.00	14.83	18.00	17.50	10.00	9.17	9.00	93.50
标准偏差 S_d	0.00	0.41	0.00	0.55	0.00	0.75	0.63	1.52
变异系数 C_v(%)	0.00	2.75	0.00	3.13	0.00	8.21	7.03	1.62

(二)凉山州越西县云烟 87 烟叶 C2F 外观质量评价

据表 4-6 分析可得,凉山州越西县云烟 87 烤后烟 C2F 颜色均为橘黄,分值范围 14.00~15.00 分,平均 14.25 分,变异系数为 3.51%;成熟度均为成熟,分值范围 17.00~18.00 分,平均 17.25 分,变异系数为 2.90%;叶片结构均为疏松,分值范围 8.00~10.00 分,平均 8.50 分,变异系数为 11.76%;身份均为"中等",分值范围 8.00~10.00 分,平均 9.00 分,变异系数为 9.07%;油分"多"烟叶样品占比 25%,油分"有"烟叶样品占比 75%,分值范围 16.00~17.00 分,平均 16.25 分,变异系数为 3.08%;色度均为"强",分值范围 7.00~8.00 分,平均 7.75 分,变异系数为 6.45%。

表4-6 凉山州越西县云烟87烤后烟C2F外观质量评价

指标	部位	颜色	成熟度	油分	结构	身份	色度	总分
最小值(分)	13.00	14.00	17.00	16.00	8.00	8.00	7.00	85.00
最大值(分)	15.00	15.00	18.00	17.00	10.00	10.00	8.00	90.00
平均值(分)	14.00	14.25	17.25	16.25	8.50	9.00	7.75	87.00
标准偏差 S_d	0.82	0.50	0.50	0.50	1.00	0.82	0.50	2.16
变异系数 C_v(%)	5.83	3.51	2.90	3.08	11.76	9.07	6.45	2.48

(三)凉山州德昌县云烟87烟叶C2F外观质量评价

由表4-7分析可知,凉山州德昌县云烟87烤后烟C2F颜色均为橘黄,分值为15.00分;成熟度均为成熟,分值为18.00分;叶片结构均为疏松,分值为10.00分;身份均为"中等",分值分布在8.00~10.00分,平均9.50分;油分均为"多",分值分布在17.00~19.00分,平均18.00分,变异系数6.42%;色度均为"浓",分值为9.00分。

表4-7 凉山州德昌县云烟87烤后烟C2F外观质量评价

指标	部位	颜色	成熟度	油分	结构	身份	色度	总分
最小值(分)	14.00	15.00	18.00	17.00	10.00	8.00	9.00	92.00
最大值(分)	15.00	15.00	18.00	19.00	10.00	10.00	9.00	96.00
平均值(分)	14.75	15.00	18.00	18.00	10.00	9.50	9.00	94.25
标准偏差 S_d	0.50	0.00	0.00	1.15	0.00	1.00	0.00	2.06
变异系数 C_v(%)	3.39	0.00	0.00	6.42	0.00	10.53	0.00	2.19

(四)凉山州会理市云烟87烟叶C2F外观质量评价

由表4-8分析可知,凉山州会理市云烟87烤后烟C2F颜色均为橘黄,分值范围14.00~15.00分,平均14.17分,变异系数为2.88%;成熟度均为成熟,分值为18.00分;叶片结构均为疏松,分值为10.00分;身份均为"中等",分值范围9.00~10.00分,平均9.83分,变异系数为4.15%;油分均为"多",分值为18.00分;色度均为"浓",分值为9.00分。

表 4-8　凉山州会理市云烟 87 烤后烟 C2F 外观质量评价

指标	部位	颜色	成熟度	油分	结构	身份	色度	总分
最小值(分)	15.00	14.00	18.00	18.00	10.00	9.00	9.00	94.00
最大值(分)	15.00	15.00	18.00	18.00	10.00	10.00	9.00	94.00
平均值(分)	15.00	14.17	18.00	18.00	10.00	9.83	9.00	94.00
标准偏差 S_d	0.00	0.41	0.00	0.00	0.00	0.41	0.00	0.00
变异系数 C_v(%)	0.00	2.88	0.00	0.00	0.00	4.15	0.00	0.00

(五)凉山州会东县云烟 87 烟叶 C2F 外观质量评价

由表 4-9 分析可知,凉山州会东县云烟 87 烤后烟 C2F 颜色均为橘黄,分值分布在 14.00~15.00 分,平均为 14.50 分,变异系数为 3.78%;成熟度均为成熟,分值分布在 17.00~18.00 分,平均 17.67 分,变异系数为 2.92%;叶片结构均为疏松,分值分布在 9.00~10.00 分,平均 9.83 分,变异系数为 4.15%;身份均为"中等",分值分布在 8.00~9.00 分,平均 8.83 分,变异系数为 4.62%;油分均为"多",分值分布在 17.00~18.00 分,平均 17.33 分;色度"浓"烟叶样品占比 33.33%,色度"强"烟叶样品占比 66.67%,分值分布在 8.00~9.00 分,平均 8.33 分,变异系数为 6.20%。

表 4-9　凉山州会东县云烟 87 烤后烟 C2F 外观质量评价

指标	部位	颜色	成熟度	油分	结构	身份	色度	总分
最小值(分)	14.00	14.00	17.00	17.00	9.00	8.00	8.00	89.00
最大值(分)	15.00	15.00	18.00	18.00	10.00	9.00	9.00	93.00
平均值(分)	14.33	14.50	17.67	17.33	9.83	8.83	8.33	90.83
标准偏差 S_d	0.52	0.55	0.52	0.52	0.41	0.41	0.52	2.04
变异系数 C_v(%)	3.60	3.78	2.92	2.98	4.15	4.62	6.20	2.25

三、凉山州云烟 87 烤后烟 C3F 外观质量评价

(一)凉山州冕宁县云烟 87 烟叶 C3F 外观质量评价

由表 4-10 分析可知,凉山州冕宁县云烟 87 烤后烟 C3F 颜色均为橘黄,分

值为 13.00 分;成熟度均为成熟,分值为 18.00 分;叶片结构均为疏松,分值为
10.00 分;身份均为"中等",分值为 8.00 分;油分均为"多",分值为 17.00 分;
色度均为"强",分值为 7.00 分。

表 4-10　凉山州冕宁县云烟 87 烤后烟 C3F 外观质量评价

指标	部位	颜色	成熟度	油分	结构	身份	色度	总分
最小值(分)	15.00	13.00	18.00	17.00	10.00	8.00	7.00	88.00
最大值(分)	15.00	13.00	18.00	17.00	10.00	8.00	7.00	88.00
平均值(分)	15.00	13.00	18.00	17.00	10.00	8.00	7.00	88.00
标准偏差 S_d	0.00	0.00	0.00	0.00	0.00	0.00	0.00	0.00
变异系数 C_v(%)	0.00	0.00	0.00	0.00	0.00	0.00	0.00	0.00

(二)凉山州越西县云烟 87 烟叶 C3F 外观质量评价

由表 4-11 分析可得,凉山州越西县云烟 87 烤后烟 C3F 颜色均为橘黄,分
值为 14.00 分;成熟度均为成熟,分值为 18.00 分;叶片结构均为疏松,分值为
10.00 分;身份均为"中等",分值为 9.00 分;油分均为"有",分值为 16.00 分;
色度均为"强",分值为 7.00 分。

表 4-11　凉山州越西县云烟 87 烤后烟 C3F 外观质量评价

指标	部位	颜色	成熟度	油分	结构	身份	色度	总分
最小值(分)	14.00	14.00	18.00	16.00	10.00	9.00	7.00	88.00
最大值(分)	14.00	14.00	18.00	16.00	10.00	9.00	7.00	88.00
平均值(分)	14.00	14.00	18.00	16.00	10.00	9.00	7.00	88.00
标准偏差 S_d	0.00	0.00	0.00	0.00	0.00	0.00	0.00	0.00
变异系数 C_v(%)	0.00	0.00	0.00	0.00	0.00	0.00	0.00	0.00

(三)凉山州德昌县云烟 87 烟叶 C3F 外观质量评价

由表 4-12 分析可得,凉山州德昌县云烟 87 烤后烟 C3F 颜色均为橘黄,分
值为 13.00 分;成熟度均为成熟,分值为 18.00 分;叶片结构均为疏松,分值为
9.00 分;身份均为"中等",分值为 9.00 分;油分均为"多",分值为 18.00 分;
色度均为"强",分值范围 9.00~10.00 分,平均 9.50 分,变异系数为 6.08%。

表 4-12　凉山州德昌县云烟 87 烤后烟 C3F 外观质量评价

指标	部位	颜色	成熟度	油分	结构	身份	色度	总分
最小值(分)	13.00	13.00	18.00	18.00	9.00	8.00	9.00	89.00
最大值(分)	13.00	13.00	18.00	18.00	9.00	9.00	10.00	90.00
平均值(分)	13.00	13.00	18.00	18.00	9.00	8.75	9.50	89.25
标准偏差 S_d	0.00	0.00	0.00	0.00	0.00	0.50	0.58	0.50
变异系数 C_v(%)	0.00	0.00	0.00	0.00	0.00	5.71	6.08	0.56

(四)凉山州会理市云烟 87 烟叶 C3F 外观质量评价

由表 4-13 分析可知,凉山州会理市云烟 87 烤后烟 C3F 颜色均为橘黄,分值为 14.00 分;成熟度均为成熟,分值为 18.00 分;叶片结构均为疏松,分值为 10.00 分;身份均为"中等",分值为 9.00 分;油分均为"多",分值为 18.00 分;色度"强"烟叶样品占比 83.33%,"浓"烟叶样品占比 16.67%,分值分布在 8.00~9.00 分,平均 8.17 分,变异系数为 5.00%。

表 4-13　凉山州会理市云烟 87 烤后烟 C3F 外观质量评价

指标	部位	颜色	成熟度	油分	结构	身份	色度	总分
最小值(分)	14.00	14.00	18.00	18.00	10.00	9.00	8.00	91.00
最大值(分)	14.00	14.00	18.00	18.00	10.00	9.00	9.00	92.00
平均值(分)	14.00	14.00	18.00	18.00	10.00	9.00	8.17	91.17
标准偏差 S_d	0.00	0.00	0.00	0.00	0.00	0.00	0.41	0.41
变异系数 C_v(%)	0.00	0.00	0.00	0.00	0.00	0.00	5.00	0.45

(五)凉山州会东县云烟 87 烟叶 C3F 外观质量评价

由表 4-14 分析可知,凉山州会东县云烟 87 烤后烟 C3F 颜色均为橘黄,分值范围 14.00~15.00 分,平均 14.20 分;成熟度均为成熟,分值为 18.00 分;叶片结构均为疏松,分值范围 9.00~10.00 分,平均 9.60 分,变异系数为 5.71%;身份均为"中等",分值范围 7.00~8.00 分,平均 7.60 分,变异系数为 7.21%;油分均为"多",分值为 18.00 分;色度均为"强",分值范围 7.00~8.00 分,平均 7.80 分,变异系数为 5.73%。

表 4-14　凉山州会东县云烟 87 烤后烟 C3F 外观质量评价

指标	部位	颜色	成熟度	油分	结构	身份	色度	总分
最小值(分)	13.00	14.00	18.00	18.00	9.00	7.00	7.00	88.00
最大值(分)	14.00	15.00	18.00	18.00	10.00	8.00	8.00	90.00
平均值(分)	13.60	14.20	18.00	18.00	9.60	7.60	7.80	88.80
标准偏差 S_d	0.55	0.45	0.00	0.00	0.55	0.55	0.45	1.10
变异系数 C_v(%)	4.03	3.15	0.00	0.00	5.71	7.21	5.73	1.23

四、凉山州云烟 87 烤后烟 B2F 外观质量评价

(一)凉山州冕宁县云烟 87 烟叶 B2F 外观质量评价

由表 4-15 分析可知,凉山州冕宁县云烟 87 烤后烟上部叶颜色均为橘黄,分值分布在 13.00~15.00 分,平均 14.00 分,变异系数为 6.39%;成熟度均为成熟,分值为 18.00 分;叶片结构均为尚疏松,分值为 8.00 分;身份均为"稍厚",分值为 7.00 分;油分均为"有",分值为 15.00 分;色度均为"强",分值为 8.00 分。

表 4-15　凉山州冕宁县云烟 87 烤后烟 B2F 外观质量评价

指标	部位	颜色	成熟度	油分	结构	身份	色度	总分
最小值(分)	12.00	13.00	18.00	15.00	8.00	7.00	8.00	82.00
最大值(分)	13.00	15.00	18.00	15.00	8.00	7.00	8.00	84.00
平均值(分)	12.83	14.00	18.00	15.00	8.00	7.00	8.00	82.83
标准偏差 S_d	0.41	0.89	0.00	0.00	0.00	0.00	0.00	0.75
变异系数 C_v(%)	3.18	6.39	0.00	0.00	0.00	0.00	0.00	0.91

(二)凉山州越西县云烟 87 烟叶 B2F 外观质量评价

由图 4-16 分析可知,凉山州越西县云烟 87 烤后烟上部叶颜色均为橘黄,分值范围 13.00~15.00 分,平均为 14.00 分,变异系数为 5.83%;成熟度均为成熟,分值为 18.00 分;叶片结构均为尚疏松,分值为 8.00 分;身份"稍厚"的烟叶样品占比 75%,"中等"的烟叶样品占比 25%,分值范围 7.00~8.00 分,平均 7.25 分;油分均为"有",分值范围 14.00~15.00 分,平均 14.25 分,变异系数为 3.51%;色度均为"强",分值范围 7.00~8.00 分,平均 7.25 分,变异系数

为 6.90%。

表 4-16　凉山州越西县云烟 87 烤后烟 B2F 外观质量评价

指标	部位	颜色	成熟度	油分	结构	身份	色度	总分
最小值(分)	12.00	13.00	18.00	14.00	8.00	7.00	7.00	79.00
最大值(分)	13.00	15.00	18.00	15.00	8.00	8.00	8.00	84.00
平均值(分)	12.75	14.00	18.00	14.25	8.00	7.25	7.25	81.50
标准偏差 S_d	0.50	0.82	0.00	0.50	0.00	0.50	0.50	2.08
变异系数 C_v(%)	3.92	5.83	0.00	3.51	0.00	6.90	6.90	2.55

(三)凉山州德昌县云烟 87 烟叶 B2F 外观质量评价

由表 4-17 分析可知,凉山州德昌县云烟 87 上部叶颜色均为橘黄,分值分布在 13.00~14.00 分,平均为 13.60 分,变异系数为 4.03%;成熟度均为成熟,分值为 18.00 分;叶片结构均为尚疏松,分值为 8.00 分;身份均为"稍厚",分值为 7.00 分;油分均为"有",分值为 14.00 分;色度均为"强",分值为 7.00 分。

表 4-17　凉山州德昌县云烟 87 烤后烟 B2F 外观质量评价

指标	部位	颜色	成熟度	油分	结构	身份	色度	总分
最小值(分)	12.00	13.00	18.00	14.00	8.00	7.00	7.00	79.00
最大值(分)	13.00	14.00	18.00	14.00	8.00	7.00	7.00	81.00
平均值(分)	12.60	13.60	18.00	14.00	8.00	7.00	7.00	80.20
标准偏差 S_d	0.55	0.55	0.00	0.00	0.00	0.00	0.00	1.10
变异系数 C_v(%)	4.35	4.03	0.00	0.00	0.00	0.00	0.00	1.37

(四)凉山州会理市云烟 87 烟叶 B2F 外观质量评价

由表 4-18 分析可知,凉山州会理市云烟 87 上部叶颜色均为橘黄,分值范围 13.00~14.00 分,平均 13.17 分,变异系数为 3.10%;成熟度均为成熟,分值范围 17.00~18.00 分,平均 17.83 分;叶片结构均为尚疏松,分值为 8.00 分;身份均为"稍厚",分值为 7.00 分;油分均为"有",分值范围 15.00~16.00 分,平均 15.17 分,变异系数为 2.69%;色度均为"强",分值范围 7.00~8.00 分,平均 7.83 分,变异系数为 5.21%。

表 4-18　凉山州会理市云烟 87 烤后烟 B2F 外观质量评价

指标	部位	颜色	成熟度	油分	结构	身份	色度	总分
最小值(分)	12.00	13.00	17.00	15.00	8.00	7.00	7.00	80.00
最大值(分)	13.00	14.00	18.00	16.00	8.00	7.00	8.00	83.00
平均值(分)	12.33	13.17	17.83	15.17	8.00	7.00	7.83	81.33
标准偏差 S_d	0.52	0.41	0.41	0.41	0.00	0.00	0.41	1.03
变异系数 C_v(%)	4.19	3.10	2.29	2.69	0.00	0.00	5.21	1.27

(五)凉山州会东县云烟 87 烟叶 B2F 外观质量评价

由表 4-19 分析可知,凉山州会东县云烟 87 上部叶颜色均为橘黄,分值分布在 11.00~13.00 分,平均为 12.33 分,变异系数为 6.62%;成熟度均为成熟,分值分布在 16.00~17.00 分,平均 16.50 分;叶片结构均为尚疏松,分值分布在 6.00~8.00 分,平均 6.50 分,变异系数为 12.87%;身份均为"稍厚",分值分布在 5.00~7.00 分,平均 6.33 分,变异系数为 12.90%;油分均为"有",分值分布在 12.00~14.00 分,平均 13.00 分,变异系数为 4.87%;色度"强"烟叶样品占比 83.33%,色度"中"烟叶样品占比 16.67%,分值分布在 5.00~7.00 分,平均 6.00 分,变异系数为 10.54%。

表 4-19　凉山州会东县云烟 87 烤后烟 B2F 外观质量评价

指标	部位	颜色	成熟度	油分	结构	身份	色度	总分
最小值(分)	10.00	11.00	16.00	12.00	6.00	5.00	5.00	67.00
最大值(分)	11.00	13.00	17.00	14.00	7.00	7.00	7.00	75.00
平均值(分)	10.83	12.33	16.50	13.00	6.50	6.33	6.00	71.50
标准偏差 S_d	0.41	0.82	0.55	0.63	0.84	0.82	0.63	2.66
变异系数 C_v(%)	3.77	6.62	3.32	4.87	12.87	12.90	10.54	3.73

五、小结

综上所述,凉山州冕宁县云烟 87 四个等级烟叶均为橘黄色,其中 C2F 颜色均值最高,B2F 颜色变异系数最大;成熟度四个等级均达到成熟;油分指标 B2F 为"有",C2F 和 C3F 均为"多",X2F 油分"有"烟叶样品占比 20%,"稍有"占比 80%,变异系数为 16.11%;结构中除 B2F 为"尚疏松",其余均为"疏

松";身份 B2F 为"稍厚",C2F 和 C3F 为"中等",X2F 为"稍薄";色度 B2F 与
C3F 为"强",C2F 有 83.33% 样品为"浓",16.67% 为"强",变异系数为
7.03%,X2F 色度 80% 为"中",20% 为"强",变异系数较大,为 14.14%。总体
来看,X2F 的色度与油分指标变异系数大于 10.00%,分别为 14.14% 和
16.11%,其余指标各等级变异系数较低。B2F、C2F、C3F、X2F 外观质量总分
平均值分别为 82.83、93.50、88.00、67.40 分。

越西县云烟 87 各等级烟叶均为橘黄色;成熟度均为成熟;B2F、C2F 和
C3F 油分为"有",X2F 为"稍有";结构 B2F 为"尚疏松",C2F、C3F 和 X2F 均
为"疏松";身份 B2F 中 75% 为"稍厚",25% 为"中等",C2F 和 C3F 均为"中
等",X2F 均为"稍薄";B2F、C2F 和 C3F 色度均为"强",X2F 为"中"。C2F 的
结构与身份指标变异系数较大,分别为 11.76% 和 9.07%;其余各等级指标变异
系数较低。B2F、C2F、C3F、X2F 外观质量总分平均值分别为 81.5、87、88、69 分。

德昌县云烟 87 各等级烟叶颜色均为橘黄色,其中 C2F 烟叶颜色均值最
高,B2F 和 X2F 变异系数较大;成熟度四个等级均为成熟;油分指标 B2F 和
X2F 为"有",C2F 和 C3F 均为"多";结构 B2F 为"尚疏松",其余等级均为"疏
松";身份 B2F 为"稍厚",X2F 为"稍薄",C2F 和 C3F 为"中等",其中 C2F 和
X2F 身份指标变异系数较大;色度 B2F、C3F 和 X2F 均为"强",C2F 均为
"浓"。B2F、C2F、C3F 和 X2F 外观质量总分均值分别为 80.20、94.25、89.25、
75.20 分。

会理市云烟 87 各等级烟叶颜色均为橘黄色;成熟度四个等级均为成熟;
油分指标 B2F、X2F 均为"有",C2F、C3F 均为"多";结构 B2F 为"尚疏松",
C2F、C3F 和 X2F 均为"疏松";身份 B2F 为"稍厚",X2F 为"稍薄",C2F 和 C3F
均为"中等";色度 B2F 均为"浓",C2F、C3F 和 X2F 为"强",其中 X2F 色度变
异系数最大,为 9.04%。B2F、C2F、C3F、X2F 外观质量总分均值分别为
81.33、94.00、91.17、77.17 分。

会东县云烟 87 烤后烟烟叶颜色均为橘黄色,其中 B2F 颜色均值最低,变
异系数最大;成熟度均为成熟,其中 C3F 分值最高;油分指标 B2F 均为"有",
C2F、C3F 均为"多";结构 B2F 均为"尚疏松",变异系数较大,为 12.87%,C2F
和 C3F 为"疏松";身份 B2F 为"稍厚",C2F 和 C3F 均为"中等";X2F 色度均
为"强",B2F 色度"强"烟叶样品占比 83.33%,C2F 色度"浓"烟叶样品占比
33.33%,"强"占比 66.67%。B2F 等级结构、身份、色度指标变异系数稍大,其
余等级各指标变异系数较低。B2F、C2F 和 C3F 总分均值分别为 71.50、
90.83、88.80 分。

第二节　凉山州云烟87烟叶物理特性评价

一、凉山州云烟87烤后烟X2F物理特性评价

（一）凉山州冕宁县云烟87烟叶X2F物理特性评价

由表4-20分析可知,凉山州冕宁县云烟87下部叶叶长范围58.44～68.36 cm,均值为64.65 cm,变异系数为6.01%;叶宽范围17.70～26.32 cm,均值为21.71 cm,变异系数为15.76%;单叶重范围8.34～12.56 g,均值为10.01 g,变异系数为17.76%;厚度范围0.11～0.13 mm,均值为0.11 mm,变异系数为6.99%;拉力范围1.09～1.74 N,均值为1.48 N,变异系数为17.67%;填充值范围3.88～5.82 cm³/g,均值为4.66 cm³/g,变异系数为15.84%;含梗率范围33.92%～41.67%,均值为37.65%,变异系数为7.60%;平衡含水率范围12.19%～12.79%,均值为12.54%,变异系数为2.01%;叶面密度范围42.70～55.21 g/m²,均值为49.78 g/m²,变异系数为10.81%;下部叶物理特性赋值总分范围45.25～66.77分,均值为59.06分,变异系数为14.23%。

表4-20　凉山州冕宁县云烟87烤后烟X2F物理特性评价

指标	叶长（cm）	叶宽（cm）	单叶重（g）	厚度（mm）	拉力（N）	填充值（cm³/g）	含梗率（%）	平衡含水率（%）	叶面密度（g/m²）	总分（分）
最小值	58.44	17.70	8.34	0.11	1.09	3.88	33.92	12.19	42.70	45.25
最大值	68.36	26.32	12.56	0.13	1.74	5.82	41.67	12.79	55.21	66.77
平均值	64.65	21.71	10.01	0.11	1.48	4.66	37.65	12.54	49.78	59.06
标准偏差 S_d	3.89	3.42	1.78	0.01	0.26	0.74	0.03	0.25	5.38	8.40
变异系数 C_v（%）	6.01	15.76	17.76	6.99	17.67	15.84	7.60	2.01	10.81	14.23

（二）凉山州越西县云烟87烟叶X2F物理特性评价

由表4-21分析可知,凉山州越西县云烟87下部叶叶长分布在63.02～78.04 cm,均值为70.57 cm,变异系数为8.88%;叶宽分布在18.30～22.40 cm,均值为20.98 cm,变异系数为8.76%;单叶重分布在8.80～15.56 g,均值为11.83 g,变异系数为26.23%;厚度分布在0.10～0.20 mm,均值为0.14

mm,变异系数为30.39%;拉力分布在1.96~2.98 N,均值为2.40 N,变异系数为21.85%;填充值分布在4.22~4.78 cm³/g,均值为4.53 cm³/g,变异系数为5.32%;含梗率分布在28.20%~34.96%,均值为31.93%,变异系数为9.19%;平衡含水率分布在12.71%~13.73%,均值为13.10%,变异系数为3.41%;叶面密度分布在48.97~75.46 g/m²,均值为67.27 g/m²,变异系数为18.27%;下部叶物理特性赋值总分分布在61.72~66.45分,均值为64.24分,变异系数为3.60%。

表4-21　凉山州越西县云烟87烤后烟X2F物理特性评价

指标	叶长 (cm)	叶宽 (cm)	单叶重 (g)	厚度 (mm)	拉力 (N)	填充值 (cm³/g)	含梗率 (%)	平衡 含水率 (%)	叶面 密度 (g/m²)	总分 (分)
最小值	63.02	18.30	8.80	0.10	1.96	4.22	28.20	12.71	48.97	61.72
最大值	78.04	22.40	15.56	0.20	2.98	4.78	34.96	13.73	75.46	66.45
平均值	70.57	20.98	11.83	0.14	2.40	4.53	31.93	13.10	67.27	64.24
标准偏差 S_d	6.27	1.84	3.10	0.04	0.52	0.24	0.03	0.45	12.29	2.31
变异系数 C_v (%)	8.88	8.76	26.23	30.39	21.85	5.32	9.19	3.41	18.27	3.60

(三)凉山州德昌县云烟87烟叶X2F物理特性评价

由表4-22分析可知,凉山州德昌县云烟87下部叶叶长范围60.16~66.88 cm,均值为62.73 cm,变异系数为3.99%;叶宽范围20.20~24.30 cm,均值为21.79 cm,变异系数为7.79%;单叶重范围8.77~10.29 g,均值为9.43 g,变异系数为6.27%;厚度范围0.10~0.15 mm,均值为0.12 mm,变异系数为14.64%;拉力范围1.10~1.61 N,均值为1.44 N,变异系数为14.87%;填充值范围3.43~4.59 cm³/g,均值为4.20 cm³/g,变异系数为12.03%;含梗率范围33.51%~37.65%,均值为36.13%,变异系数为4.58%;平衡含水率范围12.51%~13.46%,均值为12.91%,变异系数为3.19%;叶面密度范围53.52~60.78 g/m²,均值为57.62 g/m²,变异系数为4.86%;总分范围43.65~65.16分,均值为57.26分,变异系数为14.33%。

(四)凉山州会理市云烟87烟叶X2F物理特性评价

由表4-23分析可知,凉山州会理市云烟87下部叶叶长分布在57.50~66.24 cm,均值为62.58 cm,变异系数为5.69%;叶宽分布在21.62~24.86

cm,均值为 22.86 cm,变异系数为 4.85%;单叶重分布在 9.27~13.53 g,均值
为 10.70 g,变异系数为 14.30%;厚度分布在 0.15~0.19 mm,均值为 0.17
mm,变异系数为 8.84%;拉力分布在 1.52~2.30 N,均值为 1.93 N,变异系数
为 13.19%;填充值分布在 2.83~5.08 cm³/g,均值为 3.81 cm³/g,变异系数为
20.22%;含梗率分布在 32.29%~35.50%,均值为 33.40%,变异系数为
3.30%;平衡含水率分布在 13.17%~13.82%,均值为 13.49%,变异系数为
1.63%;叶面密度分布在 59.43~74.00 g/m²,均值为 67.32 g/m²,变异系数为
9.47%;总分分布在 50.29~65.55 分,均值为 58.79 分,变异系数为 10.29%。

表 4-22　凉山州德昌县云烟 87 烤后烟 X2F 物理特性评价

指标	叶长 (cm)	叶宽 (cm)	单叶重 (g)	厚度 (mm)	拉力 (N)	填充值 (cm³/g)	含梗率 (%)	平衡 含水率 (%)	叶面 密度 (g/m²)	总分 (分)
最小值	60.16	20.20	8.77	0.10	1.10	3.43	33.51	12.51	53.52	43.65
最大值	66.88	24.30	10.29	0.15	1.61	4.59	37.65	13.46	60.78	65.16
平均值	62.73	21.79	9.43	0.12	1.44	4.20	36.13	12.91	57.62	57.26
标准偏差 S_d	2.50	1.70	0.59	0.02	0.21	0.50	0.02	0.41	2.80	8.20
变异系数 C_v (%)	3.99	7.79	6.27	14.64	14.87	12.03	4.58	3.19	4.86	14.33

表 4-23　凉山州会理市云烟 87 烤后烟 X2F 物理特性评价

指标	叶长 (cm)	叶宽 (cm)	单叶重 (g)	厚度 (mm)	拉力 (N)	填充值 (cm³/g)	含梗率 (%)	平衡 含水率 (%)	叶面 密度 (g/m²)	总分 (分)
最小值	57.50	21.62	9.27	0.15	1.52	2.83	32.29	13.17	59.43	50.29
最大值	66.24	24.86	13.53	0.19	2.30	5.08	35.50	13.82	74.00	65.55
平均值	62.58	22.86	10.70	0.17	1.93	3.81	33.40	13.49	67.32	58.79
标准偏差 S_d	3.56	1.11	1.53	0.01	0.25	0.77	0.01	0.22	6.37	6.05
变异系数 C_v (%)	5.69	4.85	14.30	8.84	13.19	20.22	3.30	1.63	9.47	10.29

二、凉山州云烟 87 烤后烟 C2F 物理特性评价

(一) 凉山州冕宁县云烟 87 烟叶 C2F 物理特性评价

由表 4-24 分析可知,凉山州冕宁县云烟 87 烤后烟 C2F 叶长范围 69.98~

78. 90 cm,均值为 75. 10 cm,变异系数为 4. 23%;叶宽范围 19. 52~24. 92 cm,均值为 22. 66 cm,变异系数为 8. 64%;单叶重范围 12. 39~16. 83 g,均值为 14. 02 g,变异系数为 14. 17%;厚度范围 0. 12~0. 14 mm,均值为 0. 13 mm,变异系数为 7. 62%;拉力范围 1. 70~2. 90 N,均值为 1. 98 N,变异系数为 23. 64%;填充值范围 4. 30~5. 53 cm^3/g,均值为 4. 77 cm^3/g,变异系数为 9. 93%;含梗率范围 13. 94%~34. 61%,均值为 29. 08%,变异系数为 26. 52%;平衡含水率范围 11. 95%~13. 58%,均值为 13. 08%,变异系数为 4. 62%;叶面密度范围 70. 80~92. 27 g/m^2,均值为 78. 60 g/m^2,变异系数为 9. 68%;物理特性赋值总分范围 50. 77~65. 17 分,均值为 50. 77 分,变异系数为 11. 50%。

表 4-24 凉山州冕宁县云烟 87 烤后烟 C2F 物理特性评价

指标	叶长 (cm)	叶宽 (cm)	单叶重 (g)	厚度 (mm)	拉力 (N)	填充值 (cm^3/g)	含梗率 (%)	平衡含水率 (%)	叶面密度 (g/m^2)	总分 (分)
最小值	69. 98	19. 52	12. 39	0. 12	1. 70	4. 30	13. 94	11. 95	70. 80	50. 77
最大值	78. 90	24. 92	16. 83	0. 14	2. 90	5. 53	34. 61	13. 58	92. 27	65. 17
平均值	75. 10	22. 66	14. 02	0. 13	1. 98	4. 77	29. 08	13. 08	78. 60	58. 46
标准偏差 S_d	3. 18	1. 96	1. 99	0. 01	0. 47	0. 47	0. 08	0. 60	7. 61	6. 72
变异系数 C_v (%)	4. 23	8. 64	14. 17	7. 62	23. 64	9. 93	26. 52	4. 62	9. 68	11. 50

(二)凉山州越西县云烟 87 烟叶 C2F 物理特性评价

由表 4-25 分析可知,凉山州越西县云烟 87 烤后烟 C2F 叶长分布在 73. 58~83. 74 cm,均值为 78. 95 cm,变异系数为 5. 27%;叶宽分布在 21. 98~25. 46 cm,均值为 24. 54 cm,变异系数为 6. 96%;单叶重分布在 14. 24~18. 71 g,均值为 16. 14 g,变异系数为 11. 98%;厚度分布在 0. 11~0. 15 mm,均值为 0. 14 mm,变异系数为 13. 23%;拉力分布在 1. 38~2. 23 N,均值为 1. 92 N,变异系数为 24. 65%;填充值分布在 4. 35~4. 80 cm^3/g,均值为 4. 63 cm^3/g,变异系数为 4. 22%;含梗率分布在 29. 79%~34. 54%,均值为 32. 04%,变异系数为 6. 26%;平衡含水率分布在 12. 45%~13. 91%,均值为 13. 32%,变异系数为 4. 83%;叶面密度分布在 76. 10~84. 94 g/m^2,均值为 78. 8 g/m^2,变异系数为 5. 26%;物理特性赋值总分布在 57. 00~65. 80 分,均值为 59. 46 分,变异系数为 7. 13%。

表 4-25 凉山州越西县云烟 87 烤后烟 C2F 物理特性评价

指标	叶长 (cm)	叶宽 (cm)	单叶重 (g)	厚度 (mm)	拉力 (N)	填充值 (cm³/g)	含梗率 (%)	平衡含水率 (%)	叶面密度 (g/m²)	总分 (分)
最小值	73.58	21.98	14.24	0.11	1.38	4.35	29.79	12.45	76.10	57.00
最大值	83.74	25.46	18.71	0.15	2.23	4.80	34.54	13.91	84.94	65.80
平均值	78.95	24.54	16.14	0.14	1.92	4.63	32.04	13.32	78.80	59.46
标准偏差 S_d	4.16	1.71	1.93	0.02	0.47	0.20	0.02	0.64	4.15	4.24
变异系数 C_v (%)	5.27	6.96	11.98	13.23	24.65	4.22	6.26	4.83	5.26	7.13

(三)凉山州德昌县云烟 87 烟叶 C2F 物理特性评价

由表 4-26 分析可知,凉山州德昌县云烟 87 烤后烟 C2F 叶长范围 60.64～75.82 cm,均值为 70.29 cm,变异系数为 8.48%;叶宽范围 18.22～31.75 cm,均值为 22.77 cm,变异系数为 23.52%;单叶重范围 9.40～17.52 g,均值为 13.77 g,变异系数为 23.15%;厚度范围 0.12～0.15 mm,均值为 0.13 mm,变异系数为 9.55%;拉力范围 1.05～1.77 N,均值为 1.38 N,变异系数为 19.54%;填充值范围 4.26～4.64 cm³/g,均值为 4.42 cm³/g,变异系数为 4.33%;含梗率范围 32.18%～33.92%,均值为 33.13%,变异系数为 1.91%;平衡含水率范围 12.11%～13.45%,均值为 12.75%,变异系数为 5.12%;叶面密度范围 66.65～70.09 g/m²,均值为 68.68 g/m²,变异系数为 2.53%;物理特性赋值总分范围 58.21～64.76 分,均值为 60.27 分,变异系数为 4.49%。

表 4-26 凉山州德昌县云烟 87 烤后烟 C2F 物理特性评价

指标	叶长 (cm)	叶宽 (cm)	单叶重 (g)	厚度 (mm)	拉力 (N)	填充值 (cm³/g)	含梗率 (%)	平衡含水率 (%)	叶面密度 (g/m²)	总分 (分)
最小值	60.64	18.22	9.40	0.12	1.05	4.26	32.18	12.11	66.65	58.21
最大值	75.82	31.75	17.52	0.15	1.77	4.64	33.92	13.45	70.09	64.76
平均值	70.29	22.77	13.77	0.13	1.38	4.42	33.13	12.75	68.68	60.27
标准偏差 S_d	5.96	5.35	3.19	0.01	0.27	0.19	0.01	0.65	1.73	2.71
变异系数 C_v (%)	8.48	23.52	23.15	9.55	19.54	4.33	1.91	5.12	2.53	4.49

(四) 凉山州会理市云烟 87 烟叶 C2F 物理特性评价

由表4-27分析可知,凉山州会理市云烟87烤后烟C2F叶长分布在69.84~78.98 cm,均值73.87 cm,变异系数为4.45%;叶宽分布在21.82~26.84 cm,均值为24.11 cm,变异系数为8.14%;单叶重分布在14.02~16.58 g,均值为15.48 g,变异系数为5.87%;厚度分布在0.12~0.16 mm,均值为0.15 mm,变异系数为10.15%;拉力分布在1.39~2.99 N,均值为2.39 N,变异系数为23.96%;填充值分布在3.70~4.65 cm^3/g,均值为4.19 cm^3/g,变异系数为9.41%;含梗率分布在30.59%~34.13%,均值为32.58%,变异系数为4.79%;平衡含水率分布在13.05%~13.81%,均值为13.42%,变异系数为2.10%;叶面密度分布在75.39~86.36 g/m^2,均值为82.46 g/m^2,变异系数为5.01%;物理特性赋值总分分布在56.10~60.59分,均值为59.03分,变异系数为2.66%。

表4-27　凉山州会理市云烟 87 烤后烟 C2F 物理特性评价

指标	叶长 (cm)	叶宽 (cm)	单叶重 (g)	厚度 (mm)	拉力 (N)	填充值 (cm^3/g)	含梗率 (%)	平衡含水率 (%)	叶面密度 (g/m^2)	总分 (分)
最小值	69.84	21.82	14.02	0.12	1.39	3.70	30.59	13.05	75.39	56.10
最大值	78.98	26.84	16.58	0.16	2.99	4.65	34.13	13.81	86.36	60.59
平均值	73.87	24.11	15.48	0.15	2.39	4.19	32.58	13.42	82.46	59.03
标准偏差 S_d	3.29	1.96	0.91	0.02	0.57	0.39	0.02	0.28	4.13	1.57
变异系数 C_v (%)	4.45	8.14	5.87	10.15	23.96	9.41	4.79	2.10	5.01	2.66

(五) 凉山州会东县云烟 87 烟叶 C2F 物理特性评价

由表4-28分析可知,凉山州会东县云烟87烤后烟C2F叶长范围65.34~72.34 cm,均值为68.60 cm,变异系数为3.49%;叶宽范围16.58~25.40 cm,均值为22.12 cm,变异系数为13.67%;单叶重范围10.99~15.40 g,均值为13.34 g,变异系数为11.99%;厚度范围0.12~0.18 mm,均值为0.15 mm,变异系数为17.01%;拉力范围1.44~2.17 N,均值为1.69 N,变异系数为16.55%;填充值范围3.21~3.83 cm^3/g,均值为3.53 cm^3/g,变异系数为5.69%;含梗率范围31.67%~38.07%,均值为34.24%,变异系数为7.27%;平衡含水率范围13.02%~13.43%,均值为13.20%,变异系数为1.25%;叶面

密度范围 73.22~88.85 g/m²,均值为 78.06 g/m²,变异系数为 7.51%;物理特性赋值总分范围 58.00~61.30 分,均值为 59.47 分,变异系数为 2.08%。

表 4-28　凉山州会东县云烟 87 烤后烟 C2F 物理特性评价

指标	叶长 (cm)	叶宽 (cm)	单叶重 (g)	厚度 (mm)	拉力 (N)	填充值 (cm³/g)	含梗率 (%)	平衡含水率 (%)	叶面密度 (g/m²)	总分 (分)
最小值	65.34	16.58	10.99	0.12	1.44	3.21	31.67	13.02	73.22	58.00
最大值	72.34	25.40	15.40	0.18	2.17	3.83	38.07	13.43	88.85	61.30
平均值	68.60	22.12	13.34	0.15	1.69	3.53	34.24	13.20	78.06	59.47
标准偏差 S_d	2.39	3.02	1.60	0.03	0.28	0.20	0.02	0.17	5.86	1.24
变异系数 C_v (%)	3.49	13.67	11.99	17.01	16.55	5.69	7.27	1.25	7.51	2.08

三、凉山州云烟 87 烤后烟 C3F 物理特性评价

(一)凉山州冕宁县云烟 87 烟叶 C3F 物理特性评价

由表 4-29 分析可知,凉山州冕宁县云烟 87 烤后烟 C3F 叶长分布在 68.63~75.80 cm,均值为 73.26 cm,变异系数为 3.90%;叶宽分布在 19.58~27.55 cm,均值为 23.16 cm,变异系数为 14.80%;单叶重分布在 9.97~16.32 g,均值为 12.23 g,变异系数为 18.40%;厚度分布在 0.11~0.15 mm,均值为 0.13 mm,变异系数为 13.25%;拉力分布在 1.50~2.03 N,均值为 1.77 N,变异系数为 11.60%;填充值分布在 3.73~6.84 cm³/g,均值为 4.77 cm³/g,变异系数为 22.42%;含梗率分布在 29.51%~37.77%,均值为 33.72%,变异系数为 11.26%;平衡含水率分布在 12.43%~13.39%,均值为 12.97%,变异系数为 2.83%;叶面密度分布在 54.91~82.00 g/m²,均值为 73.44 g/m²,变异系数为 14.34%;物理特性赋值总分分布在 45.39~67.04 分,均值为 60.38 分,变异系数为 12.63%。

(二)凉山州越西县云烟 87 烟叶 C3F 物理特性评价

由表 4-30 分析可知,凉山州越西县云烟 87 烤后烟 C3F 叶长范围 65.44~75.16 cm,均值为 69.08 cm,变异系数为 6.22%;叶宽范围 20.44~23.00 cm,均值为 21.79 cm,变异系数为 4.86%;单叶重范围 11.39~13.87 g,均值为 12.52 g,变异系数为 8.25%;厚度范围 0.15~0.17 mm,均值为 0.16 mm,变异

系数为 5.00%;拉力均为 2.23 N,变异系数为 0;填充值范围 4.39~5.13 cm³/g,
均值为 4.65 cm³/g,变异系数为 7.11%;含梗率范围 28.22%~34.41%,均值
为 31.07%,变异系数为 8.34%;平衡含水率范围 12.58%~14.10%,均值为
13.52%,变异系数为 5.00%;叶面密度范围 78.40~85.76 g/m²,均值为 81.52
g/m²,变异系数为 4.29%;物理特性赋值总分范围 41.52~59.50 分,均值为
52.47 分,变异系数为 14.84%。

表 4-29　凉山州冕宁县云烟 87 烤后烟 C3F 物理特性评价

指标	叶长 (cm)	叶宽 (cm)	单叶重 (g)	厚度 (mm)	拉力 (N)	填充值 (cm³/g)	含梗率 (%)	平衡 含水率 (%)	叶面 密度 (g/m²)	总分 (分)
最小值	68.63	19.58	9.97	0.11	1.50	3.73	29.51	12.43	54.91	45.39
最大值	75.80	27.55	16.32	0.15	2.03	6.84	37.77	13.39	82.00	67.04
平均值	73.26	23.16	12.23	0.13	1.77	4.77	33.72	12.97	73.44	60.38
标准偏差 S_d	2.86	3.43	2.25	0.02	0.21	1.07	0.04	0.37	10.53	7.62
变异系数 C_v (%)	3.90	14.80	18.40	13.25	11.60	22.42	11.26	2.83	14.34	12.63

表 4-30　凉山州越西县云烟 87 烤后烟 C3F 物理特性评价

指标	叶长 (cm)	叶宽 (cm)	单叶重 (g)	厚度 (mm)	拉力 (N)	填充值 (cm³/g)	含梗率 (%)	平衡 含水率 (%)	叶面 密度 (g/m²)	总分 (分)
最小值	65.44	20.44	11.39	0.15	2.23	4.39	28.22	12.58	78.40	41.52
最大值	75.16	23.00	13.87	0.17	2.23	5.13	34.41	14.10	85.76	59.50
平均值	69.08	21.79	12.52	0.16	2.23	4.65	31.07	13.52	81.52	52.47
标准偏差 S_d	4.30	1.06	1.03	0.01	0.00	0.33	0.03	0.68	3.50	7.78
变异系数 C_v (%)	6.22	4.86	8.25	5.00	0.00	7.11	8.34	5.00	4.29	14.84

(三)凉山州德昌县云烟 87 烟叶 C3F 物理特性评价

由表 4-31 分析可知,凉山州德昌县云烟 87 烤后烟 C3F 叶长分布在 64.50~
71.06 cm,均值为 67.40 cm,变异系数为 4.84%;叶宽分布在 21.24~27.56
cm,均值为 23.51 cm,变异系数为 10.82%;单叶重分布在 10.94~15.25 g,均

值为 12. 44 g,变异系数为 13. 17%;厚度分布在 0. 11~0. 13 mm,均值为 0. 12
mm,变异系数为 5. 80%;拉力分布在 1. 10~1. 96 N,均值为 1. 63 N,变异系数
为 21. 80%;填充值分布在 3. 60~4. 61 cm³/g,均值为 4. 17 cm³/g,变异系数为
9. 38%;含梗率分布在 32. 85% ~ 39. 19%,均值为 35. 19%,变异系数为
7. 36%;平衡含水率分布在 12. 23% ~ 13. 18%,均值为 12. 76%,变异系数为
3. 09%;叶面密度分布在 60. 43~70. 89 g/m²,均值为 65. 56 g/m²,变异系数为
6. 02%;物理特性赋值总分分布在 62. 13~67. 88 分,均值为 64. 45 分,变异系
数为 4. 05%。

表 4-31　凉山州德昌县云烟 87 烤后烟 C3F 物理特性评价

指标	叶长 (cm)	叶宽 (cm)	单叶重 (g)	厚度 (mm)	拉力 (N)	填充值 (cm³/g)	含梗率 (%)	平衡 含水率 (%)	叶面 密度 (g/m²)	总分 (分)
最小值	64. 50	21. 24	10. 94	0. 11	1. 10	3. 60	32. 85	12. 23	60. 43	62. 13
最大值	71. 06	27. 56	15. 25	0. 13	1. 96	4. 61	39. 19	13. 18	70. 89	67. 88
平均值	67. 40	23. 51	12. 44	0. 12	1. 63	4. 17	35. 19	12. 76	65. 56	64. 45
标准偏差 S_d	3. 26	2. 54	1. 70	0. 01	0. 35	0. 39	0. 03	0. 39	3. 95	2. 61
变异系数 C_v (%)	4. 84	10. 82	13. 17	5. 80	21. 80	9. 38	7. 36	3. 09	6. 02	4. 05

(四)凉山州会理市云烟 87 烟叶 C3F 物理特性评价

由表 4-32 分析可知,凉山州会理市云烟 87 烤后烟 C3F 叶长范围 69. 36~
75. 98 cm,均值 71. 53 cm,变异系数为 3. 34%;叶宽范围 21. 36~24. 44 cm,均
值为 22. 72 cm,变异系数为 5. 67%;单叶重范围 11. 93~15. 04 g,均值为 13. 22
g,变异系数为 8. 75%;厚度范围 0. 11~0. 13 mm,均值为 0. 12 mm,变异系数为
7. 28%;拉力范围 1. 29~2. 50 N,均值为 1. 99 N,变异系数为 25. 78%;填充值
范围 2. 61~4. 62 cm³/g,均值为 3. 85 cm³/g,变异系数为 18. 51%;含梗率范围
30. 59% ~ 34. 78%,均值为 32. 98%,变异系数为 5. 14%;平衡含水率范围
13. 26% ~ 14. 15%,均值为 13. 62%,变异系数为 2. 45%;叶面密度范围 69. 68~
87. 29 g/m²,均值为 78. 50 g/m²,变异系数为 8. 14%;物理特性赋值总分范围
44. 60~70. 42 分,均值为 60. 52 分,变异系数为 14. 22%。

(五)凉山州会东县云烟 87 烟叶 C3F 物理特性评价

由表 4-33 分析可知,凉山州会东县云烟 87 烤后烟 C3F 叶长分布在 65. 40~

70.26 cm,均值为 68.37 cm,变异系数为 2.72%;叶宽分布在 21.68~26.54 cm,均值为 23.66 cm,变异系数为 7.85%;单叶重分布在 10.19~15.63 g,均值为 12.85 g,变异系数为 15.37%;厚度分布在 0.12~0.16 mm,均值为 0.14 mm,变异系数为 12.02%;拉力分布在 1.40~2.10 N,均值为 1.80 N,变异系数为 13.58%;填充值分布在 3.47~3.83 cm³/g,均值为 3.60 cm³/g,变异系数为 3.37%;含梗率分布在 29.79%~35.61%,均值为 33.31%,变异系数为 7.01%;平衡含水率分布在 12.81%~13.41%,均值为 13.14%,变异系数为 1.57%;叶面密度分布在 65.18~88.83 g/m²,均值为 78.97 g/m²,变异系数为 10.10%;物理特性赋值总分分布在 56.69~66.04 分,均值为 60.58 分,变异系数为 5.42%。

表 4-32　凉山州会理市云烟 87 烤后烟 C3F 物理特性评价

指标	叶长 (cm)	叶宽 (cm)	单叶重 (g)	厚度 (mm)	拉力 (N)	填充值 (cm³/g)	含梗率 (%)	平衡 含水率 (%)	叶面 密度 (g/m²)	总分 (分)
最小值	69.36	21.36	11.93	0.11	1.29	2.61	30.59	13.26	69.68	44.60
最大值	75.98	24.44	15.04	0.13	2.50	4.62	34.78	14.15	87.29	70.42
平均值	71.53	22.72	13.22	0.12	1.99	3.85	32.98	13.62	78.50	60.52
标准偏差 S_d	2.39	1.29	1.16	0.01	0.51	0.71	0.02	0.33	6.35	8.61
变异系数 C_v (%)	3.34	5.67	8.75	7.28	25.78	18.51	5.14	2.45	8.14	14.22

表 4-33　凉山州会东县云烟 87 烤后烟 C3F 物理特性评价

指标	叶长 (cm)	叶宽 (cm)	单叶重 (g)	厚度 (mm)	拉力 (N)	填充值 (cm³/g)	含梗率 (%)	平衡 含水率 (%)	叶面 密度 (g/m²)	总分 (分)
最小值	65.40	21.68	10.19	0.12	1.40	3.47	29.79	12.81	65.18	56.69
最大值	70.26	26.54	15.63	0.16	2.10	3.83	35.61	13.41	88.83	66.04
平均值	68.37	23.66	12.85	0.14	1.80	3.60	33.31	13.14	78.97	60.58
标准偏差 S_d	1.86	1.86	1.98	0.02	0.24	0.12	0.02	0.21	7.98	3.28
变异系数 C_v (%)	2.72	7.85	15.37	12.02	13.58	3.37	7.01	1.57	10.10	5.42

四、凉山州云烟 87 烤后烟 B2F 物理特性评价

(一)凉山州冕宁县云烟 87 烟叶 B2F 物理特性评价

由表 4-34 分析可知,凉山州冕宁县上部叶叶长范围 71.54~75.72 cm,均值为 73.02 cm,变异系数为 1.98%;叶宽范围 18.70~22.70 cm,均值为 20.62 cm,变异系数为 7.48%;单叶重范围 13.73~16.46 g,均值为 14.74 g,变异系数为 7.20%;厚度范围 0.14 ~ 0.19 mm,均值为 0.16 mm,变异系数为 10.66%;拉力范围 1.63~2.79 N,均值为 2.07 N,变异系数为 22.13%;填充值范围 3.40~5.36 cm³/g,均值为 4.22 cm³/g,变异系数为 19.16%;含梗率范围 0.26%~0.35%,均值为 0.31%,变异系数为 9.41%;平衡含水率范围 12.66%~13.20%,均值为 12.93%,变异系数为 1.64%;叶面密度范围 71.54 ~ 93.16 g/m²,均值为 82.11 g/m²,变异系数为 8.76%;物理特性赋值总分范围 49.78~75.71 分,均值为 60.31 分,变异系数为 16.58%。

表 4-34　凉山州冕宁县云烟 87 烤后烟 B2F 物理特性评价

指标	叶长 (cm)	叶宽 (cm)	单叶重 (g)	厚度 (mm)	拉力 (N)	填充值 (cm³/g)	含梗率 (%)	平衡 含水率 (%)	叶面 密度 (g/m²)	总分 (分)
最小值	71.54	18.70	13.73	0.14	1.63	3.40	26.46	12.66	71.54	49.78
最大值	75.72	22.70	16.46	0.19	2.79	5.36	34.59	13.20	93.16	75.71
平均值	73.02	20.62	14.74	0.16	2.07	4.22	31.22	12.93	82.11	60.31
标准偏差 S_d	1.45	1.54	1.06	0.02	0.46	0.81	0.03	0.21	7.20	10.00
变异系数 C_v (%)	1.98	7.48	7.20	10.66	22.13	19.16	9.41	1.64	8.76	16.58

(二)凉山州越西县云烟 87 烟叶 B2F 物理特性评价

由表 4-35 分析可知,凉山州越西县云烟 87 上部叶叶长分布在 61.92 ~ 68.65 cm,均值为 65.90 cm,变异系数为 4.86%;叶宽分布在 18.90~20.90 cm,均值为 19.67 cm,变异系数为 4.39%;单叶重分布在 11.45~15.06 g,均值为 13.08 g,变异系数为 13.14%;厚度分布在 0.13 ~ 0.20 mm,均值为 0.17 mm,变异系数为 19.20%;拉力分布在 1.38~2.54 N,均值为 1.93 N,变异系数为 24.89%;填充值分布在 4.40~4.79 cm³/g,均值为 4.58 cm³/g,变异系数为 3.73%;含梗率分布在 25.98% ~ 33.50%,均值为 29.59%,变异系数为 13.03%;平衡含水率分布在 12.40%~13.47%,均值为 12.96%,变异系数为

3.98%;叶面密度分布在 85.74~92.81 g/m², 均值为 89.51 g/m², 变异系数为 3.79%;物理特性赋值总分分布在 59.34~74.82 分, 均值为 67.54 分, 变异系数为 12.10%。

表 4-35　凉山州越西县云烟 87 烤后烟 B2F 物理特性评价

指标	叶长 (cm)	叶宽 (cm)	单叶重 (g)	厚度 (mm)	拉力 (N)	填充值 (cm³/g)	含梗率 (%)	平衡含水率 (%)	叶面密度 (g/m²)	总分 (分)
最小值	61.92	18.90	11.45	0.13	1.38	4.40	25.98	12.40	85.74	59.34
最大值	68.65	20.90	15.06	0.20	2.54	4.79	33.50	13.47	92.81	74.82
平均值	65.90	19.67	13.08	0.17	1.93	4.58	29.59	12.96	89.51	67.54
标准偏差 S_d	3.21	0.86	1.72	0.03	0.48	0.17	0.04	0.52	3.40	8.17
变异系数 C_v (%)	4.86	4.39	13.14	19.20	24.89	3.73	13.03	3.98	3.79	12.10

(三)凉山州德昌县云烟 87 烟叶 B2F 物理特性评价

由表 4-36 分析可知, 凉山州德昌县云烟 87 烤后烟上部叶叶长范围 60.70~72.28 cm, 均值为 67.83 cm, 变异系数为 6.31%;叶宽范围 17.02~24.42 cm, 均值为 21.30 cm, 变异系数为 13.58%;单叶重范围 11.50~16.98 g, 均值为 14.69 g, 变异系数为 14.87%;厚度范围 0.16~0.18 mm, 均值为 0.17 mm, 变异系数为 5.97%;拉力范围 1.47~2.10 N, 均值为 1.85 N, 变异系数为 15.38%;填充值范围 3.89~5.93 cm³/g, 均值为 4.89 cm³/g, 变异系数为 15.74%;含梗率范围 28.77%~33.28%, 均值为 31.82%, 变异系数为 5.64%;平衡含水率范围 12.12%~13.15%, 均值为 12.55%, 变异系数为 3.48%;叶面密度范围 72.02~97.85 g/m², 均值为 84.23 g/m², 变异系数为 11.71%;物理特性赋值总分范围 45.28~64.95 分, 均值为 56.36 分, 变异系数为 14.49%。

(四)凉山州会理市云烟 87 烟叶 B2F 物理特性评价

由表 4-37 分析可知, 凉山州会理市云烟 87 上部叶叶长分布在 61.36~75.12 cm, 均值为 69.74 cm, 变异系数为 7.20%;叶宽分布在 18.00~23.66 cm, 均值为 20.78 cm, 变异系数为 11.58%;单叶重分布在 11.88~18.51 g, 均值 15.01 g, 变异系数为 15.66%;厚度分布在 0.15~0.19 mm, 均值为 0.17 mm, 变异系数为 8.84%;拉力范围 1.52~2.30 N, 均值为 1.93 N, 变异系数为 13.19%;填充值分布在 3.46~4.52 cm³/g, 均值为 3.98 cm³/g, 变异系数为 9.19%;含梗率分布在 20.43%~30.28%, 均值为 26.94%, 变异系数为

13.36%;平衡含水率分布在 12.86% ~ 13.40%,均值为 13.22%,变异系数为
1.53%;叶面密度分布在 97.69 ~ 102.53 g/m²,均值为 100.15 g/m²,变异系数
为 1.85%;物理特性赋值总分分布在 59.54 ~ 76.45 分,均值为 69.09 分,变异
系数为 8.81%。

表 4-36　凉山州德昌县云烟 87 烤后烟 B2F 物理特性评价

指标	叶长 (cm)	叶宽 (cm)	单叶重 (g)	厚度 (mm)	拉力 (N)	填充值 (cm³/g)	含梗率 (%)	平衡 含水率 (%)	叶面 密度 (g/m²)	总分 (分)
最小值	60.70	17.02	11.57	0.16	1.47	3.89	28.77	12.12	72.02	45.28
最大值	72.28	24.42	16.98	0.18	2.10	5.93	33.28	13.15	97.58	64.95
平均值	67.83	21.30	14.69	0.17	1.85	4.89	31.82	12.55	84.23	56.36
标准偏差 S_d	4.28	2.89	2.18	0.01	0.28	0.77	0.02	0.44	9.86	8.16
变异系数 C_v (%)	6.31	13.58	14.87	5.97	15.38	15.74	5.64	3.48	11.71	14.49

表 4-37　凉山州会理市云烟 87 烤后烟 B2F 物理特性评价

指标	叶长 (cm)	叶宽 (cm)	单叶重 (g)	厚度 (mm)	拉力 (N)	填充值 (cm³/g)	含梗率 (%)	平衡 含水率 (%)	叶面 密度 (g/m²)	总分 (分)
最小值	61.36	18.00	11.88	0.15	1.52	3.46	20.43	12.86	97.69	59.54
最大值	75.12	23.66	18.51	0.19	2.30	4.52	30.28	13.40	102.53	76.45
平均值	69.74	20.78	15.01	0.17	1.93	3.98	26.94	13.22	100.15	69.09
标准偏差 S_d	5.02	2.41	2.35	0.01	0.25	0.37	0.04	0.20	1.85	6.09
变异系数 C_v (%)	7.20	11.58	15.66	8.84	13.19	9.19	13.36	1.53	1.85	8.81

(五)凉山州会东县云烟 87 烟叶 B2F 物理特性评价

由表 4-38 分析可知,凉山州会东县云烟 87 上部叶叶长范围 59.18 ~
75.10 cm,均值为 65.14 cm,变异系数为 8.97%;叶宽范围 17.30 ~ 20.98 cm,
均值为 18.90 cm,变异系数为 8.39%;单叶重范围 11.05 ~ 16.11 g,均值为
13.38 g,变异系数为 16.31%;厚度范围 0.18 ~ 0.20 mm,均值为 0.19 mm,变
异系数为 6.67%;拉力范围 1.70 ~ 2.66 N,均值为 2.32 N,变异系数为

15.44%;填充值范围 3.21～3.76 cm³/g,均值为 3.46 cm³/g,变异系数为 6.90%;含梗率范围 22.04%～28.76%,均值为 25.70%,变异系数为 11.37%; 平衡含水率范围 12.40%～13.09%,均值为 12.62%,变异系数为 1.91%;叶面 密度范围 96.22～116.64 g/m²,均值为 107.90 g/m²,变异系数为 6.53%;物理 特性赋值总分范围 57.68～75.29 分,均值为 67.34 分,变异系数为 11.57%。

表 4-38　凉山州会东县云烟 87 烤后烟 B2F 物理特性评价

指标	叶长 (cm)	叶宽 (cm)	单叶重 (g)	厚度 (mm)	拉力 (N)	填充值 (cm³/g)	含梗率 (%)	平衡 含水率 (%)	叶面 密度 (g/m²)	总分 (分)
最小值	59.18	17.30	11.05	0.18	1.70	3.21	22.04	12.40	96.22	57.68
最大值	75.10	20.98	16.11	0.20	2.66	3.76	28.76	13.09	116.64	75.29
平均值	65.14	18.90	13.38	0.19	2.32	3.46	25.70	12.62	107.90	67.34
标准偏差 S_d	5.85	1.59	2.18	0.01	0.36	0.24	0.03	0.24	7.05	7.79
变异系数 C_v (%)	8.97	8.39	16.31	6.67	15.44	6.90	11.37	1.91	6.53	11.57

五、小结

综上所述,凉山州冕宁县云烟 87 叶长为 58.44～78.90 cm,叶宽为 17.70～ 26.32 cm,单叶重为 8.34～16.83 g,厚度为 0.11～0.19 mm,拉力为 1.09～ 2.90 N,填充值为 3.40～6.84 cm³/g,含梗率为 13.94%～41.67%,平衡含水率 为 11.95%～13.58%;叶面密度范围 42.70～93.16 g/m²。单叶重、拉力、填充 值及含梗率等指标变异系数较大。B2F、C2F、C3F、X2F 物理特性赋值总分均 值分别为 60.31、58.46、60.38、59.06 分。

越西县云烟 87 叶长范围 61.92～83.74 cm,叶宽范围 18.30～25.46 cm, 单叶重范围 8.80～18.71 g,厚度范围 0.10～0.20 mm,拉力范围 1.38～2.98 N,填充值范围 4.22～5.13 cm³/g,含梗率范围 25.98%～34.96%,平衡含水率 范围 12.40%～14.10%,叶面密度范围 48.97～92.81 g/m²。拉力及厚度等指 标变异系数较大。B2F、C2F、C3F、X2F 物理特性赋值总分均值分别为 67.54、 59.46、52.47、64.24 分。

德昌县云烟 87 叶长分布在 60.16～75.82 cm,叶宽分布在 17.02～31.75 cm,单叶重分布在 8.77～17.52 g,厚度分布在 0.10～0.18 mm,拉力分布在

1.05~2.10 N,填充值分布在 3.43~5.93 cm³/g,含梗率分布在 28.77%~39.19%,平衡含水率分布在 12.11%~13.46%,叶面密度分布在 53.52~97.58 g/m²。拉力及单叶重等指标变异系数较大。B2F、C2F、C3F、X2F 物理特性赋值总分平均值分别为 56.36、60.27、64.45、57.26 分。

会理市云烟 87 叶长为 57.50~78.98 cm,叶宽为 18.00~26.84 cm,单叶重为 9.27~18.51 g,厚度为 0.11~0.19 mm,拉力为 1.29~2.99 N,填充值为 2.61~5.08 cm³/g,含梗率为 20.43%~35.50%,平衡含水率为 12.86%~14.15%,叶面密度范围 59.43~102.53 g/m²。拉力及填充值等指标变异系数较大。B2F、C2F、C3F、X2F 物理特性赋值总分均值分别为 69.09、59.03、60.52、58.79 分。

会东县云烟 87 叶长范围 59.18~75.10 cm,叶宽范围 16.58~26.54 cm,单叶重范围 10.19~16.11 g,厚度范围 0.12~0.20 mm,拉力范围 1.40~2.66 N,填充值范围 3.21~3.83 cm³/g,含梗率范围 22.04%~38.07%,平衡含水率范围 12.40%~13.43%,叶面密度范围 65.18~116.64 g/m²。拉力、厚度及单叶重等指标变异系数较大。B2F、C2F、C3F 物理特性赋值总分均值分别为 67.34、59.47、60.58 分。

第三节　凉山州云烟 87 烟叶化学成分及协调性评价

一、凉山州云烟 87 烟叶 X2F 化学成分及协调性评价

(一)凉山州冕宁县云烟 87 烤后烟 X2F 化学成分及协调性评价

由表 4-39 分析可知,凉山州冕宁县下部叶总氮范围 1.35%~1.80%,均值 1.54%,变异系数为 9.74%;总糖范围 21.04%~29.38%,均值为 26.21%,变异系数为 13.12%;还原糖范围 20.05%~29.19%,均值为 24.43%,变异系数为 12.85%;烟碱范围 1.30%~2.01%,均值为 1.58%,变异系数为 20.89%;钾范围 2.24%~3.30%,均值为 2.69%,变异系数为 14.50%;氯范围 0.12%~0.52%,均值为 0.26%,变异系数为 61.54%;糖碱比范围 14.51~22.16,均值为 17.00,变异系数为 16.53%;氮碱比范围 0.69~1.22,均值为 1.01,变异系数为 18.81%;钾氯比范围 4.65~21.85,均值为 14.44,变异系数为 46.95%;两糖比范围 0.84~0.99,均值为 0.93,变异系数为 5.38%;化学成分及协调性赋值总分范围 63.55~76.77 分,均值为 70.93 分,变异系数为 8.00%。

表 4-39　凉山州冕宁县云烟 87 烤后烟 X2F 化学成分及协调性评价

指标	总氮(%)	总糖(%)	还原糖(%)	烟碱(%)	钾(%)	氯(%)	糖碱比	氮碱比	钾氯比	两糖比	总分(分)
最小值	1.35	21.04	20.05	1.30	2.24	0.12	14.51	0.69	4.65	0.84	63.55
最大值	1.80	29.38	29.19	2.01	3.30	0.52	22.16	1.22	21.85	0.99	76.77
平均值	1.54	26.21	24.43	1.58	2.69	0.26	17.00	1.01	14.44	0.93	70.93
标准偏差 S_d	0.15	3.44	3.14	0.33	0.39	0.16	2.81	0.19	6.78	0.05	5.67
变异系数 C_v(%)	9.74	13.12	12.85	20.89	14.50	61.54	16.53	18.81	46.95	5.38	8.00

(二) 凉山州越西县云烟 87 烟叶 X2F 化学成分及协调性评价

由表 4-40 分析可知,凉山州越西县下部叶总氮分布在 1.47%~2.01%,均值 1.71%,变异系数为 12.28%;总糖分布在 26.92%~32.79%,均值为 29.72%,变异系数为 7.40%;还原糖分布在 24.36%~28.86%,均值为 26.41%,变异系数为 6.13%;烟碱分布在 1.71%~2.03%,均值为 1.83%,变异系数为 6.56%;钾分布在 2.21%~2.63%,均值为 2.43%,变异系数为 6.17%;氯分布在 0.18%~0.51%,均值为 0.33%,变异系数为 36.36%;糖碱比分布在 13.29~18.00,均值为 16.33,变异系数为 11.70%;氮碱比分布在 0.81~1.06,均值为 0.93,变异系数为 10.75%;钾氯比分布在 5.17~12.16,均值为 8.13,变异系数为 31.73%;两糖比分布在 0.85~0.93,均值为 0.89,变异系数为 3.37%;化学成分及协调性赋值总分分布在 58.99~78.40 分,均值为 71.27 分,变异系数为 12.15%。

表 4-40　凉山州越西县云烟 87 烤后烟 X2F 化学成分及协调性评价

指标	总氮(%)	总糖(%)	还原糖(%)	烟碱(%)	钾(%)	氯(%)	糖碱比	氮碱比	钾氯比	两糖比	总分(分)
最小值	1.47	26.92	24.36	1.71	2.21	0.18	13.29	0.81	5.17	0.85	58.99
最大值	2.01	32.79	28.86	2.03	2.63	0.51	18.00	1.06	12.16	0.93	78.40
平均值	1.71	29.72	26.41	1.83	2.43	0.33	16.33	0.93	8.13	0.89	71.27
标准偏差 S_d	0.21	2.20	1.62	0.12	0.15	0.12	1.91	0.10	2.58	0.03	8.66
变异系数 C_v(%)	12.28	7.40	6.13	6.56	6.17	36.36	11.70	10.75	31.73	3.37	12.15

（三）凉山州德昌县云烟 87 烟叶 X2F 化学成分及协调性评价

由表 4-41 分析可知,凉山州德昌县下部叶总氮范围 1.31%~2.18%,均值为 1.85%,变异系数为 17.84%;总糖范围 32.06%~35.61%,均值为 34.22%,变异系数为 3.74%;还原糖范围 22.33%~33.29%,均值为 29.32%,变异系数为 13.06%;烟碱范围 1.55%~2.40%,均值为 1.94%,变异系数为 14.43%;钾范围 2.28%~2.76%,均值为 2.49%,变异系数为 6.43%;氯范围 0.09%~0.25%,均值为 0.15%,变异系数为 40.00%;糖碱比范围 14.77~20.71,均值为 17.92,变异系数为 11.27%;氮碱比范围 0.64~1.41,均值为 0.99,变异系数为 28.28%;钾氯比范围 11.09~28.21,均值为 19.09,变异系数为 31.17%;两糖比范围 0.63~0.93,均值为 0.86,变异系数为 13.95%;化学成分及协调性赋值总分范围 52.55~68.25 分,均值为 60.11 分,变异系数为 10.07%。

表 4-41　凉山州德昌县云烟 87 烤后烟 X2F 化学成分及协调性评价

指标	总氮 (%)	总糖 (%)	还原糖 (%)	烟碱 (%)	钾 (%)	氯 (%)	糖碱 比	氮碱 比	钾氯 比	两糖 比	总分 (分)
最小值	1.31	32.06	22.33	1.55	2.28	0.09	14.77	0.64	11.09	0.63	52.55
最大值	2.18	35.61	33.29	2.40	2.76	0.25	20.71	1.41	28.21	0.93	68.25
平均值	1.85	34.22	29.32	1.94	2.49	0.15	17.92	0.99	19.09	0.86	60.11
标准偏差 S_d	0.33	1.28	3.83	0.28	0.16	0.06	2.02	0.28	5.95	0.12	6.06
变异系数 C_v (%)	17.84	3.74	13.06	14.43	6.43	40.00	11.27	28.28	31.17	13.95	10.07

（四）凉山州会理市云烟 87 烟叶 X2F 化学成分及协调性评价

由表 4-42 分析可知,凉山州会理市下部叶总氮分布在 1.62%~2.35%,均值 1.76%,变异系数为 14.77%;总糖分布在 33.92%~40.44%,均值为 36.97%,变异系数为 5.92%;还原糖分布在 31.08%~36.93%,均值为 34.43%,变异系数为 5.66%;烟碱分布在 1.49%~2.03%,均值为 1.70%,变异系数为 11.18%;钾分布在 1.79%~2.25%,均值为 2.02%,变异系数为 8.91%;氯分布在 0.10%~0.30%,均值为 0.18%,变异系数为 33.33%;糖碱比分布在 19.10~24.83,均值为 21.92,变异系数为 7.66%;氮碱比分布在 0.81~1.55,均值为 1.06,变异系数为 22.64%;钾氯比分布在 7.44~17.79,均值 12.69,变异系数为 29.87%;两糖比分布在 0.89~0.97,均值为 0.93,变异系数为 3.23%;化学成分及协调性赋值总分分布在 45.10~56.68 分,均值为 50.72 分,变异系数为 8.85%。

表 4-42　凉山州会理市云烟 87 烤后烟 X2F 化学成分及协调性评价

指标	总氮(%)	总糖(%)	还原糖(%)	烟碱(%)	钾(%)	氯(%)	糖碱比	氮碱比	钾氯比	两糖比	总分(分)
最小值	1.62	33.92	31.08	1.49	1.79	0.10	19.10	0.81	7.44	0.89	45.10
最大值	2.35	40.44	36.93	2.03	2.25	0.30	24.83	1.55	17.79	0.97	56.68
平均值	1.76	36.97	34.43	1.70	2.02	0.18	21.92	1.06	12.69	0.93	50.72
标准偏差 S_d	0.26	2.19	1.95	0.19	0.18	0.06	1.68	0.24	3.79	0.03	4.49
变异系数 C_v(%)	14.77	5.92	5.66	11.18	8.91	33.33	7.66	22.64	29.87	3.23	8.85

二、凉山州云烟 87 烤后烟 C2F 化学成分及协调性评价

(一)凉山州冕宁县云烟 87 烟叶 C2F 化学成分及协调性评价

由表 4-43 分析可知,凉山州冕宁县云烟 87 烤后烟 C2F 总氮范围 1.50% ~ 1.93%,均值为 1.69%,变异系数为 9.47%;总糖范围 26.66% ~ 36.35%,均值为 29.78%,变异系数为 12.83%;还原糖范围 24.15% ~ 26.93%,均值为 25.14%,变异系数为 3.62%;烟碱范围 1.82% ~ 3.42%,均值为 2.42%,变异系数为 24.36%;钾范围 1.94% ~ 2.51%,均值为 2.16%,变异系数为 9.26%;氯范围 0.35% ~ 0.67%,均值为 0.50%,变异系数为 24.00%;糖碱比范围 9.87 ~ 20.01,均值为 12.89,变异系数为 29.53%;氮碱比范围 0.55 ~ 0.90,均值为 0.72,变异系数为 18.82%;钾氯比范围 2.90 ~ 6.07,均值为 4.57,变异系数为 25.60%;两糖比范围 0.72 ~ 0.93,均值为 0.86,变异系数为 10.47%;化学成分及协调性赋值总分范围 53.25 ~ 76.76 分,均值为 64.85 分,变异系数为 13.52%。

表 4-43　凉山州冕宁县云烟 87 烤后烟 C2F 化学成分及协调性评价

指标	总氮(%)	总糖(%)	还原糖(%)	烟碱(%)	钾(%)	氯(%)	糖碱比	氮碱比	钾氯比	两糖比	总分(分)
最小值	1.50	26.66	24.15	1.82	1.94	0.35	9.87	0.55	2.90	0.72	53.25
最大值	1.93	36.35	26.93	3.42	2.51	0.67	20.01	0.90	6.07	0.93	76.76
平均值	1.69	29.78	25.14	2.42	2.16	0.50	12.89	0.72	4.57	0.86	64.85
标准偏差 S_d	0.16	3.82	0.91	0.59	0.20	0.12	3.81	0.14	1.17	0.09	8.77
变异系数 C_v(%)	9.47	12.83	3.62	24.36	9.26	24.00	29.52	18.82	25.60	10.47	13.52

(二)凉山州越西县云烟 87 烟叶 C2F 化学成分及协调性评价

由表 4-44 分析可知,凉山州越西县云烟 87 烤后烟 C2F 总氮分布为 1.34%~1.74%,均值为 1.57%,变异系数为 9.55%;总糖分布在 26.91%~ 31.87%,均值为 28.93%,变异系数为 6.26%;还原糖分布在 24.65%~ 28.54%,均值为 26.39%,变异系数为 5.27%;烟碱分布在 1.93%~2.42%,均值为 2.13%,变异系为 8.92%;钾分布在 2.17%~2.44%,均值为 2.27%,变异系数为 4.41%;氯分布在 0.27%~0.65%,均值为 0.40%,变异系数为 37.50%;糖碱比分布在 11.72~16.12,均值为 13.75,变异系数为 12.95%;氮碱比分布在 0.67~0.80,均值为 0.74,变异系数为 8.11%;钾氯比分布在 3.75~ 8.27,均值为 6.31,变异系数为 27.26%;两糖比分布在 0.90~0.92,均值为 0.91,变异系数为 1.10%;化学成分及协调性赋值总分分布在 59.10~76.70 分,均值为 66.63 分,变异系数为 13.26%。

表 4-44　凉山州越西县云烟 87 烤后烟 C2F 化学成分及协调性评价

指标	总氮 (%)	总糖 (%)	还原糖 (%)	烟碱 (%)	钾 (%)	氯 (%)	糖碱 比	氮碱 比	钾氯 比	两糖 比	总分 (分)
最小值	1.34	26.91	24.65	1.93	2.17	0.27	11.72	0.67	3.75	0.90	59.10
最大值	1.74	31.87	28.54	2.42	2.44	0.65	16.12	0.80	8.27	0.92	76.70
平均值	1.57	28.93	26.39	2.13	2.27	0.40	13.75	0.74	6.31	0.91	66.63
标准偏差 S_d	0.15	1.81	1.39	0.19	0.10	0.15	1.78	0.06	1.72	0.01	8.83
变异系数 C_v (%)	9.55	6.26	5.27	8.92	4.41	37.50	12.95	8.11	27.26	1.10	13.26

(三)凉山州德昌县云烟 87 烟叶 C2F 化学成分及协调性评价

由表 4-45 分析可知,凉山州德昌县云烟 87 烤后烟 C2F 总氮范围 1.18%~ 3.16%,均值为 1.81%,变异系数为 38.12%;总糖范围 27.60%~32.61%,均值为 30.99%,变异系数为 5.91%;还原糖范围 24.88%~29.83%,均值为 27.53%,变异系数为 6.68%;烟碱范围 2.21%~3.23%,均值为 2.69%,变异系数为 13.75%;钾范围 1.30%~2.49%,均值为 2.00%,变异系数为 19.50%;氯范围 0.09%~0.28%,均值为 0.16%,变异系数为 37.50%;糖碱比范围 10.07~14.18,均值为 11.67,变异系数为 11.65%;氮碱比范围 0.50~0.98,均值为 0.66,变异系数为 25.76%;钾氯比范围 7.69~22.91,均值为 14.50,变异系数为 41.31%;两糖比范围 0.83~0.92,均值为 0.89,变异系数为 3.37%;化学成分及协调性赋值总分范围 62.35~69.33 分,均值为 64.96 分,变异系数为 4.35%。

表 4-45　凉山州德昌县云烟 87 烤后烟 C2F 化学成分及协调性评价

指标	总氮 (%)	总糖 (%)	还原糖 (%)	烟碱 (%)	钾 (%)	氯 (%)	糖碱 比	氮碱 比	钾氯 比	两糖 比	总分 (分)
最小值	1.18	27.60	24.88	2.21	1.30	0.09	10.07	0.50	7.69	0.83	62.35
最大值	3.16	32.61	29.83	3.23	2.49	0.28	14.18	0.98	22.91	0.92	69.33
平均值	1.81	30.99	27.53	2.69	2.00	0.16	11.67	0.66	14.50	0.89	64.96
标准偏差 S_d	0.69	1.83	1.84	0.37	0.39	0.06	1.36	0.17	5.99	0.03	2.82
变异系数 C_v (%)	38.12	5.91	6.68	13.75	19.50	37.50	11.65	25.76	41.31	3.37	4.35

(四)凉山州会理市云烟 87 烟叶 C2F 化学成分及协调性评价

由表 4-46 分析可知,凉山州会理市云烟 87 烤后烟 C2F 总氮分布在 1.69%~2.12%,均值为 1.96%,变异系数为 8.67%;总糖分布在 31.96%~34.41%,均值为 33.07%,变异系数为 3.18%;还原糖分布在 13.80%~32.48%,均值 28.52%,变异系数为 23.21%;烟碱分布在 1.65%~2.39%,均值为 2.00%,变异系数为 16.00%;钾分布在 1.52%~1.84%,均值为 1.66%,变异系数为 7.23%;氯分布在 0.02%~0.16%,均值为 0.09%,变异系数为 55.56%;糖碱比分布在 14.39~20.20,均值为 16.99,变异系数为 14.07%;氮碱比分布在 0.72~1.27,均值为 1.03,变异系数为 19.42%;钾氯比分布在 1.72~2.27,均值为 2.03,变异系数为 59.11%;两糖比分布在 0.43~0.99,均值为 0.86,变异系数为 23.26%;化学成分及协调性赋值总分分布在 44.03~67.83 分,均值为 52.86 分,变异系数为 16.85%。

表 4-46　凉山州会理市云烟 87 烤后烟 C2F 化学成分及协调性评价

指标	总氮 (%)	总糖 (%)	还原糖 (%)	烟碱 (%)	钾 (%)	氯 (%)	糖碱 比	氮碱 比	钾氯 比	两糖 比	总分 (分)
最小值	1.69	31.96	13.80	1.65	1.52	0.02	14.39	0.72	1.72	0.43	44.03
最大值	2.12	34.41	32.48	2.39	1.84	0.16	20.20	1.27	2.27	0.99	67.83
平均值	1.96	33.07	28.52	2.00	1.66	0.09	16.99	1.03	2.03	0.86	52.86
标准偏差 S_d	0.17	1.05	6.62	0.32	0.12	0.05	2.39	0.20	1.20	0.20	8.91
变异系数 C_v (%)	8.67	3.18	23.21	16.00	7.23	55.56	14.07	19.42	59.11	23.26	16.85

(五)凉山州会东县云烟87烟叶C2F化学成分及协调性评价

由表4-47分析可知,凉山州会东县云烟87烤后烟C2F总氮范围1.57%~1.79%,均值为1.69%,变异系数为4.73%;总糖范围28.90%~37.37%,均值为32.77%,变异系数为8.94%;还原糖范围24.96%~32.86%,均值为29.07%,变异系数8.63%;烟碱范围1.47%~2.35%,均值为1.91%,变异系数为16.75%;钾范围1.90%~2.27%,均值为2.04%,变异系数为6.37%;氯范围0.66%~1.36%,均值为0.95%,变异系数为22.11%;糖碱比范围12.81~24.05,均值为17.90,变异系数为24.86%;氮碱比范围0.72~1.14,均值为0.91,变异系数为14.29%;钾氯比范围1.40~3.04,均值为2.27,变异系数为23.35%;两糖比范围0.83~0.98,均值为0.89,变异系数为5.62%;化学成分及协调性赋值总分范围38.70~68.39分,均值为54.25分,变异系数为20.91%。

表4-47　凉山州会东县云烟87烤后烟C2F化学成分及协调性评价

指标	总氮(%)	总糖(%)	还原糖(%)	烟碱(%)	钾(%)	氯(%)	糖碱比	氮碱比	钾氯比	两糖比	总分(分)
最小值	1.57	28.90	24.96	1.47	1.90	0.66	12.81	0.72	1.40	0.83	38.70
最大值	1.79	37.37	32.86	2.35	2.27	1.36	24.05	1.14	3.04	0.98	68.39
平均值	1.69	32.77	29.07	1.91	2.04	0.95	17.90	0.91	2.27	0.89	54.25
标准偏差 S_d	0.08	2.93	2.51	0.32	0.13	0.21	4.45	0.13	0.53	0.05	11.34
变异系数 C_v(%)	4.73	8.94	8.63	16.75	6.37	22.11	24.86	14.29	23.35	5.62	20.91

三、凉山州云烟87烤后烟C3F化学成分及协调性评价

(一)凉山州冕宁县云烟87烟叶C3F化学成分及协调性评价

由表4-48分析可知,凉山州冕宁县云烟87烤后烟C3F总氮分布在1.57%~2.22%,均值为1.88%,变异系数为13.30%;总糖分布在21.75%~34.74%,均值为27.84%,变异系数为17.03%;还原糖分布在20.67%~28.67%,均值为24.95%,变异系数为11.38%;烟碱分布在1.70%~3.80%,均值为2.55%,变异系数为26.27%;钾分布在1.61%~2.15%,均值为1.91%,变异系数为8.38%;氯分布在0.08%~0.50%,均值为0.31%,变异系数为51.61%;糖碱比分布在5.73~17.77,均值为11.85,变异系数为33.16%;氮碱比分布在0.49~1.29,均值为0.79,变异系数为31.65%;钾氯比分布在3.93~19.70,均值为8.75,变异系数为62.40%;两糖比分布在0.83~

0.97,均值为 0.90,变异系数为 5.56%;化学成分及协调性赋值总分分布在 41.07~75.94 分,均值为 60.55 分,变异系数为 19.33%。

表 4-48 凉山州冕宁县云烟 87 烤后烟 C3F 化学成分及协调性评价

指标	总氮 (%)	总糖 (%)	还原糖 (%)	烟碱 (%)	钾 (%)	氯 (%)	糖碱比	氮碱比	钾氯比	两糖比	总分 (分)
最小值	1.57	21.75	20.67	1.70	1.61	0.08	5.73	0.49	3.93	0.83	41.07
最大值	2.22	34.74	28.67	3.80	2.15	0.50	17.77	1.29	19.70	0.97	75.94
平均值	1.88	27.84	24.95	2.55	1.91	0.31	11.85	0.79	8.75	0.90	60.55
标准偏差 S_d	0.25	4.74	2.84	0.67	0.16	0.16	3.93	0.25	5.46	0.05	11.71
变异系数 C_v (%)	13.30	17.03	11.38	26.27	8.38	51.61	33.16	31.65	62.40	5.56	19.33

(二) 凉山州越西县云烟 87 烟叶 C3F 化学成分及协调性评价

由表 4-49 分析可知,凉山州越西县云烟 87 烤后烟 C3F 总氮范围 1.61%~ 2.09%,均值为 1.82%,变异系数为 11.54%;总糖范围 23.14%~32.02%,均值为 27.95%,变异系数为 12.02%;还原糖范围 20.83%~28.35%,均值为 24.37%,变异系数为 11.65%;烟碱范围 1.81%~2.67%,均值为 2.16%,变异系数为 15.74%;钾范围 1.97%~2.40%,均值为 2.11%,变异系数为 8.06%;氯范围 0.26%~0.49%,均值为 0.34%,变异系数为 26.47%;糖碱比范围 8.66~16.81,均值为 13.44,变异系数为 25.45%;氮碱比范围 0.78~0.89,均值为 0.85,变异系数为 4.71%;钾氯比范围 4.24~7.66,均值为 6.51,变异系数为 20.74%;两糖比范围 0.85~0.90,均值为 0.87,变异系数为 2.30%;化学成分及协调性赋值总分范围 56.88~81.32 分,均值为 66.60 分,变异系数为 17.08%。

表 4-49 凉山州越西县云烟 87 烤后烟 C3F 化学成分及协调性评价

指标	总氮 (%)	总糖 (%)	还原糖 (%)	烟碱 (%)	钾 (%)	氯 (%)	糖碱比	氮碱比	钾氯比	两糖比	总分 (分)
最小值	1.61	23.14	20.83	1.81	1.97	0.26	8.66	0.78	4.24	0.85	56.88
最大值	2.09	32.02	28.35	2.67	2.40	0.49	16.81	0.89	7.66	0.90	81.32
平均值	1.82	27.95	24.37	2.16	2.11	0.34	13.44	0.85	6.51	0.87	66.60
标准偏差 S_d	0.21	3.36	2.84	0.34	0.17	0.09	3.42	0.04	1.35	0.02	11.38
变异系数 C_v (%)	11.54	12.02	11.65	15.74	8.06	26.47	25.45	4.71	20.74	2.30	17.08

(三)凉山州德昌县云烟87烟叶C3F化学成分及协调性评价

由表4-50分析可知,凉山州德昌县云烟87烤后烟C3F总氮分布在1.24%~1.77%,均值为1.50%,变异系数为12.00%;总糖分布在30.56%~37.76%,均值为34.22%,变异系数为7.66%;还原糖分布在21.53%~35.35%,均值为30.32%,变异系数为15.80%;烟碱分布在2.16%~3.29%,均值为2.56%,变异系数为15.63%;钾分布在1.89%~2.53%,均值为2.22%,变异系数为9.46%;氯分布在0.09%~0.26%,均值为0.17%,变异系数为35.29%;糖碱比分布在9.29~16.90,均值为13.77,变异系数为18.95%;氮碱比分布在0.43~0.82,均值为0.60,变异系数为21.67%;钾氯比分布在9.63~23.98,均值为14.95,变异系数为34.92%;两糖比分布在0.70~0.94,均值为0.88,变异系数为10.23%;化学成分及协调性赋值总分分布在49.89~60.24分,均值为54.20分,变异系数为7.75%。

表4-50　凉山州德昌县云烟87烤后烟C3F化学成分及协调性评价

指标	总氮(%)	总糖(%)	还原糖(%)	烟碱(%)	钾(%)	氯(%)	糖碱比	氮碱比	钾氯比	两糖比	总分(分)
最小值	1.24	30.56	21.53	2.16	1.89	0.09	9.29	0.43	9.63	0.70	49.89
最大值	1.77	37.76	35.35	3.29	2.53	0.26	16.90	0.82	23.98	0.94	60.24
平均值	1.50	34.22	30.32	2.56	2.22	0.17	13.77	0.60	14.95	0.88	54.20
标准偏差S_d	0.18	2.62	4.79	0.40	0.21	0.06	2.61	0.13	5.22	0.09	4.20
变异系数C_v(%)	12.00	7.66	15.80	15.63	9.46	35.29	18.95	21.67	34.92	10.23	7.75

(四)凉山州会理市云烟87烟叶C3F化学成分及协调性评价

由表4-51分析可知,凉山州会理市云烟87烤后烟C3F总氮范围1.33%~2.09%,均值为1.63%,变异系数为16.56%;总糖范围33.25%~36.80%,均值为34.74%,变异系数为3.77%;还原糖范围30.88%~34.35%,均值为32.68%,变异系数为3.95%;烟碱范围1.33%~2.30%,均值为1.88%,变异系数为22.34%;钾范围1.61%~2.07%,均值为1.91%,变异系数为8.38%;氯范围0.08%~0.35%,均值为0.20%,变异系数为45.00%;糖碱比范围15.75~25.87,均值为19.51,变异系数为22.25%;氮碱比范围0.58~1.35,均值为0.89,变异系数为37.08%;钾氯比范围5.33~23.26,均值为12.10,变异系数为49.09%;两糖比范围0.90~1.00,均值为0.94,变异系数为3.19%;化学成分及协调性赋值总分范围33.61~49.42分,均值为42.43分,变异系数为 14.10%。

表 4-51　凉山州会理市云烟 87 烤后烟 C3F 化学成分及协调性评价

指标	总氮（%）	总糖（%）	还原糖（%）	烟碱（%）	钾（%）	氯（%）	糖碱比	氮碱比	钾氯比	两糖比	总分（分）
最小值	1.33	33.25	30.88	1.33	1.61	0.08	15.75	0.58	5.33	0.90	33.61
最大值	2.09	36.80	34.35	2.30	2.07	0.35	25.87	1.35	23.26	1.00	49.42
平均值	1.63	34.74	32.68	1.88	1.91	0.20	19.51	0.89	12.10	0.94	42.43
标准偏差 S_d	0.27	1.31	1.29	0.42	0.16	0.09	4.34	0.33	5.94	0.03	5.98
变异系数 C_v（%）	16.56	3.77	3.95	22.34	8.38	45.00	22.25	37.08	49.09	3.19	14.10

（五）凉山州会东县云烟 87 烟叶 C3F 化学成分及协调性评价

由表 4-52 分析可知，凉山州会东县云烟 87 烤后烟 C3F 总氮分布在 1.55% ~ 2.03%，均值为 1.76%，变异系数为 9.09%；总糖分布在 33.98% ~ 36.90%，均值为 34.81%，变异系数为 2.76%；还原糖分布在 28.23% ~ 32.82%，均值为 30.56%，变异系数为 5.04%；烟碱分布在 1.46% ~ 2.55%，均值为 1.84%，变异系数为 19.02%；钾分布在 1.90% ~ 2.18%，均值为 2.01%，变异系数为 4.48%；氯分布在 0.68% ~ 1.16%，均值为 0.87%，变异系数为 21.84%；糖碱比分布在 13.60 ~ 23.57，均值为 19.56，变异系数为 17.64%；氮碱比分布在 0.80 ~ 1.21，均值为 0.98，变异系数为 14.29%；钾氯比分布在 1.70 ~ 2.95，均值为 2.41，变异系数为 21.16%；两糖比分布在 0.83 ~ 0.91，均值为 0.88，变异系数为 3.41%；化学成分及协调性赋值总分分布在 40.19 ~ 65.85 分，均值为 49.92 分，变异系数为 9.76%。

表 4-52　凉山州会东县云烟 87 烤后烟 C3F 化学成分及协调性评价

指标	总氮（%）	总糖（%）	还原糖（%）	烟碱（%）	钾（%）	氯（%）	糖碱比	氮碱比	钾氯比	两糖比	总分（分）
最小值	1.55	33.98	28.23	1.46	1.90	0.68	13.60	0.80	1.70	0.83	40.19
最大值	2.03	36.90	32.82	2.55	2.18	1.16	23.57	1.21	2.95	0.91	65.85
平均值	1.76	34.81	30.56	1.84	2.01	0.87	19.56	0.98	2.41	0.88	49.92
标准偏差 S_d	0.16	0.96	1.54	0.35	0.09	0.19	3.45	0.14	0.51	0.03	9.76
变异系数 C_v（%）	9.09	2.76	5.04	19.02	4.48	21.84	17.64	14.29	21.16	3.41	19.56

四、凉山州云烟87烤后烟B2F化学成分及协调性评价

(一)凉山州冕宁县云烟87烟叶B2F化学成分及协调性评价

由表4-53分析可知,凉山州冕宁县云烟87烤后烟上部叶总氮范围1.72%~2.54%,均值为2.12%,变异系数为14.62%;总糖范围19.93%~31.87%,均值为25.70%,变异系数为15.21%;还原糖范围19.10%~25.47%,均值为22.90%,变异系数为9.00%;烟碱范围2.67%~4.24%,均值为3.25%,变异系数为82.15%;钾范围1.97%~2.17%,均值为2.10%,变异系数为3.33%;氯范围0.09%~0.49%,均值为0.30%,变异系数为60.00%;糖碱比范围4.98~11.20,均值为8.22,变异系数为24.94%;氮碱比范围0.44~0.89,均值为0.67,变异系数为20.09%;钾氯比范围4.24~23.65,均值为11.34,变异系数为66.67%;两糖比范围0.80~0.96,均值为0.90,变异系数为6.67%;化学成分及协调性赋值总分范围56.05~84.15分,均值为73.59分,变异系数为16.63%。

表4-53 凉山州冕宁县云烟87烤后烟B2F化学成分及协调性评价

指标	总氮(%)	总糖(%)	还原糖(%)	烟碱(%)	钾(%)	氯(%)	糖碱比	氮碱比	钾氯比	两糖比	总分(分)
最小值	1.72	19.93	19.10	2.67	1.97	0.09	4.98	0.44	4.24	0.80	56.05
最大值	2.54	31.87	25.47	4.24	2.17	0.49	11.20	0.89	23.65	0.96	84.15
平均值	2.12	25.70	22.90	3.25	2.10	0.30	8.22	0.67	11.34	0.90	73.59
标准偏差S_d	0.31	3.91	2.06	2.67	0.07	0.18	2.05	0.14	7.56	0.06	12.24
变异系数C_v(%)	14.62	15.21	9.00	82.15	3.33	60.00	24.94	20.90	66.67	6.67	16.63

(二)凉山州越西县云烟87烟叶B2F化学成分及协调性评价

由表4-54分析可知,凉山州越西县云烟87上部叶总氮分布在1.64%~2.35%,均值为2.04%,变异系数为13.24%;总糖分布在22.86%~30.35%,均值为25.65%,变异系数为10.99%;还原糖分布在21.63%~26.82%,均值为23.59%,变异系数为8.39%;烟碱分布在2.69%~3.82%,均值为2.99%,变异系数为16.05%;钾分布在2.03%~2.67%,均值为2.43%,变异系数为10.29%;氯分布在0.24%~0.42%,均值为0.35%,变异系数为20.00%;糖碱比分布在5.99~11.27,均值为8.83,变异系数为21.29%;氮碱比分布在0.52~0.86,均值为0.70,变异系数为20.00%;钾氯比分布在5.77~8.39,均值为

7.04,变异系数为118.47%;两糖比分布在0.88~0.95,均值为0.92,变异系数为2.17%;化学成分及协调性赋值总分分布在59.01~87.46分,均值为75.66分,变异系数为18.68%。

表4-54　凉山州越西县云烟87烤后烟B2F化学成分及协调性评价

指标	总氮 (%)	总糖 (%)	还原糖 (%)	烟碱 (%)	钾 (%)	氯 (%)	糖碱 比	氮碱 比	钾氯 比	两糖 比	总分 (分)
最小值	1.64	22.86	21.63	2.69	2.03	0.24	5.99	0.52	5.77	0.88	59.01
最大值	2.35	30.35	26.82	3.82	2.67	0.42	11.27	0.86	8.39	0.95	87.46
平均值	2.04	25.65	23.59	2.99	2.43	0.35	8.83	0.70	7.04	0.92	75.66
标准偏差 S_d	0.27	2.82	1.98	0.48	0.25	0.07	1.88	0.14	8.34	0.02	14.13
变异系数 C_v (%)	13.24	10.99	8.39	16.05	10.29	20.00	21.29	20.00	118.47	2.17	18.68

(三)凉山州德昌县云烟87烟叶B2F化学成分及协调性评价

由表4-55分析可知,凉山州德昌县云烟87烤后烟上部叶总氮范围1.49%~2.19%,均值为1.80%,变异系数为13.33%;总糖范围23.19%~29.01%,均值为26.89%,变异系数为9.04%;还原糖范围13.82%~26.91%,均值为21.89%,变异系数为20.33%;烟碱范围2.68%~3.99%,均值为3.31%,变异系数14.20%;钾范围2.11%~2.52%,均值为2.33%,变异系数6.87%;氯范围0.10%~0.67%,均值为0.23%,变异系数为95.65%;糖碱比范围7.27~10.83,均值为8.26,变异系数为15.86%;氮碱比范围0.37~0.65,均值为0.55,变异系数为18.18%;钾氯比范围3.14~24.47,均值为16.80,变异系数为44.17%;两糖比范围0.60~0.93,均值为0.81,变异系数为13.58%;化学成分及协调性赋值总分范围53.82~75.69分,均值为69.03分,变异系数为12.73%。

(四)凉山州会理市云烟87烟叶B2F化学成分及协调性评价

由表4-56分析可知,凉山州会理市云烟87烤后烟总氮分布在2.52%~2.78%,均值为2.67%,变异系数为3.37%;总糖分布在21.57%~31.83%,均值为27.75%,变异系数为11.71%;还原糖分布在21.27%~29.67%,均值为25.92%,变异系数为10.65%;烟碱分布在1.94%~3.04%,均值为2.39%,变异系数为14.64%;钾分布在1.42%~2.25%,均值为1.81%,变异系数为14.36%;氯分布在0.04%~0.80%,均值为0.22%,变异系数为118.18%;糖碱比分布在 8.83~14.18,均值为 11.76,变异系数为 14.46%;氮碱比分布在 0.91~1.36,均值为 1.14,变异系数为 14.04%;钾氯比分布在 2.80~35.84,均值为 19.15,变异系数为 67.05%;两糖比分布在 0.74~1.00,均值为 0.94,变异系数为 9.57%;化学成分及协调性赋值总分分布在 51.94~78.35 分,均值为 65.12 分,变异系数为 16.21%。

表 4-55　凉山州德昌县云烟 87 烤后烟 B2F 化学成分及协调性评价

指标	总氮 (%)	总糖 (%)	还原糖 (%)	烟碱 (%)	钾 (%)	氯 (%)	糖碱比	氮碱比	钾氯比	两糖比	总分 (分)
最小值	1.49	23.19	13.82	2.68	2.11	0.10	7.27	0.37	3.14	0.60	53.82
最大值	2.19	29.01	26.91	3.99	2.52	0.67	10.83	0.65	24.47	0.93	75.69
平均值	1.80	26.89	21.89	3.31	2.33	0.23	8.26	0.55	16.80	0.81	69.03
标准偏差 S_d	0.24	2.43	4.45	0.47	0.16	0.22	1.31	0.10	7.42	0.11	8.78
变异系数 C_v (%)	13.33	9.04	20.33	14.20	6.87	95.65	15.86	18.18	44.17	13.58	12.73

表 4-56　凉山州会理市云烟 87 烤后烟 B2F 化学成分及协调性评价

指标	总氮 (%)	总糖 (%)	还原糖 (%)	烟碱 (%)	钾 (%)	氯 (%)	糖碱比	氮碱比	钾氯比	两糖比	总分 (分)
最小值	2.52	21.57	21.27	1.94	1.42	0.04	8.83	0.91	2.80	0.74	51.94
最大值	2.78	31.83	29.67	3.04	2.25	0.80	14.18	1.36	35.84	1.00	78.35
平均值	2.67	27.75	25.92	2.39	1.81	0.22	11.76	1.14	19.15	0.94	65.12
标准偏差 S_d	0.09	3.25	2.76	0.35	0.26	0.26	1.70	0.16	12.84	0.09	10.55
变异系数 C_v (%)	3.37	11.71	10.65	14.64	14.36	118.18	14.46	14.04	67.05	9.57	16.21

(五)凉山州会东县云烟 87 烟叶 B2F 化学成分及协调性评价

由表 4-57 分析可知,凉山州会东县云烟 87 上部叶总氮范围 1.44%~1.81%,均值为 1.60%,变异系数为 8.75%;总糖范围 25.20%~30.80%,均值为 28.67%,变异系数为 6.70%;还原糖范围 17.06%~27.19%,均值为 23.40%,变异系数为 14.40%;烟碱范围 1.73%~3.11%,均值为 2.47%,变异系数为 21.05%;钾范围 1.78%~2.45%,均值为 2.13%,变异系数为 10.80%;氯范围 0.12%~0.68%,均值为 0.33%,变异系数为 57.58%;糖碱比范围 8.86~

16.47,均值为 12.12 变异系数为 20.63%;氮碱比范围 0.50~0.85,均值为 0.67,变异系数为 19.40%;钾氯比范围 3.05~18.69,均值为 9.34,变异系数为 58.14%;两糖比范围 0.56~0.88,均值为 0.82,变异系数为 14.63%;化学成分及协调性赋值总分范围 47.39~78.63 分,均值为 64.96 分,变异系数为 15.57%。

表 4-57　凉山州会东县云烟 87 烤后烟 B2F 化学成分及协调性评价

指标	总氮(%)	总糖(%)	还原糖(%)	烟碱(%)	钾(%)	氯(%)	糖碱比	氮碱比	钾氯比	两糖比	总分(分)
最小值	1.44	25.20	17.06	1.73	1.78	0.12	8.86	0.50	3.05	0.56	47.39
最大值	1.81	30.80	27.19	3.11	2.45	0.68	16.47	0.85	18.69	0.88	78.63
平均值	1.60	28.67	23.40	2.47	2.13	0.33	12.12	0.67	9.34	0.82	64.96
标准偏差 S_d	0.14	1.92	3.37	0.52	0.23	0.19	2.50	0.13	5.43	0.12	10.11
变异系数 C_v(%)	8.75	6.70	14.40	21.05	10.80	57.58	20.63	19.40	58.14	14.63	15.57

五、小结

综上所述,凉山州冕宁县云烟 87 烤后烟化学成分总氮为 1.35%~2.54%,总糖为 19.93%~36.35%,还原糖为 19.10%~29.19%,烟碱为 1.30%~4.24%,钾为 1.61%~3.30%,氯范围 0.08%~0.67%,糖碱比为 4.98~43.35,氮碱比为 0.44~1.29,钾氯比为 2.90~23.65,两糖比为 0.72~0.99。钾及两糖比变异系数较小,其余指标变异系数较大。B2F、C2F、C3F、X2F 化学成分及协调性赋值总分均值分别为 73.59、64.85、60.55、70.93 分。

越西县云烟 87 烤后烟化学成分总氮范围 1.34%~2.35%,总糖范围 22.86%~32.79%,还原糖范围 20.83%~28.86%,烟碱范围 1.71%~3.82%,钾范围 1.97%~2.67%,氯范围 0.18%~0.65%,糖碱比范围 5.99~18.00,氮碱比范围 0.52~1.06,钾氯比范围 3.75~12.16,两糖比范围 0.85~0.95。还原糖、钾及两糖比变异系数较小,低于 10%,其余指标变异系数均较大。B2F、C2F、C3F、X2F 化学成分及协调性赋值总分平均值分别为 75.66、66.63、66.60、71.27 分。

德昌县云烟 87 烤后烟化学成分总氮分布在 1.18%~3.16%,总糖分布在 23.19%~37.76%,还原糖分布在 13.82%~35.35%,烟碱分布在 1.55%~

3.99%,钾分布在 1.30%~2.76%,氯分布在 0.09%~0.67%,糖碱比分布在 7.27~20.71,氮碱比分布在 0.37~1.41,钾氯比分布在 3.14~28.21,两糖比分布在 0.60~0.94。钾、还原糖变异系数较小,低于 10%,其余指标变异系数均较大。B2F、C2F、C3F、X2F 化学成分及协调性赋值总分平均值分别为 69.03、64.96、54.20、60.11 分。

会理市云烟 87 烤后烟化学成分总氮为 1.33%~2.78%,总糖为 21.57%~40.44%,还原糖为 13.80%~36.93%,烟碱为 1.33%~3.04%,钾为 1.42%~2.25%,氯范围 0.02%~0.80%,糖碱比为 8.83~25.87,氮碱比为 0.58~1.55,钾氯比为 1.72~35.84,两糖比为 0.43~1.00。总糖、钾和两糖比变异系数较小,低于 10%,其余指标变异系数均较大。B2F、C2F、C3F、X2F 化学成分及协调性赋值总分平均值分别为 65.12、52.86、42.43、50.72 分。

会东县云烟 87 烤后烟化学成分总氮范围 1.44%~2.03%,总糖范围 25.20%~37.37%,还原糖范围 17.06%~32.86%,烟碱范围 1.46%~3.11%,钾范围 1.78%~2.45%,氯范围 0.12%~1.36%,糖碱比范围 8.86~24.05,氮碱比范围 0.50~1.21,钾氯比范围 1.40~18.69,两糖比范围 0.56~0.98。总糖、还原糖、钾和两糖比变异系数较小,低于 10%,其余指标变异系数均较大。B2F、C2F、C3F 化学成分及协调性赋值总分平均值分别为 64.96、54.25、49.92 分。

第四节 凉山州云烟 87 烟叶感官质量评价

一、凉山州云烟 87 烤后烟 X2F 感官质量评价

(一)凉山州冕宁县云烟 87 烟叶 X2F 感官质量评价

由表 4-58 分析可知,凉山州冕宁县云烟 87 下部叶香气质"中等—中等+",分值 14.50~14.80 分,平均 14.65 分;香气量"尚充足—尚充足+",分值 12.50~13.00 分,平均 12.75 分;杂气均为"有+";刺激性"有+—微有",分值为 17.30~17.50 分,平均 17.40 分;余味"尚舒适-—尚舒适",分值 17.00~17.50 分,平均 17.25 分;燃烧性均为强;灰色均为白;浓度"较淡—较浓",分值为 2.50~3.50 分,平均 3.00 分,变异系数 23.57%。劲头"较小—中等",分值 2.50~3.00 分,平均 2.75 分,变异系数 12.86%。可用性"较差—较好",分值 2.50~3.50 分,平均 3.00 分,变异系数 23.57%。

表 4-58　凉山州冕宁县云烟 87 烤后烟 X2F 感官质量评价

指标	香气质	香气量	杂气	刺激性	余味	燃烧性	灰色	总分	浓度	劲头	可用性
最小值(分)	14.50	12.50	13.00	17.30	17.00	4.00	4.00	82.50	2.50	2.50	2.50
最大值(分)	14.80	13.00	13.00	17.50	17.50	4.00	4.00	83.60	3.50	3.00	3.50
平均值(分)	14.65	12.75	13.00	17.40	17.25	4.00	4.00	83.05	3.00	2.75	3.00
标准偏差 S_d	0.21	0.35	0.00	0.14	0.35	0.00	0.00	0.78	0.71	0.35	0.71
变异系数 C_v (%)	1.45	2.77	0.00	0.81	2.05	0.00	0.00	0.94	23.57	12.86	23.57

(二)凉山州越西县云烟 87 烟叶 X2F 感官质量评价

由表 4-59 分析可知,凉山州越西县云烟 87 下部叶香气质"中等+",分值均为 15.00 分;香气量"尚充足+—较足",分值分布在 13.00~13.20 分,平均 13.10 分;杂气"有+—较轻",分值分布在 13.00~13.20 分,平均 13.10 分;刺激性"有+—微有",分值分布在 17.30~17.50 分,平均 17.40 分;余味"尚舒适——尚舒适",分值分布在 17.20~17.50 分,平均 17.35 分;燃烧性均为强;灰色均为白;浓度"中等—较浓",分值分布在 3.00~3.50 分,平均 3.25 分,变异系数 10.88%。劲头"中等",均为 3.00 分;可用性"中等—较好",分值分布在 3.00~3.50 分,平均 3.25 分,变异系数 10.88%。

表 4-59　凉山州越西县云烟 87 烤后烟 X2F 感官质量评价

指标	香气质	香气量	杂气	刺激性	余味	燃烧性	灰色	总分	浓度	劲头	可用性
最小值(分)	15.00	13.00	13.00	17.30	17.20	4.00	4.00	83.50	3.00	3.00	3.00
最大值(分)	15.00	13.20	13.20	17.50	17.50	4.00	4.00	84.40	3.50	3.00	3.50
平均值(分)	15.00	13.10	13.10	17.40	17.35	4.00	4.00	83.95	3.25	3.00	3.25
标准偏差 S_d	0.00	0.14	0.14	0.14	0.21	0.00	0.00	0.64	0.35	0.00	0.35
变异系数 C_v (%)	0.00	1.08	1.08	0.81	1.22	0.00	0.00	0.76	10.88	0.00	10.88

(三)凉山州德昌县云烟 87 烟叶 X2F 感官质量评价

由表 4-60 分析可知,凉山州德昌县云烟 87 下部叶香气质为"中等+",分值均为 15.00 分;香气量为"尚充足+—较足",分值均为 13.20 分;杂气为

"有+—较轻",分值均为13.20分;刺激性为"有+—微有",分值范围17.30~17.50分,平均17.40分;余味为"尚舒适-—尚舒适",分值范围17.20~17.50分,平均17.35分;燃烧性均为强;灰色均为白;浓度"中等—较浓",分值范围3.00~3.50分,平均为3.25分,变异系数10.88%。劲头为"中等",分值均为3.00分。可用性"中等—较好",分值范围3.00~3.50分,平均3.25分,变异系数10.88%。

表4-60　凉山州德昌县云烟87烤后烟X2F感官质量评价

指标	香气质	香气量	杂气	刺激性	余味	燃烧性	灰色	总分	浓度	劲头	可用性
最小值(分)	15.00	13.20	13.20	17.30	17.20	4.00	4.00	83.90	3.00	3.00	3.00
最大值(分)	15.00	13.20	13.20	17.50	17.50	4.00	4.00	84.40	3.50	3.00	3.50
平均值(分)	15.00	13.20	13.20	17.40	17.35	4.00	4.00	84.15	3.25	3.00	3.25
标准偏差 S_d	0.00	0.00	0.00	0.14	0.21	0.00	0.00	0.35	0.35	0.00	0.35
变异系数 C_v（%）	0.00	0.00	0.00	0.81	1.22	0.00	0.00	0.42	10.88	0.00	10.88

（四）凉山州会理市云烟87烟叶X2F感官质量评价

由表4-61分析可知,凉山州会理市云烟87下部叶香气质为"中等+—较好",分值均为15.20分;香气量为"尚充足+—较足",分值均为13.20分;杂气为"有+—较轻",分值为13.20~13.30分,平均13.25分;刺激性为"有+—微有",分值均为17.50分;余味为"尚舒适-—尚舒适",分值为17.30~18.00分,平均17.65分;燃烧性均为强;灰色均为白;浓度"中等—较浓",分值为3.00~3.50分,平均3.25分,变异系数10.88%。劲头为"较小—较大",得分为2.50~3.50分,平均2.85分,变异系数17.37%。可用性"中等—好",分值为3.50~4.20分,平均3.85分,变异系数12.86%。

二、凉山州云烟87烤后烟C2F感官质量评价

（一）凉山州冕宁县云烟87烟叶C2F感官质量评价

由表4-62分析可知,凉山州冕宁县云烟87烤后烟C2F香气质"中等+—较好",分值范围15.00~15.50分,平均15.33分;香气量"尚充足+—较足",分值范围13.00~14.00分,平均13.53分;杂气"有+—较轻",分值范围13.00~13.50分,平均13.37分;刺激性"有+—微有",分值范围17.00~17.50分,平均17.35分;余味"尚舒适-—尚舒适",分值范围17.20~18.00

分,平均 17.63 分;燃烧性均为强;灰色均为白;浓度"中等—较浓",分值范围 3.00~3.50 分,平均 3.38 分,变异系数 6.03%。劲头"中等—较大",分值范围 3.00~4.00 分,平均 3.20 分,变异系数 12.50%。可用性"中等—好",分值范围 3.00~4.50 分,平均 3.87 分,变异系数 15.23%。

表 4-61　凉山州会理市云烟 87 烤后烟 X2F 感官质量评价

指标	香气质	香气量	杂气	刺激性	余味	燃烧性	灰色	总分	浓度	劲头	可用性
最小值(分)	15.20	13.20	13.20	17.50	17.30	4.00	4.00	84.50	3.00	2.50	3.50
最大值(分)	15.20	13.20	13.30	17.50	18.00	4.00	4.00	85.10	3.50	3.20	4.20
平均值(分)	15.20	13.20	13.25	17.50	17.65	4.00	4.00	84.80	3.25	2.85	3.85
标准偏差 S_d	0.00	0.00	0.07	0.00	0.49	0.00	0.00	0.42	0.35	0.49	0.49
变异系数 C_v (%)	0.00	0.00	0.53	0.00	2.80	0.00	0.00	0.50	10.88	17.37	12.86

表 4-62　凉山州冕宁县云烟 87 烤后烟 C2F 感官质量评价

指标	香气质	香气量	杂气	刺激性	余味	燃烧性	灰色	总分	浓度	劲头	可用性
最小值(分)	15.00	13.00	13.00	17.00	17.20	4.00	4.00	83.20	3.00	3.00	3.00
最大值(分)	15.50	14.00	13.50	17.50	18.00	4.00	4.00	86.50	3.50	4.00	4.50
平均值(分)	15.33	13.53	13.37	17.35	17.63	4.00	4.00	85.22	3.38	3.20	3.87
标准偏差 S_d	0.23	0.41	0.22	0.20	0.31	0.00	0.00	1.29	0.20	0.40	0.59
变异系数 C_v (%)	1.47	3.02	1.62	1.14	1.78	0.00	0.00	1.51	6.03	12.50	15.23

(二)凉山州越西县云烟 87 烟叶 C2F 感官质量评价

由表 4-63 分析可知,凉山州越西县云烟 87 烤后烟 C2F 香气质"中等+—较好",分值分布在 15.30~15.50 分,平均 15.45 分;香气量"尚充足+—较足",分值分布在 13.50~13.70 分,平均 13.6 分;杂气"有+—较轻",均为 13.50 分;刺激性"有+—微有",均为 17.50 分;余味"尚舒适-—尚舒适",分值分布在 17.50~17.80 分,平均 17.68 分;燃烧性均为强;灰色均为白;浓度"中等—较浓",分值分布在 3.20~3.70 分,平均 3.48 分,变异系数 7.57%;劲头"中等—较大",分值分布在 3.00~3.50 分,平均 3.18 分,变异系数 7.44%。

可用性"中等—较好",分值分布在 3.50~4.00 分,平均 3.80 分,变异系数
6.45%。

表 4-63　凉山州越西县云烟 87 烤后烟 C2F 感官质量评价

指标	香气质	香气量	杂气	刺激性	余味	燃烧性	灰色	总分	浓度	劲头	可用性
最小值(分)	15.30	13.50	13.50	17.50	17.50	4.00	4.00	85.30	3.20	3.00	3.50
最大值(分)	15.50	13.70	13.50	17.50	17.80	4.00	4.00	85.90	3.70	3.50	4.00
平均值(分)	15.45	13.60	13.50	17.50	17.68	4.00	4.00	85.73	3.48	3.18	3.80
标准偏差 S_d	0.10	0.12	0.00	0.00	0.13	0.00	0.00	0.29	0.26	0.24	0.24
变异系数 C_v (%)	0.65	0.85	0.00	0.00	0.71	0.00	0.00	0.34	7.57	7.44	6.45

(三)凉山州德昌县云烟 87 烟叶 C2F 感官质量评价

由表 4-64 分析可知,凉山州德昌县云烟 87 烤后烟 C2F 香气质"中等+—
较好",分值 15.30~15.50 分,平均 15.38 分;香气量"尚充足+—较足",分值
为 13.40~13.80 分,平均 13.55 分;杂气为"有+—较轻",分值为 13.20~
13.40 分,平均 13.30 分;刺激性"有+—微有",分值为 17.20~17.50 分,平均
17.35 分;余味为"尚舒适-—尚舒适",分值为 17.30~17.80 分,平均 17.53
分;燃烧性均为强;灰色均为白;浓度"中等—较浓",分值为 3.00~3.70 分,平
均 3.30 分,变异系数 10.78%。劲头为"中等—较大",分值为 3.20~3.50 分,
平均 3.28 分,变异系数 4.58%。可用性"中等—较好",分值为 3.00~3.70
分,平均 3.48 分,变异系数 9.51%。

表 4-64　凉山州德昌县云烟 87 烤后烟 C2F 感官质量评价

指标	香气质	香气量	杂气	刺激性	余味	燃烧性	灰色	总分	浓度	劲头	可用性
最小值(分)	15.30	13.40	13.20	17.20	17.30	4.00	4.00	84.80	3.00	3.20	3.00
最大值(分)	15.50	13.80	13.40	17.50	17.80	4.00	4.00	85.40	3.70	3.50	3.70
平均值(分)	15.38	13.55	13.30	17.35	17.53	4.00	4.00	85.10	3.30	3.28	3.48
标准偏差 S_d	0.10	0.17	0.08	0.17	0.22	0.00	0.00	0.29	0.36	0.15	0.33
变异系数 C_v (%)	0.62	1.28	0.61	1.00	1.27	0.00	0.00	0.35	10.78	4.58	9.51

(四)凉山州会理市云烟 87 烟叶 C2F 感官质量评价

由表 4-65 分析可知,凉山州会理市云烟 87 烤后烟 C2F 香气质为"中等+—较好",分值范围 15.50~15.70 分,平均 15.53 分;香气量为"尚充足+—较足",分值范围 13.50~14.00 分,平均 13.70 分;杂气为"有+—较轻",分值均为 13.50 分;刺激性为"有+—微有",分值范围 17.50~17.60 分,平均 17.52分;余味为"尚舒适--尚舒适",分值范围 17.70~18.00 分,平均 17.92 分;燃烧性均为强;灰色均为白;浓度"中等—较浓",分值范围 3.00~4.00 分,平均 3.32 分,变异系数 12.99%。劲头为"中等—较大",分值范围 3.00~3.50 分,平均 3.15 分,变异系数 6.27%。可用性"中等—好",分值范围 3.50~4.50分,平均 4.08 分,变异系数 9.22%。

表 4-65　凉山州会理市云烟 87 烤后烟 C2F 感官质量评价

指标	香气质	香气量	杂气	刺激性	余味	燃烧性	灰色	总分	浓度	劲头	可用性
最小值(分)	15.50	13.50	13.50	17.50	17.70	4.00	4.00	85.80	3.00	3.00	3.50
最大值(分)	15.70	14.00	13.50	17.60	18.00	4.00	4.00	86.50	4.00	3.50	4.50
平均值(分)	15.53	13.70	13.50	17.52	17.92	4.00	4.00	86.17	3.32	3.15	4.08
标准偏差 S_d	0.08	0.19	0.00	0.04	0.13	0.00	0.00	0.31	0.43	0.20	0.38
变异系数 C_v（%）	0.53	1.38	0.00	0.23	0.74	0.00	0.00	0.36	12.99	6.27	9.22

(五)凉山州会东县云烟 87 烟叶 C2F 感官质量评价

由表 4-66 分析可知,凉山州会东县云烟 87 烤后烟 C2F 香气质为"中等+—较好",分值分布在 15.20~15.50 分,平均 15.33 分;香气量为"尚充足+—较足",分值分布在 13.30~14.00 分,平均 13.65 分;杂气为"有+—较轻",分值分布在 13.20~13.50 分,平均 13.42 分;刺激性为"有+—微有",分值分布在 17.20~17.50 分,平均 17.40 分;余味为"尚舒适--尚舒适",分值分布在 17.50~18.00 分,平均 17.75 分;燃烧性均为强;灰色均为白;浓度"中等—较浓",分值分布在 3.00~4.00 分,平均 3.37 分,变异系数 11.38%。劲头为"中等—较大",分值分布在 3.00~3.20 分,平均 3.05 分。可用性"中等—好",分值分布在 3.50~4.50 分,平均 3.78 分,变异系数 10.63%。

表 4-66　凉山州会东县云烟 87 烤后烟 C2F 感官质量评价

指标	香气质	香气量	杂气	刺激性	余味	燃烧性	灰色	总分	浓度	劲头	可用性
最小值(分)	15.20	13.30	13.20	17.20	17.50	4.00	4.00	84.50	3.00	3.00	3.50
最大值(分)	15.50	14.00	13.50	17.50	18.00	4.00	4.00	86.20	4.00	3.20	4.50
平均值(分)	15.33	13.65	13.42	17.40	17.75	4.00	4.00	85.55	3.37	3.05	3.78
标准偏差 S_d	0.12	0.30	0.12	0.15	0.27	0.00	0.00	0.67	0.38	0.08	0.40
变异系数 C_v (%)	0.79	2.21	0.87	0.89	1.54	0.00	0.00	0.78	11.38	2.74	10.63

三、凉山州云烟 87 烤后烟 C3F 感官质量评价

(一) 凉山州冕宁县云烟 87 烟叶 C3F 感官质量评价

由表 4-67 分析可知,凉山州冕宁县云烟 87 烤后烟 C3F 香气质"中等—较好",分值 15.00~15.30 分,平均 15.12 分;香气量"尚充足+—较足",分值 13.00~13.50 分,平均 13.22 分;杂气"有+—较轻",分值 13.00~13.50 分,平均 13.12 分;刺激性"有+—微有",分值 17.00~17.50 分,平均 17.32 分;余味"尚舒适——尚舒适",分值 17.00~18.00 分,平均 17.52 分;燃烧性均为强;灰色均为白;浓度"中等—较浓",分值 3.00~3.50 分,平均 3.22 分,变异系数 7.72%。劲头"中等—较大",分值 3.00~3.50 分,平均 3.12 分,变异系数 6.55%。可用性"中等—较好",分值 3.00~4.00 分,平均 3.38 分,变异系数 11.12%。

表 4-67　凉山州冕宁县云烟 87 烤后烟 C3F 感官质量评价

指标	香气质	香气量	杂气	刺激性	余味	燃烧性	灰色	总分	浓度	劲头	可用性
最小值(分)	15.00	13.00	13.00	17.00	17.00	4.00	4.00	83.00	3.00	3.00	3.00
最大值(分)	15.30	13.50	13.50	17.50	18.00	4.00	4.00	85.10	3.50	3.50	4.00
平均值(分)	15.12	13.22	13.12	17.32	17.52	4.00	4.00	84.28	3.22	3.12	3.38
标准偏差 S_d	0.13	0.19	0.20	0.21	0.35	0.00	0.00	0.70	0.25	0.20	0.38
变异系数 C_v (%)	0.88	1.47	1.56	1.23	2.02	0.00	0.00	0.83	7.72	6.55	11.12

(二)凉山州越西县云烟 87 烟叶 C3F 感官质量评价

由表 4-68 分析可知,凉山州越西县云烟 87 烤后烟 C3F 香气质"中等+—较好",分值范围 15.00~15.40 分,平均 15.15 分;香气量"尚充足+—较足",分值范围 13.00~13.50 分,平均 13.30 分;杂气"有—较轻",分值范围 12.80~13.40 分,平均 13.10 分;刺激性"有+—微有",分值范围 17.20~17.50 分,平均 17.38 分;余味"尚舒适-—尚舒适",分值范围 17.20~17.70 分,平均 17.48 分;燃烧性均为强;灰色均为白;浓度"中等—较浓",分值范围 3.20~3.50 分,平均 3.35 分,变异系数 5.17%;劲头"中等—较大",分值范围 3.00~3.50 分,平均 3.05 分;可用性"中等—较好",分值范围 3.00~4.00 分,平均 3.43 分,变异系数 14.77%。

表 4-68 凉山州越西县云烟 87 烤后烟 C3F 感官质量评价

指标	香气质	香气量	杂气	刺激性	余味	燃烧性	灰色	总分	浓度	劲头	可用性
最小值(分)	15.00	13.00	12.80	17.20	17.20	4.00	4.00	83.60	3.20	3.00	3.00
最大值(分)	15.40	13.50	13.40	17.50	17.70	4.00	4.00	85.50	3.50	3.20	4.00
平均值(分)	15.15	13.30	13.10	17.38	17.48	4.00	4.00	84.40	3.35	3.05	3.43
标准偏差 S_d	0.19	0.24	0.26	0.15	0.21	0.00	0.00	0.88	0.17	0.10	0.51
变异系数 C_v (%)	1.26	1.84	1.97	0.86	1.18	0.00	0.00	1.04	5.17	3.28	14.77

(三)凉山州德昌县云烟 87 烟叶 C3F 感官质量评价

由表 4-69 分析可得,凉山州德昌县云烟 87 烤后烟 C3F 香气质为"中等+—较好",分值分布在 15.20~15.50 分,平均 15.28 分;香气量为"尚充足+—较足",分值分布在 13.20~13.80 分,平均 13.38 分;杂气为"有+—较轻",分值分布在 13.00~13.50 分,平均 13.25 分;刺激性为"有+—微有",分值分布在 17.20~17.50 分,平均 17.38 分;余味为"尚舒适-—尚舒适",分值分布在 17.30~18.00 分,平均 17.48 分;燃烧性均为强;灰色均为白;浓度"中等—较浓",分值分布在 3.00~3.70 分,平均 3.25 分,变异系数 10.20%。劲头为"中等—较大",分值分布在 3.00~3.50 分,平均 3.25 分,变异系数 8.88%。可用性"中等—较好",分值分布在 3.00~4.00 分,平均 3.30 分,变异系数 14.43%。

表 4-69　凉山州德昌县云烟 87 烤后烟 C3F 感官质量评价

指标	香气质	香气量	杂气	刺激性	余味	燃烧性	灰色	总分	浓度	劲头	可用性
最小值(分)	15.20	13.20	13.00	17.20	17.30	4.00	4.00	83.90	3.00	3.00	3.00
最大值(分)	15.50	13.80	13.50	17.50	18.00	4.00	4.00	86.30	3.70	3.50	4.00
平均值(分)	15.28	13.38	13.25	17.38	17.48	4.00	4.00	84.75	3.25	3.25	3.30
标准偏差 S_d	0.15	0.29	0.21	0.15	0.35	0.00	0.00	1.07	0.33	0.29	0.48
变异系数 C_v (%)	0.98	2.15	1.57	0.86	2.00	0.00	0.00	1.27	10.20	8.88	14.43

(四)凉山州会理市云烟 87 烟叶 C3F 感官质量评价

由表 4-70 分析可知,凉山州会理市云烟 87 烤后烟 C3F 香气质为"中等+—较好",分值为 15.20~15.50 分,平均 15.45 分;香气量为"尚充足+—较足",分值为 13.30~14.00 分,平均 13.75 分;杂气为"有+—较轻",分值为 13.30~13.50 分,平均 13.45 分;刺激性为"有+—微有",分值为 17.50~17.80 分,平均 17.55 分;余味为"尚舒适-—尚舒适",分值为 17.70~18.00 分,平均 17.92 分;燃烧性均为强;灰色均为白;浓度"中等—较浓",分值为 3.00~3.70 分,平均为 3.32 分,变异系数 10.69%。劲头为"中等—较大",分值为 3.00~3.50 分,平均 3.13 分,变异系数 6.28%。可用性"中等—好",分值为 3.50~4.50 分,平均 4.12 分,变异系数 10.91%。

表 4-70　凉山州会理市云烟 87 烤后烟 C3F 感官质量评价

指标	香气质	香气量	杂气	刺激性	余味	燃烧性	灰色	总分	浓度	劲头	可用性
最小值(分)	15.20	13.30	13.30	17.50	17.70	4.00	4.00	85.60	3.00	3.00	3.50
最大值(分)	15.50	14.00	13.50	17.80	18.00	4.00	4.00	86.50	3.70	3.50	4.50
平均值(分)	15.45	13.75	13.45	17.55	17.92	4.00	4.00	86.12	3.32	3.13	4.12
标准偏差 S_d	0.12	0.30	0.08	0.12	0.13	0.00	0.00	0.43	0.35	0.20	0.45
变异系数 C_v (%)	0.79	2.19	0.62	0.70	0.74	0.00	0.00	0.50	10.69	6.28	10.91

(五)凉山州会东县云烟 87 烟叶 C3F 感官质量评价

由表 4-71 分析可知,凉山州会东县云烟 87 烤后烟 C3F 香气质为"中等+—较好",分值范围 15.00～15.50 分,平均 15.35 分;香气量为"尚充足+—较足",分值范围 13.30～14.00 分,平均 13.57 分;杂气为"有+—较轻",分值范围 13.20～13.50 分,平均 13.33 分;刺激性为"有+—微有",分值范围 17.30～17.80 分,平均 17.52 分;余味为"尚舒适-—尚舒适",分值范围 17.50～18.00分,平均 17.85 分;燃烧性均为强;灰色均为白;浓度"中等—较浓",分值范围3.00～3.70 分,平均为 3.23 分,变异系数 11.18%。劲头为"中等—较大",分值范围 3.00～3.50 分,平均 3.12 分,变异系数 6.55%。可用性"中等—好",分值范围 3.50～4.20 分,平均 3.90 分,变异系数 6.49%。

表 4-71　凉山州会东县云烟 87 烤后烟 C3F 感官质量评价

指标	香气质	香气量	杂气	刺激性	余味	燃烧性	灰色	总分	浓度	劲头	可用性
最小值(分)	15.00	13.30	13.20	17.30	17.50	4.00	4.00	84.80	3.00	3.00	3.50
最大值(分)	15.50	14.00	13.50	17.80	18.00	4.00	4.00	86.20	3.70	3.50	4.20
平均值(分)	15.35	13.57	13.33	17.52	17.85	4.00	4.00	85.62	3.23	3.12	3.90
标准偏差 S_d	0.21	0.25	0.14	0.16	0.20	0.00	0.00	0.50	0.36	0.20	0.25
变异系数 C_v (%)	1.35	1.85	1.02	0.91	1.11	0.00	0.00	0.58	11.18	6.55	6.49

四、凉山州云烟 87 烤后烟 B2F 感官质量评价

(一)凉山州冕宁县云烟 87 烟叶 B2F 感官质量评价

由表 4-72 分析可知,凉山州冕宁县云烟 87 上部叶香气质"中等+—较好",分值为 15.00～15.30 分,平均 15.16 分;香气量"尚充足+—较足",分值为 13.30～13.50 分,平均 13.32 分;杂气为"有+",部分样品为"有",分值为12.50～13.30 分,平均 13.06 分;刺激性为"有—较轻",分值为 16.50～17.50分,平均 17.12 分;余味为"较苦辣-—尚舒适",分值为 16.50～17.50 分,平均17.30 分,变异系数 2.59%;燃烧性均为强;灰色均为白;浓度"中等—较浓",分值为 3.50～3.70 分,平均 3.58 分;劲头为"中等—较大",分值为 3.20～3.80 分,平均 3.46 分,变异系数 6.65%。可用性"中等—较好",分值为 3.00～3.50 分,平均 3.40 分,变异系数 6.58%。

表 4-72 凉山州冕宁县云烟 87 烤后烟 B2F 感官质量评价

指标	香气质	香气量	杂气	刺激性	余味	燃烧性	灰色	总分	浓度	劲头	可用性
最小值(分)	15.00	13.30	12.50	16.50	16.50	4.00	4.00	81.50	3.50	3.20	3.00
最大值(分)	15.30	13.50	13.30	17.50	17.50	4.00	4.00	84.90	3.70	3.80	3.50
平均值(分)	15.16	13.32	13.06	17.12	17.30	4.00	4.00	83.96	3.58	3.46	3.40
标准偏差 S_d	0.15	0.20	0.34	0.40	0.45	0.00	0.00	1.42	0.11	0.23	0.22
变异系数 C_v (%)	1.00	1.54	2.57	2.31	2.59	0.00	0.00	1.69	3.06	6.65	6.58

(二)凉山州越西县云烟 87 烟叶 B2F 感官质量评价

由表 4-73 分析可知,凉山州越西县云烟 87 上部叶香气质"中等+—较好",分值范围 15.20~15.50 分,平均 15.30 分;香气量"尚充足+—较足",分值范围 13.20~13.70 分,平均 13.45 分;杂气"有+—较轻",分值均为 13.20;刺激性"有+—微有",分值范围 17.20~17.50 分,平均 17.38 分;余味"尚舒适-—尚舒适",分值范围 17.30~17.70 分,平均 17.45 分;燃烧性均为强;灰色均为白;浓度"中等—较浓",分值范围 3.50~4.00 分,平均 3.68 分,变异系数 6.43%。劲头"中等—较大",分值范围 3.20~3.50 分,平均 3.38 分,变异系数 4.44%。可用性"中等—较好",分值范围 3.00~3.70 分,平均 3.35 分,变异系数 9.28%。

表 4-73 凉山州越西县云烟 87 烤后烟 B2F 感官质量评价

指标	香气质	香气量	杂气	刺激性	余味	燃烧性	灰色	总分	浓度	劲头	可用性
最小值(分)	15.20	13.20	13.20	17.20	17.30	4.00	4.00	84.10	3.50	3.20	3.00
最大值(分)	15.50	13.70	13.20	17.50	17.70	4.00	4.00	85.60	4.00	3.50	3.70
平均值(分)	15.30	13.45	13.20	17.38	17.30	4.00	4.00	84.78	3.68	3.38	3.35
标准偏差 S_d	0.14	0.21	0.00	0.15	0.19	0.00	0.00	0.64	0.24	0.15	0.31
变异系数 C_v (%)	0.92	1.55	0.00	0.86	1.10	0.00	0.00	0.75	6.43	4.44	9.28

(三)凉山州德昌县云烟 87 烟叶 B2F 感官质量评价

由表 4-74 分析可知,凉山州德昌县云烟 87 上部叶香气质"中等+—较好",分值分布在 15.00~15.20 分,平均 15.10 分;香气量"尚充足+—较足",分值分布在 13.00~13.30 分,平均 13.13 分;杂气为"有+—较轻",分值分布在 13.00~13.20 分,平均 13.10 分;刺激性"有+—微有",分值分布在 17.20~17.50 分,平均 17.35 分;余味"尚舒适-—尚舒适",分值均为 17.30 分;燃烧性均为强;灰色均为白;浓度"中等—较浓",分值分布在 3.00~3.50 分,平均 3.33 分,变异系数 7.11%。劲头"中等—大",分值分布在 3.00~4.20 分,平均 3.58 分,变异系数 14.87%。可用性"中等—较好",分值分布在 3.00~3.30 分,平均 3.13 分,变异系数 4.80%。

表 4-74　凉山州德昌县云烟 87 烤后烟 B2F 感官质量评价

指标	香气质	香气量	杂气	刺激性	余味	燃烧性	灰色	总分	浓度	劲头	可用性
最小值(分)	15.00	13.00	13.00	17.20	17.30	4.00	4.00	83.50	3.00	3.00	3.00
最大值(分)	15.20	13.30	13.20	17.50	17.30	4.00	4.00	84.50	3.50	4.20	3.30
平均值(分)	15.10	13.13	13.10	17.35	17.30	4.00	4.00	83.98	3.33	3.58	3.13
标准偏差 S_d	0.12	0.15	0.12	0.17	0.00			0.55	0.24	0.53	0.15
变异系数 C_v(%)	0.76	1.14	0.88	1.00	0.00			0.65	7.11	14.87	4.80

(四)凉山州会理市云烟 87 烟叶 B2F 感官质量评价

由表 4-75 分析可知,凉山州会理市云烟 87 上部叶香气质为"中等+—较好",分值为 15.00~15.20 分,平均 15.17 分;香气量为"尚充足+—较足",分值为 13.20~14.00 分,平均 13.43 分;杂气为"有+—较轻",分值为 13.00~13.30 分,平均 13.12 分;刺激性为"有+—微有",分值为 17.00~17.40 分,平均 17.20 分;余味为"尚舒适-—尚舒适",分值为 17.20~18.00 分,平均 17.57 分;燃烧性均为强;灰色均为白;浓度"中等—较浓",分值为 3.50~4.00 分,平均 3.65 分,变异系数 5.41%。劲头为"中等—较大",分值为 3.50~4.00 分,平均 3.67 分,变异系数 7.04%。可用性"中等—较好",分值为 3.00~3.70 分,平均 3.28 分,变异系数 9.71%。

(五)凉山州会东县云烟 87 烟叶 B2F 感官质量评价

由表 4-76 分析可知,凉山州会东县云烟 87 烤后烟香气质为"中等+—较好",分值范围 15.00~15.50 分,平均 15.28 分;香气量为"尚充足+—足",分值范围 13.20~14.20 分,平均 13.52 分;杂气为"有+—较轻",分值范围 13.00~13.50 分,平均 13.28 分;刺激性为"有+—微有",分值范围 17.20~17.50 分,平均 17.37 分;余味为"尚舒适——尚舒适",分值范围 17.40～18.00 分,平均 17.60 分;燃烧性均为强;灰色均为白;浓度"中等—较浓",分值范围 3.20～3.70 分,平均 3.52 分,变异系数 6.34%。劲头为"中等—较大",分值范围 3.00～3.50 分,平均 3.32 分,变异系数 6.44%。可用性"中等—较好",分值范围 3.00～4.00 分,平均 3.50 分,变异系数 9.04%。

表 4-75　凉山州会理市云烟 87 烤后烟 B2F 感官质量评价

指标	香气质	香气量	杂气	刺激性	余味	燃烧性	灰色	总分	浓度	劲头	可用性
最小值(分)	15.00	13.20	13.00	17.00	17.20	4.00	4.00	83.60	3.50	3.50	3.00
最大值(分)	15.20	14.00	13.30	17.40	18.00	4.00	4.00	85.70	4.00	4.00	3.70
平均值(分)	15.17	13.43	13.12	17.20	17.57	4.00	4.00	84.48	3.65	3.67	3.28
标准偏差 S_d	0.08	0.30	0.13	0.13	0.38	0.00	0.00	0.71	0.20	0.26	0.32
变异系数 C_v (%)	0.54	2.24	1.01	0.74	2.18	0.00	0.00	0.85	5.41	7.04	9.71

表 4-76　凉山州会东县云烟 87 烤后烟 B2F 感官质量评价

指标	香气质	香气量	杂气	刺激性	余味	燃烧性	灰色	总分	浓度	劲头	可用性
最小值(分)	15.00	13.20	13.00	17.20	17.40	4.00	4.00	84.60	3.20	3.00	3.00
最大值(分)	15.50	14.20	13.50	17.50	18.00	4.00	4.00	85.60	3.70	3.50	4.00
平均值(分)	15.28	13.52	13.28	17.37	17.60	4.00	4.00	85.05	3.52	3.32	3.50
标准偏差 S_d	0.17	0.35	0.17	0.15	0.22	0.00	0.00	0.35	0.22	0.21	0.32
变异系数 C_v (%)	1.13	2.62	1.30	0.87	1.24	0.00	0.00	0.41	6.34	6.44	9.04

五、小结

综上所述,凉山州冕宁县云烟 87 香气质"中等—较好";香气量"尚充足—较足";杂气"有—较轻";刺激性"有—微有";余味大部分样品为"较舒适——尚舒适";燃烧性均为"强";灰色均为"白";感官质量总分大部分样品为"中等+",较少样品高于"中等+";浓度"中等—较浓";劲头"中等—较大";可用性"中等—较好"。X2F 浓度、劲头、可用性等指标变异系数较高,分别为

23. 57%、12. 86%、23. 57%。

越西县云烟87香气质"中等+—较好";香气量"尚充足+—较足",杂气"有+—较轻";刺激性"有+—微有";余味"尚舒适——尚舒适";燃烧性为"强";灰色为"白",X2F、C3F、B2F总分为"中等+",C2F略高于"中等+";浓度"中等—较浓";劲头"中等—较大";可用性"中等—较好"。C3F可用性变异系数较高,为14. 77%。

德昌县云烟87香气质为"中等+—较好";香气量为"尚充足+—较足";杂气为"有+—较轻";刺激性为"有+—微有";余味为"尚舒适——尚舒适";燃烧性均为"强";灰色均为"白";总分多为"中等+",少部分C2F、C3F得分略高于"中等+";浓度为"中等—较浓";劲头为"中等—较大";可用性为"中等—较好"。B2F劲头、C3F可用性变异系数较大,分别为14. 87%、14. 43%。

会理市云烟87香气质为"中等+—较好";香气量为"尚充足+—较足";杂气为"有+—较轻";刺激性为"有+—微有";余味为"尚舒适——尚舒适";燃烧性为"强";灰色为"白";B2F、X2F总分大多为"中等+",C2F、C3F均略高于"中等+";浓度为"中等—较浓";劲头为"中等—较大";可用性为"中等—好",C2F、C3F部分烟叶为"较好—好"。X2F劲头变异系数较高,为17. 37%。

会东县云烟87香气质为"中等+—较好";香气量为"尚充足+—足";杂气为"有+—较轻";刺激性为"有+—微有";余味为"尚舒适——尚舒适";燃烧性为"强";灰色为"白";感官质量总分大多为"中等+",部分样品略高于"中等+",达到"较好";浓度为"中等—较浓";劲头为"中等—较大";可用性为"中等—较好"。C2F、C3F浓度变异系数略大于10%,分别为11. 38%、11. 18%。

第五章　凉山州云烟 87 烟叶
品质相似性分析

凉山州 102 个云烟 87 烤后样品,以县为单位,分为冕宁县、越西县、德昌县、会理市、会东县五县,并对五县烟叶外观、物理、化学、感官等具体指标进行差异性分析;再将样品以取样烟站(村)分为会东县(HD1 鲹鱼河镇笔落村、HD2 鲹鱼河镇官村)、会理市(HL1 太平镇木厂烟站、HL2 益门镇白果烟站、HL3 益门镇益门烟站)、冕宁县(MN1 若水乡若水村、MN2 高阳街道横路村、MN3 若水乡丰乐村)、越西县(YX1 瓦岩乡桃源村、YX2 新民镇大寨村、YX3 中所镇五里牌村、YX4 河东乡一棵树村)、德昌县(DC1 南山乡新安烟点、DC2 昌州街道六所烟点、DC3 铁炉镇八连烟点、DC4 黑龙潭镇马安烟点)16 个点。根据烤后烟外观质量总分、物理特性赋值总分、化学成分及协调性赋值总分、感官质量总分和烟叶品质值进行聚类分析,明确各县云烟 87 烟叶品质间的相似性及差异。

第一节　凉山州云烟 87 烟叶外观质量相似性分析

一、凉山州云烟 87 烤后烟 X2F 外观质量相似性分析

(一)凉山州云烟 87 烤后烟 X2F 外观质量差异性分析
由表 5-1 分析可知,凉山州云烟 87 主产县下部叶叶片结构差异不显著。部位指标,越西县与其余三县差异显著;颜色指标,会理市均值最高,与冕宁县、越西县差异显著,与德昌县差异未达到显著水平;越西县云烟 87 下部叶成熟度均值最低,与冕宁县、德昌县、会理市差异显著;会理市云烟 87 下部叶油分均值最高,与冕宁县、越西县差异显著,与德昌县差异未达到显著水平;越西县云烟 87 下部叶身份均值最高,与冕宁县差异显著,与德昌县、会理市差异未达到显著水平;会理市云烟 87 下部叶色度均值最高,与德昌县、越西县、冕宁县差异显著。

(二)凉山州云烟 87 烟叶 X2F 外观质量总分聚类分析
由图 5-1 分析可知,在欧氏距离为 5 处,按外观质量总分可将凉山州云烟

87下部叶分为4类。第一类包括 DC2、HL2、DC1、HL1、YX4、DC4 和 DC3,第二类仅有 HL3,第三类包括 MN2 和 MN3,第四类包括 YX1、YX2、MN1 和 YX3。

表 5-1　凉山州云烟 87 主产县 X2F 外观质量差异性分析

指标	部位 (分)	颜色 (分)	成熟度 (分)	油分 (分)	叶片结构 (分)	身份 (分)	色度 (分)
冕宁县	8.00b	12.20c	17.80a	10.20b	8.60a	5.60b	5.00c
越西县	11.00a	13.00b	17.00b	10.25b	8.75a	6.75a	5.00c
德昌县	8.00b	13.40ab	18.00a	14.60a	9.00a	6.00ab	6.20b
会理市	8.00b	13.83a	18.00a	15.50a	9.00a	5.83ab	7.00a

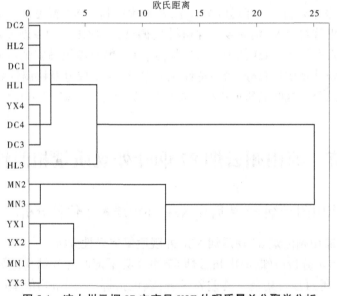

图 5-1　凉山州云烟 87 主产县 X2F 外观质量总分聚类分析

二、凉山州云烟 87 烟叶 C2F 外观质量相似性分析

(一)凉山州云烟 87 烟叶 C2F 外观质量差异性分析

由表 5-2 分析可知,凉山州云烟 87 五县 C2F 身份指标差异不显著。会理市、冕宁县部位指标均值最高,与会东县、越西县差异显著,与德昌县差异不显著;德昌县云烟 87 烤后烟 C2F 颜色均值最高,与越西县、会理市差异显著,与冕宁县、会东县差异未达到显著水平;冕宁县、德昌县和会理市云烟 87 烤后烟

C2F 成熟度均值最高,与越西县差异达到显著水平;会理市、冕宁县和德昌县云烟 87 烤后烟 C2F 叶片结构均值最高,与越西县差异显著,与会东县差异未达到显著水平;会理市、冕宁县云烟 87 烤后烟 C2F 色度均值最高,与越西县差异显著,与德昌县、会东县差异未达到显著水平。

表 5-2　凉山州云烟 87 主产县烤后烟 C2F 外观质量差异性分析

指标	部位 (分)	颜色 (分)	成熟度 (分)	油分 (分)	叶片结构 (分)	身份 (分)	色度 (分)
冕宁县	15.00a	14.83a	18.00a	17.50a	10.00a	9.17a	9.00a
越西县	14.00b	14.25b	17.25b	16.25b	8.50b	9.00a	7.75b
德昌县	14.60ab	15.00a	18.00a	17.80a	10.00a	9.00a	8.60a
会理市	15.00a	14.17b	18.00a	18.00a	10.00a	9.83a	9.00a
会东县	14.33b	14.50ab	17.67a	17.33a	9.83a	8.83a	8.33ab

(二)凉山州云烟 87 烟叶 C2F 外观质量总分聚类分析

由图 5-2 分析可知,在欧氏距离为 5 处,按外观质量总分可将凉山州云烟 87 烤后烟 C2F 分为 3 类。第一类包括 HL2、HL3、HL1、MN1、MN2、DC3 和 DC4,第二类包括 MN3、DC2、HD1、HD2 和 YX1,第三类包括 YX4、DC1、YX2 和 YX3。

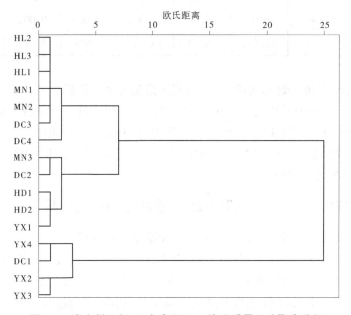

图 5-2　凉山州云烟 87 主产县 C2F 外观质量总分聚类分析

三、凉山州云烟 87 烟叶 C3F 外观质量相似性分析

(一)凉山州云烟 87 烟叶 C3F 外观质量差异性分析

由表 5-3 分析可知,凉山州云烟 87 五县 C3F 成熟度指标无差异。部位:冕宁县均值最高,与德昌县、会东县差异显著,与越西县、会理市差异未达到显著水平。颜色:会东县均值最高,与冕宁县、德昌县差异显著,与会理市、越西县差异未达到显著水平。油分:会理市、德昌县、会东县均值最高,与冕宁县、越西县差异显著。叶片结构:会理市、越西县均值最高,与德昌县差异显著,与冕宁县、会东县差异未达到显著水平。身份:会理市、德昌县、越西县均值最高,与会东县差异显著,与冕宁县差异未达到显著水平。色度:德昌县均值最高,与越西县、会东县、会理市差异显著,与冕宁县差异未达到显著水平。

表 5-3　凉山州云烟 87 主产县 C3F 外观质量差异性分析

指标	部位 (分)	颜色 (分)	成熟度 (分)	油分 (分)	叶片结构 (分)	身份 (分)	色度 (分)
冕宁县	14.50a	13.50b	18.00	17.67a	9.67a	8.50a	8.83ab
越西县	14.25ab	14.00a	18.00	16.75b	10.00a	9.00a	7.50c
德昌县	13.00c	13.00c	18.00	18.00a	9.00b	9.00a	9.40a
会理市	14.00ab	14.00a	18.00	18.00a	10.00a	9.00a	8.17bc
会东县	13.67b	14.17a	18.00	18.00a	9.67a	7.67b	8.00c

(二)凉山州云烟 87 烟叶 C3F 外观质量总分聚类分析

由图 5-3 分析可知,在欧氏距离为 5 处,按外观质量总分可将凉山州云烟 87 烤后烟 C3F 分为 4 类。第一类包括 DC4、HD2、DC1、HD1、DC3、YX4 和 DC2,第二类包括 YX2、YX3 和 MN3,第三类包括 HL1、HL2、MN2、HL3 和 YX1,第四类仅有 MN1。

四、凉山州云烟 87 烟叶 B2F 外观质量相似性分析

(一)凉山州云烟 87 烟叶 B2F 外观质量差异性分析

由表 5-4 分析可知,凉山州云烟 87 上部叶会理市、冕宁县、越西县、德昌县在部位、成熟度、叶片结构、身份等指标差异不显著,但与会东县差异达到显著水平。会理市云烟 87 上部叶颜色与冕宁县、越西县、德昌县差异显著,与会东县差异未达到显著水平。会理市云烟 87 上部叶油分均值最高,与越西县、

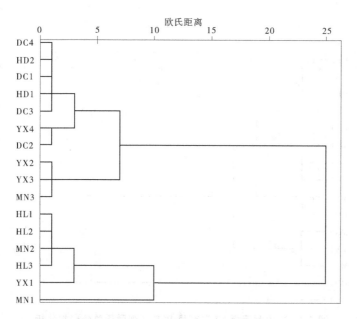

图 5-3 凉山州云烟 87 主产县 C3F 外观质量总分聚类分析

德昌县、会东县差异显著,与冕宁县差异未达到显著水平。冕宁县云烟 87 上部叶色度均值最高,与越西县、德昌县、会东县差异显著,与会理市差异未达到显著水平。

表 5-4 凉山州云烟 87 主产县烤后烟 B2F 外观质量差异性分析

指标	部位 (分)	颜色 (分)	成熟度 (分)	油分 (分)	叶片结构 (分)	身份 (分)	色度 (分)
冕宁县	12.83a	14.00a	18.00a	15.00a	8.00a	7.00a	8.00a
越西县	12.75a	14.00a	18.00a	14.25b	8.00a	7.25a	7.25b
德昌县	12.60a	13.60a	18.00a	14.00b	8.00a	7.00a	7.00b
会理市	12.33a	13.17ab	17.83a	15.17a	8.00a	7.00a	7.83a
会东县	10.83b	12.33b	16.50b	13.00c	6.50b	6.33b	6.00c

(二)凉山州云烟 87 烟叶 B2F 外观质量总分聚类分析

由图 5-4 分析可知,在欧氏距离为 5 处,按外观质量总分可将凉山州云烟 87 上部叶分为 4 类。第一类包括 YX2、HL1、MN1、HL3、DC1、DC2、YX1、DC3 和 HL2,第二类包括 YX3 和 DC4,第三类包括 MN3、YX4 和 MN2,第四类包括 HD1 和 HD2。

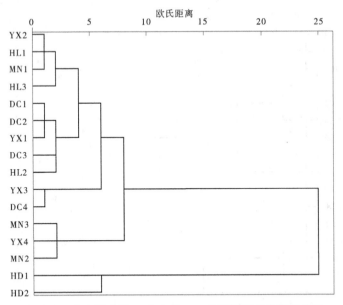

图 5-4　凉山州云烟 87 主产县 B2F 外观质量总分聚类分析

五、小结

综上所述,凉山州云烟 87 主产县下部叶叶片结构、C2F 身份指标差异不显著,C3F 成熟度无差异。会理市云烟 87 下部叶颜色、油分、色度均值最高,与冕宁县、越西县差异显著;越西县云烟 87 下部叶身份均值最高,与冕宁县差异显著,与德昌县、会理市差异未达到显著水平。会理市、冕宁县云烟 87 烤后烟 C2F 部位、成熟度、叶片结构、色度指标均值最高,与越西县差异显著。德昌县云烟 87 烤后烟 C2F 颜色均值最高,与越西县、会理市差异显著,与冕宁县、会东县差异未达到显著水平。会理市、越西县云烟 87 烤后烟 C3F 叶片结构、身份指标均值最高,叶片结构与德昌县差异显著,身份与会东县差异显著;会东县颜色均值最高,与冕宁县、德昌县差异显著;德昌县色度均值最高,与越西县、会东县、会理市差异显著。凉山州云烟 87 上部叶会理市、冕宁县、越西县、德昌县在部位、成熟度、叶片结构、身份等指标差异不显著,但四县与会东县差异达到显著水平。会理市云烟 87 上部叶颜色、油分与越西县、德昌县差异显著;冕宁县色度均值最高,与越西县、德昌县、会东县差异显著,与会理市差异未达到显著水平。

在欧氏距离为 5 处,按外观质量总分可将凉山州云烟 87 下部叶分为 4 类:德昌县昌州街道六所烟点、会理市益门镇白果烟站、德昌县南山乡新安烟点、会理市太平镇木厂烟站、越西县河东乡一棵树村、德昌县黑龙潭镇马安烟点和德昌县铁炉镇八连烟点可归为一类,会理市益门镇益门烟站单独为一类,冕宁县高阳街道横路村和冕宁县若水乡丰乐村可归为一类,越西县瓦岩乡桃源村、越西县新民镇大寨村、冕宁县若水乡若水村和越西县中所镇五里牌村可归为一类。C2F 分为 3 类:会理市太平镇木厂烟站、会理市益门镇白果烟站、会理市益门镇益门烟站、冕宁县若水乡若水村、冕宁县高阳街道横路村、德昌县铁炉镇八连烟点和德昌县黑龙潭镇马安烟点可归为一类,冕宁县若水乡丰乐村、德昌县昌州街道六所烟点、会东县鲹鱼河镇笔落村、会东县鲹鱼河镇官村和越西县瓦岩乡桃源村可归为一类,越西县河东乡一棵树村、德昌县南山乡新安烟点、越西县新民镇大寨村和越西县中所镇五里牌村可归为一类。C3F 分为 4 类:德昌县黑龙潭镇马安烟点、会东县鲹鱼河镇官村、德昌县南山乡新安烟点、会东县鲹鱼河镇笔落村、德昌县铁炉镇八连烟点、越西县河东乡一棵树村和德昌县昌州街道六所烟点可归为一类,越西县新民镇大寨村、越西县中所镇五里牌村和冕宁县若水乡丰乐村可归为一类,会理市太平镇木厂烟站、会理市益门镇白果烟站、冕宁县高阳街道横路村、会理市益门镇益门烟站和越西县瓦岩乡桃源村可归为一类,冕宁县若水乡若水村单独为一类。上部叶分为 4 类:越西县新民镇大寨村、会理市太平镇木厂烟站、冕宁县若水乡若水村、会理市益门镇益门烟站、德昌县南山乡新安烟点、德昌县昌州街道六所烟点、越西县瓦岩乡桃源村、德昌县铁炉镇八连烟点和会理市益门镇白果烟站可归为一类,越西县中所镇五里牌村和德昌县黑龙潭镇马安烟点可归为一类,冕宁县若水乡丰乐村、越西县河东乡一棵树村和冕宁县高阳街道横路村可归为一类,会东县鲹鱼河镇笔落村和会东县鲹鱼河镇官村归为一类。

第二节　凉山州云烟 87 烟叶物理特性相似性分析

一、凉山州云烟 87 烟叶 X2F 物理特性相似性分析

(一)凉山州云烟 87 烟叶 X2F 物理特性差异性分析

由表 5-5 分析可知,凉山州云烟 87 下部叶各县单叶重、叶宽、填充值指标差异不显著。越西县叶长均值最高,与冕宁县、德昌县、会理市差异显著;会理市云烟 87 下部叶厚度均值最大,与冕宁县、德昌县差异显著,与越西县差异未

达到显著水平;越西县云烟 87 下部叶拉力均值最大,与冕宁县、德昌县、会理市差异显著;冕宁县云烟 87 下部叶含梗率均值最大,与越西县、会理市差异显著,与德昌县差异未达到显著水平;会理市云烟 87 下部叶平衡含水率均值最高,与冕宁县、德昌县差异显著,与越西县差异未达到显著水平;会理市云烟 87 下部叶叶面密度均值最大,与冕宁县、德昌县差异显著,与越西县差异未达到显著水平。

表 5-5　凉山州云烟 87 主产县烤后烟 X2F 物理特性差异性分析

指标	单叶重 (g)	叶长 (cm)	叶宽 (cm)	厚度 (mm)	拉力 (N)	填充值 (cm^3/g)	含梗率 (%)	平衡 含水率 (%)	叶面 密度 (g/m^2)
冕宁县	10.01a	64.65b	21.71a	0.11b	1.48c	4.66a	37.65a	12.54c	49.78b
越西县	11.83a	70.57a	20.98a	0.14ab	2.40a	4.53a	31.93c	13.10ab	67.27a
德昌县	9.43a	62.73b	29.79a	0.12b	1.44c	4.20a	36.13ab	12.91bc	57.62b
会理市	10.70a	62.58b	22.86a	0.17a	1.93b	3.81a	33.40bc	13.49a	67.32a

(二)凉山州云烟 87 烟叶 X2F 物理特性赋值总分聚类分析

由图 5-5 分析可知,在欧氏距离为 5 处,按物理特性赋值得分可将凉山州云烟 87 下部叶分为 5 类。第一类包括 YX2、HL1、DC2 和 YX3,第二类包括 MN3、YX1 和 YX4,第三类包括 DC3、HL3 和 MN2,第四类包括 DC1、HL2 和 MN1,第五类仅有 DC4。

二、凉山州云烟 87 烟叶 C2F 物理特性相似性分析

(一)凉山州云烟 87 烟叶 C2F 物理特性差异性分析

由表 5-6 分析可知,凉山州五县云烟 87 烤后烟 C2F 单叶重、叶宽、厚度、拉力、含梗率、平衡含水率等指标差异未达到显著水平。越西县云烟 87 烤后烟 C2F 叶长均值最高,与德昌县、会东县差异显著,与冕宁县、会理市差异未达到显著水平;冕宁县云烟 87 烤后烟 C2F 填充值均值最高,与会理市、会东县差异显著,与越西县、德昌县差异未达到显著水平;会理市云烟 87 烤后烟 C2F 叶面密度均值最大,与德昌县差异显著,与冕宁县、越西县、会东县差异未达到显著水平。

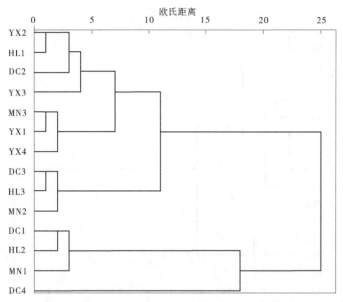

图 5-5　凉山州云烟 87 主产县 X2F 物理特性赋值总分聚类分析

表 5-6　凉山州云烟 87 主产县烤后烟 C2F 物理特性差异性分析

指标	单叶重 （g）	叶长 （cm）	叶宽 （cm）	厚度 （mm）	拉力 （N）	填充值 （cm³/g）	含梗率 （%）	平衡 含水率 （%）	叶面 密度 （g/m²）
冕宁县	14.02a	75.10ab	22.66a	0.13a	1.98a	4.77a	29.08a	13.08a	78.60a
越西县	16.14a	78.95a	24.54a	0.14a	1.89a	4.63a	32.04a	13.32a	78.80a
德昌县	13.77a	70.29bc	22.77a	0.13a	1.98a	4.42ab	33.13a	12.75a	68.68b
会理市	15.48a	73.87ab	24.11a	0.15a	2.39a	4.19b	32.58a	13.42a	82.46a
会东县	13.34a	68.60c	22.12a	0.13a	1.69a	3.53c	34.24a	13.20a	78.06a

（二）凉山州云烟 87 烟叶 C2F 物理特性赋值总分聚类分析

由图 5-6 分析可知,在欧氏距离为 5 处,按物理特性赋值得分可将凉山州云烟 87 烤后烟 C2F 分为 4 类。第一类包括 HL2、HD1、DC1 和 MN1,第二类包括 YX1、YX2、MN2、HL3、MN3、YX3 和 DC4,第三类包括 HL1、HD2、DC2 和 DC3,第四类仅有 YX4。

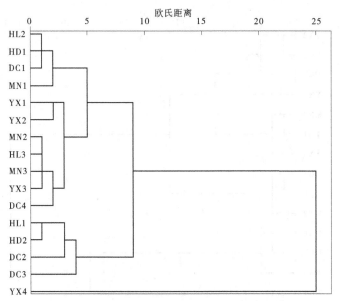

图 5-6　凉山州云烟 87 主产县 C2F 物理特性赋值总分聚类分析

三、凉山州云烟 87 烟叶 C3F 物理特性相似性分析

(一)凉山州云烟 87 烟叶 C3F 物理特性差异性分析

由表 5-7 分析可知,凉山州五县云烟 87 烤后烟 C3F 单叶重、叶宽、拉力等指标差异不显著。叶长:冕宁县均值最大,与越西县、德昌县、会东县差异显著,与会理市差异未达到显著水平。厚度:越西县均值最大,与冕宁县、德昌县、会理市、会东县差异显著。填充值:冕宁县均值最大,与会理市、会东县差异显著,与越西县、德昌县差异未达到显著水平。含梗率:德昌县均值最大,与越西县差异显著,与冕宁县、会理市、会东县差异未达到显著水平。平衡含水率:会理市均值最大,与冕宁县、德昌县差异显著,与会东县、越西县差异未达到显著水平。叶面密度:越西县均值最大,与德昌县差异显著,与冕宁县、会理市、会东县差异未达到显著水平。

(二)凉山州云烟 87 烟叶 C3F 物理特性赋值总分聚类分析

由图 5-7 分析可知,在欧氏距离为 5 处,按物理特性赋值得分可将凉山州云烟 87 烤后烟 C3F 分为 5 类。第一类包括 DC1、DC2、MN3、HL2、HD2、HL1、MN2 和 DC4,第二类仅有 DC3,第三类包括 MN1 和 YX3,第四类包括 YX2、HD1、YX4 和 HL3,第五类仅有 YX1。

表 5-7 凉山州云烟 87 主产县烤后烟 C3F 物理特性差异性分析

指标	单叶重（g）	叶长（cm）	叶宽（cm）	厚度（mm）	拉力（N）	填充值（cm³/g）	含梗率（%）	平衡含水率（%）	叶面密度（g/m²）
冕宁县	12.23a	73.26a	23.16a	0.13bc	1.77a	4.77a	33.72ab	12.97b	73.44ab
越西县	12.52a	69.08bc	21.79a	0.16a	2.09a	4.65ab	31.07b	13.52a	81.52a
德昌县	12.44a	67.40c	23.51a	0.12c	1.63a	4.17abc	35.19a	12.76b	65.56b
会理市	13.22a	71.53ab	22.72a	0.12c	1.99a	3.85bc	32.98ab	13.62a	78.05a
会东县	12.85a	68.37bc	23.66a	0.14b	1.80a	3.60c	33.31ab	13.14ab	78.97a

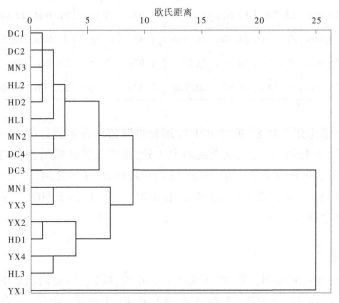

图 5-7 凉山州云烟 87 主产县 C3F 物理特性赋值总分聚类分析

四、凉山州云烟 87 烟叶 B2F 物理特性相似性分析

（一）凉山州云烟 87 烟叶 B2F 物理特性差异性分析

由表 5-8 分析可知，凉山州五县云烟 87 烤后烟上部叶单叶重、叶宽、拉力、填充值等指标差异不显著。冕宁县云烟 87 上部叶叶长均值最大，与越西县、会东县差异显著，与会理市、德昌县差异未达到显著水平；会东县云烟 87

上部叶厚度均值最大,与冕宁县差异显著,与越西县、德昌县、会理市差异未达到显著水平;德昌县云烟 87 上部叶含梗率均值最大,与会理市、会东县差异显著,与冕宁县、越西县差异未达到显著水平;会理市云烟 87 上部叶平衡含水率均值最大,与德昌县、会东县差异显著,与冕宁县、越西县差异未达到显著差异;会东县云烟 87 上部叶叶面密度均值最大,与冕宁县、越西县、德昌县差异显著,与会理市差异未达到显著水平。

表 5-8　凉山州云烟 87 主产县烤后烟 B2F 物理特性差异性分析

指标	单叶重 (g)	叶长 (cm)	叶宽 (cm)	厚度 (mm)	拉力 (N)	填充值 (cm³/g)	含梗率 (%)	平衡含水率 (%)	叶面密度 (g/m²)
冕宁县	14.74a	73.02a	20.62a	0.16b	2.07a	4.22a	31.22a	12.93ab	82.11b
越西县	13.08a	65.90b	19.67a	0.17ab	1.93a	4.58a	29.59ab	12.96ab	89.51b
德昌县	14.69a	67.83ab	21.30a	0.17ab	1.85a	4.89a	31.82a	12.55b	84.23b
会理市	15.01a	69.74ab	20.78a	0.17ab	1.93a	3.98a	26.94b	13.22a	100.15a
会东县	13.38a	65.14b	18.90a	0.19a	2.32a	3.96a	25.70b	12.62b	107.90a

(二)凉山州云烟 87 烟叶 B2F 物理特性赋值总分聚类分析

由图 5-8 分析可知,在欧氏距离为 5 处,按物理特性赋值得分可将凉山州云烟 87 上部叶分为 4 类。第一类包括 HL1、HL3 和 DC2,第二类包括 MN1、HD1、YX1、YX3 和 HL2,第三类包括 MN2、MN3、DC1、DC3、HD2、YX2 和 YX4,第四类仅有 DC4。

五、小结

综上所述,凉山州云烟 87 下部叶(单叶重、叶宽、填充值)、C2F(单叶重、叶宽、厚度、拉力、含梗率、平衡含水率)、C3F(单叶重、叶宽、拉力)、上部叶(单叶重、叶宽、拉力、填充值)五县(市)间差异不显著。会理市云烟 87 下部叶厚度、平衡含水率、叶面密度均值最大,与冕宁县、德昌县差异显著,与越西县差异未达到显著水平;越西县叶长、拉力均值最大,与冕宁县、德昌县、会理市差异显著。会理市云烟 87 烤后烟 C2F 叶面密度均值最大,与德昌县差异显著;越西县 C2F 叶长均值最高,与德昌县、会东县差异显著;冕宁县 C2F 填充值均值最高,与会理市、会东县差异显著。冕宁县云烟 87 烤后烟 C3F 叶长、填充值均值最大,与会东县差异显著;越西县 C3F 厚度、叶面密度均值最

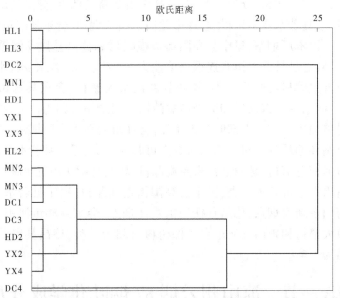

图 5-8　凉山州云烟 87 主产县 B2F 物理特性赋值总分聚类分析

高,与德昌县差异显著;会理市 C3F 平衡含水率最大,与冕宁县、德昌县差异显著,与会东县、越西县差异未达到显著水平。冕宁县云烟 87 上部叶叶长均值最大,与越西县、会东县差异显著;会东县上部叶厚度、叶面密度均值最大,与冕宁县差异显著;德昌县上部叶含梗率均值最大,与会理市、会东县差异显著;会理市上部叶平衡含水率均值最大,与德昌县、会东县差异显著。

在欧氏距离为 5 处,按物理特性赋值得分可将凉山州云烟 87 下部叶分为 5 类:越西县新民镇大寨村、会理市太平镇木厂烟站、德昌县昌州街道六所烟点和越西县中所镇五里牌村可归为一类,冕宁县若水乡丰乐村、越西县瓦岩乡桃源村和越西县河东乡一棵树村可归为一类,德昌县铁炉镇八连烟点、会理市益门镇益门烟站和冕宁县高阳街道横路村可归为一类,德昌县南山乡新安烟点、会理市益门镇白果烟站和冕宁县若水乡若水村可归为一类,德昌县黑龙潭镇马安烟点单独为一类。C2F 分为 4 类:会理市益门镇白果烟站、会东县鲹鱼河镇笔落村、德昌县南山乡新安烟点和冕宁县若水乡若水村可归为一类,越西县瓦岩乡桃源村、越西县新民镇大寨村、冕宁县高阳街道横路村、会理市益门镇益门烟站、冕宁县若水乡丰乐村、越西县中所镇五里牌村和德昌县黑龙潭镇马安烟点可归为一类,会理市太平镇木厂烟站、会东县鲹鱼河镇官村、德昌县昌州街道六所烟点和德昌县铁炉镇八连烟点可归为一类,越西县河东乡一棵树村单独为一类。C3F分为5类:德昌县南山乡新安烟点、德昌县昌州街道六所烟点、冕宁县若水乡丰乐村、会理市益门镇白果烟站、会东县鲹鱼河镇官村、会理市太平镇木厂烟站、冕宁县高阳街道横路村和德昌县黑龙潭镇马安烟点可归为一类,德昌县铁炉镇八连烟点单独为一类,冕宁县若水乡若水村和越西县中所镇五里牌村可归为一类,越西县新民镇大寨村、会东县鲹鱼河镇笔落村、越西县河东乡一棵树村和会理市益门镇益门烟站可归为一类,越西县瓦岩乡桃源村单独为一类。上部叶分为4类:会理市太平镇木厂烟站、会理市益门镇益门烟站和德昌县昌州街道六所烟点可归为一类,冕宁县若水乡若水村、会东县鲹鱼河镇笔落村、越西县瓦岩乡桃源村、越西县中所镇五里牌村和会理市益门镇白果烟站可归为一类,冕宁县高阳街道横路村、冕宁县若水乡丰乐村、德昌县南山乡新安烟点、德昌县铁炉镇八连烟点、会东县鲹鱼河镇官村、越西县新民镇大寨村和越西县河东乡一棵树村可归为一类,德昌县黑龙潭镇马安烟点单独为一类。

第三节　凉山州云烟87烟叶化学成分及协调性相似性分析

一、凉山州云烟87烟叶X2F化学成分及协调性相似性分析

(一)凉山州云烟87烟叶X2F化学成分及协调性差异性分析

由表5-9分析可知,凉山州四县云烟87烤后烟下部叶总氮、烟碱、氮碱比、两糖比等指标差异不显著。会理市云烟87下部叶总糖含量均值最高,与冕宁县、越西县差异显著,与德昌县差异未达到显著水平。会理市云烟87下部叶还原糖均值最高,与冕宁县、越西县、德昌县差异显著。冕宁县云烟87下部叶钾含量均值最高,与会理市差异显著,与越西县、德昌县差异未达到显著水平。越西县云烟87下部叶氯含量均值最高,与德昌县、会理市差异显著,与冕宁县差异未达到显著水平。会理市云烟87下部叶糖碱比均值最高,与冕宁县、越西县、德昌县差异显著。德昌县云烟87下部叶钾氯比均值最高,与越西县差异显著,与冕宁县、会理市差异未达到显著水平。

(二)凉山州云烟87烟叶X2F化学成分及协调性赋值总分聚类分析

由图5-9分析可知,在欧氏距离为5处,按化学成分及协调性赋值得分可将烟叶样品分为3类。第一类包括HL2、HL3、DC1和HL1,第二类有YX1、DC3、DC4,第三类包括MN2、YX3、YX4、MN3、YX2、MN1、DC2。

表 5-9　凉山州云烟 87 主产县烤后烟 X2F 化学成分及协调性差异性分析

指标	总氮 (%)	总糖 (%)	还原糖 (%)	烟碱 (%)	钾 (%)	氯 (%)	糖碱 比	氮碱 比	钾氯 比	两糖 比
冕宁县	1.54a	26.21c	24.43c	1.58a	2.69a	0.26ab	17.00b	1.01a	14.44ab	0.93a
越西县	1.71a	29.72b	26.41bc	1.83a	2.43a	0.33a	16.33b	0.93a	8.13b	0.89a
德昌县	1.85a	34.22a	29.32b	1.94a	2.49a	0.15b	17.92a	0.99a	19.09a	0.86a
会理市	1.76a	36.97a	34.43a	1.70a	2.02b	0.18b	21.92a	1.06a	12.69ab	0.93a

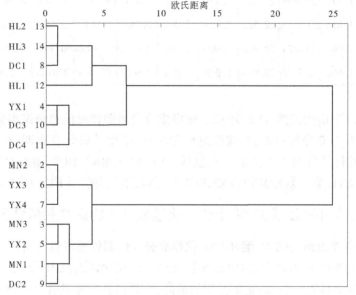

图 5-9　凉山州云烟 87 主产县 X2F 化学成分及协调性赋值总分聚类分析

二、凉山州云烟 87 烟叶 C2F 化学成分及协调性相似性分析

(一)凉山州云烟 87 烟叶 C2F 化学成分及协调性差异性分析

由表 5-10 分析可知,凉山州五县(市)云烟 87 烤后烟 C2F 总氮、还原糖、钾、两糖比等指标差异不显著。会理市云烟 87 烤后烟 C2F 总糖均值最高,与越西县差异显著,与冕宁县、德昌县、会东县差异未达到显著水平。德昌县云烟 87 烤后烟 C2F 烟碱均值最高,与越西县、会理市、会东县差异显著,与冕宁县差异未达到显著水平。会东县云烟 87 烤后烟 C2F 氯含量均值最高,与冕

宁县、越西县、德昌县、会理市差异显著。会东县云烟 87 烤后烟 C2F 糖碱比均值最高,与冕宁县、德昌县差异显著,与越西县、会理市差异未达到显著水平。会理市云烟 87 烤后烟 C2F 氮碱比均值最高,与冕宁县、越西县、德昌县差异显著,与会东县差异未达到显著水平。会理市云烟 87 烤后烟 C2F 钾氯比均值最高,与冕宁县、越西县、会东县差异显著,与德昌县差异未达到显著水平。

表 5-10　凉山州云烟 87 主产县烤后烟 C2F 化学成分及协调性差异性分析

指标	总氮(%)	总糖(%)	还原糖(%)	烟碱(%)	钾(%)	氯(%)	糖碱比	氮碱比	钾氯比	两糖比
冕宁县	1.69a	29.78ab	25.14a	2.42ab	2.16a	0.50b	12.89bc	0.72bc	4.57b	0.86a
越西县	1.57a	28.93b	26.39a	2.13b	2.27a	0.40b	13.75abc	0.74bc	6.31b	0.91a
德昌县	1.81a	30.99ab	27.53a	2.69a	2.00a	0.16c	11.67c	0.66c	14.50ab	0.89a
会理市	1.96a	33.07a	28.52a	2.00b	1.66b	0.09c	16.99ab	0.99a	36.77a	0.86a
会东县	1.69a	32.77ab	29.07a	1.91b	2.04a	0.95a	17.90a	0.91ab	2.27b	0.89a

(二)凉山州云烟 87 烟叶 C2F 化学成分及协调性赋值总分聚类分析

由图 5-10 分析可知,在欧氏距离为 5 处,按化学成分及协调性赋值得分可将烟叶样品分为 3 类。第一类包括 YX1、YX3、MN3、DC2、HL1、HD1、DC3、DC4 和 MN1,第二类有 MN2、YX2、DC1 和 YX4,第三类包括 HL2、HD2 和 HL3。

三、凉山州云烟 87 烟叶 C3F 化学成分及协调性相似性分析

(一)凉山州云烟 87 烟叶 C3F 化学成分及协调性差异性分析

由表 5-11 分析可知,凉山州五县(市)云烟 87 烤后烟 C3F 烟碱、两糖比等指标差异不显著。总氮:冕宁县均值最高,与德昌县差异显著,与越西县、会理市、会东县差异未达到显著水平。总糖:会东县均值最高,与冕宁县、越西县差异显著,与会理市、德昌县差异未达到显著水平。还原糖:会理市均值最高,与冕宁县、越西县差异显著,与德昌县、会东县差异未达到显著水平。钾:德昌县均值最高,与冕宁县、会理市差异显著,与越西县、会东县差异未达到显著水平。氯:会东县均值最高,与冕宁县、越西县、德昌县、会理市差异显著。糖碱比:会东县均值最高,与冕宁县、越西县、德昌县差异显著,与会理市差异未达到显著水平。氮碱比:会东县均值最高,与德昌县差异显著,与冕宁县、越西县、会理市差异未达到显著水平。钾氯比:德昌县均值最高,与越西县、会东县差异显著,与冕宁县、会理市差异未达到显著水平。

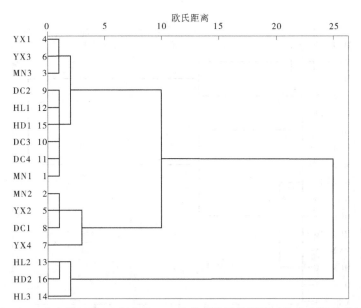

图 5-10　凉山州云烟 87 主产县 C2F 化学成分及协调性赋值总分聚类分析

表 5-11　凉山州云烟 87 主产县烤后烟 C3F 化学成分及协调性差异性分析

指标	总氮（%）	总糖（%）	还原糖（%）	烟碱（%）	钾（%）	氯（%）	糖碱比	氮碱比	钾氯比	两糖比
冕宁县	1.88a	27.84b	24.95b	2.55a	1.91b	0.31b	11.85b	0.79ab	8.75abc	0.90a
越西县	1.82ab	27.95b	24.37b	2.16a	2.11ab	0.34b	13.44b	0.85ab	6.51bc	0.87a
德昌县	1.50b	34.22a	30.32a	2.56a	2.22a	0.17b	13.77b	0.60b	14.95a	0.88a
会理市	1.63ab	34.74a	32.68a	1.88a	1.91b	0.20b	19.51a	0.89ab	12.10ab	0.94a
会东县	1.76ab	34.81a	30.56a	1.84a	2.01ab	0.87a	19.56a	0.98a	2.41c	0.88a

（二）凉山州云烟 87 烟叶 C3F 化学成分及协调性赋值总分聚类分析

由图 5-11 分析可知,在欧氏距离为 5 处,按化学成分及协调性赋值得分可将烟叶样品分为 4 类。第一类包括 MN1、YX4、MN2,第二类仅有 YX3,第三类有 HL2、HL3、HD1,第 4 类包括 MN3、HL1、DC2、DC1、HD2、YX2、DC3、DC4、YX1。

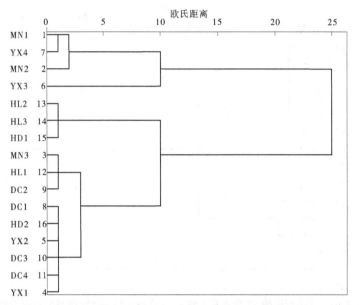

图 5-11　凉山州云烟 87 主产县 C3F 化学成分及协调性赋值总分聚类分析

四、凉山州云烟 87 烟叶 B2F 化学成分及协调性相似性分析

(一)凉山州云烟 87 烟叶 B2F 化学成分及协调性差异性分析

由表 5-12 分析可知,凉山州五县(市)云烟 87 上部叶总糖、还原糖、氯、钾、氯比、两糖比等指标差异不显著。总氮:会理市均值最高,与冕宁县、越西县、德昌县、会东县差异显著。烟碱:德昌县均值最高,与会理市、会东县差异显著,与冕宁县、越西县差异未达到显著水平。钾:越西县均值最高,与冕宁县、会理市差异显著,与德昌县、会东县差异未达到显著水平。糖碱比:会东县均值最高,与冕宁县、越西县、德昌县差异显著,与会理市差异未达到显著水平。氮碱比:会理市均值最高,与冕宁县、越西县、德昌县、会东县差异显著。

(二)凉山州云烟 87 烟叶 B2F 化学成分及协调性赋值总分聚类分析

由图 5-12 分析可知,在欧氏距离为 5 处,按化学成分及协调性赋值得分可将烟叶样品分为 3 类。第一类包括 MN1、HL2、YX1、HL1、DC4、HD1、HD2、DC1、DC3 和 MN3,第二类有 YX2、HL3 和 DC2,第三类包括 YX3、YX4 和 MN2。

表 5-12　凉山州云烟 87 主产县烤后烟 B2F 化学成分及协调性差异性分析

指标	总氮（%）	总糖（%）	还原糖（%）	烟碱（%）	钾（%）	氯（%）	糖碱比	氮碱比	钾氯比	两糖比
冕宁县	2.12b	25.70a	22.90a	3.25a	2.10bc	0.30a	8.22b	0.67b	11.34a	0.90a
越西县	2.04b	25.65a	23.59a	2.99ab	2.43a	0.35a	8.83b	0.70b	7.04a	0.92a
德昌县	1.80bc	26.89a	21.89a	3.31a	2.33ab	0.23a	8.26b	0.55b	16.80a	0.81a
会理市	2.67a	27.75a	25.92a	2.39b	1.81c	0.22a	11.76a	1.14a	19.15a	0.94a
会东县	1.60c	28.67a	23.40a	2.47b	2.13ab	0.33a	12.12a	0.67b	9.34a	0.82a

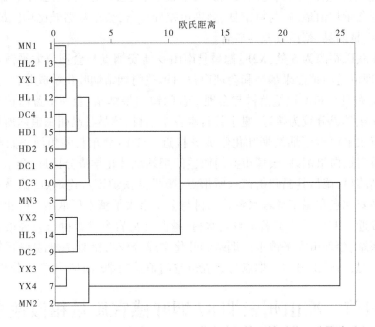

图 5-12　凉山州云烟 87 主产县 B2F 化学成分及协调性赋值总分聚类分析

五、小结

综上所述,凉山州云烟 87 主产县烤后烟下部叶(总氮、烟碱、氮碱比、两糖比)、C2F(总氮、还原糖、钾、两糖比)、C3F(烟碱、两糖比)、上部叶(总糖、还原糖、氯、钾氯比、两糖比)等指标差异不显著。下部叶:会理市总糖、还原糖、糖碱比均值最高,与冕宁县、越西县差异显著;冕宁县钾含量均值最高,与会理市差异显著;越西县氯含量均值最高,与德昌县、会理市差异显著;德昌县钾氯比均值最高,与越西县差异显著。C2F:会理市总糖、氮碱比、钾氯比均值最高,与越西县差异显著;德昌县烟碱均值最高,与越西县、会理市、会东县差异显著;会东县氯含量、糖碱比均值最高,与冕宁县、德昌县差异显著。C3F:会东县总糖、氯、糖碱比、氮碱比均值最高,其中总糖、氯、糖碱比与冕宁县、越西县差异显著,氮碱比与德昌县差异显著;冕宁县总糖含量均值最高,与德昌县差异显著;会理市还原糖含量均值最高,与冕宁县、越西县差异显著;德昌县钾、钾氯比均值最高,钾含量与冕宁县、会理市差异显著,钾氯比与越西县、会东县差异显著。上部叶:会理市总氮、氮碱比均值最高,与冕宁县、越西县、德昌县、会东县差异显著;德昌县烟碱均值最高,与会理市、会东县差异显著;越西县钾含量均值最高,与冕宁县、会理市差异显著;会东县糖碱比均值最高,与冕宁县、越西县、德昌县差异显著。

　　在欧氏距离为 5 处,X2F:德昌县南山乡新安烟点与会理市太平镇木厂烟站、会理市益门镇白果烟站和会理市益门镇益门烟站烟叶化学成分较为接近。C3F:会东县鲹鱼河镇笔落村与会理市益门镇白果烟站、会理市益门镇益门烟站烟叶化学成分较为接近,冕宁县若水乡丰乐村、德昌县昌州街道六所烟点与会理市太平镇木厂烟站烟叶化学成分接近。C2F:会东县鲹鱼河镇官村与会理市益门镇白果烟站、会理市益门镇益门烟站烟叶化学成分接近,会东县鲹鱼河镇笔落村、德昌县昌州街道六所烟点、德昌县铁炉镇八连烟点、德昌县黑龙潭镇马安烟点和冕宁县若水乡若水村与会理市太平镇木厂烟站烟叶化学成分较为接近。B2F:冕宁县若水乡若水村、越西县瓦岩乡桃源村与会理市益门镇白果烟站、会理市太平镇木厂烟站烟叶化学成分较为相似,越西县新民镇大寨村、德昌县昌州街道六所烟点与会理市益门镇益门烟站烟叶化学成分相似。

第四节　凉山州云烟 87 烟叶感官质量相似性分析

一、凉山州云烟 87 烟叶 X2F 感官质量相似性分析

(一)凉山州云烟 87 烟叶 X2F 感官质量差异性分析

　　由表 5-13 分析可知,凉山州 4 县云烟 87 烤后烟下部叶感官质量在余味、浓度、劲头指标上差异不显著。会理市云烟 87 下部叶香气质均值最高,与冕宁县、越西县、德昌县差异显著。会理市、德昌县云烟 87 下部叶香气量均值最高,与冕宁县差异显著,与越西县差异未达到显著水平。会理市云烟 87 下部

叶杂气均值最高,与冕宁县、越西县差异显著,与德昌县差异未达到显著水平。会理市云烟 87 下部叶刺激性均值最高,与冕宁县差异显著,与越西县、德昌县差异未达到显著水平。会理市云烟 87 下部叶可用性均值最高,与冕宁县、越西县、德昌县差异显著。

表 5-13　凉山州云烟 87 主产县 X2F 感官质量差异性分析

指标	香气质 (分)	香气量 (分)	杂气 (分)	刺激性 (分)	余味 (分)	燃烧性 (分)	灰色 (分)	浓度 (分)	劲头 (分)	可用性 (分)
冕宁县	14.70c	12.83b	13.00c	17.37b	17.33a	4.00	4.00	3.17a	2.83a	3.17b
越西县	15.00b	13.10a	13.10b	17.40ab	17.35a	4.00	4.00	3.25a	3.00a	3.25b
德昌县	15.00b	13.20a	13.20a	17.40ab	17.35a	4.00	4.00	3.25a	3.00a	3.25b
会理市	15.20a	13.20a	13.25a	17.50a	17.65a	4.00	4.00	3.25a	2.85a	3.85a

(二) 凉山州云烟 87 烟叶 X2F 感官质量总分聚类分析

由图 5-13 分析可知,在欧氏距离为 5 处,按感官质量总分可将烟叶样品分为 3 类。第一类包括 HL2、HL3、HL1、DC2、DC3 和 YX1,第二类有 YX4、DC1、YX2、YX3、MN2、MN3 和 DC4,第三类仅有 MN1。

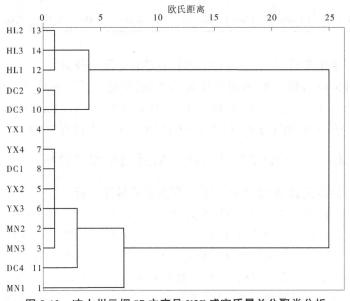

图 5-13　凉山州云烟 87 主产县 X2F 感官质量总分聚类分析

二、凉山州云烟 87 烟叶 C2F 感官质量相似性分析

(一)凉山州云烟 87 烟叶 C2F 感官质量差异性分析

由表 5-14 分析可知,凉山州 5 县(市)云烟 87 烤后烟 C2F 感官质量在香气量、刺激性、浓度、劲头指标上差异不显著。会理市云烟 87 烤后烟 C2F 香气质均值最高,与冕宁县、会东县差异显著,与越西县、德昌县差异未达到显著水平。会理市、越西县云烟 87 烤后烟 C2F 杂气均值最高,与德昌县差异显著,与冕宁县、会东县差异未达到显著水平。会理市云烟 87 烤后烟 C2F 余味、可用性均值最高,与德昌县差异显著,与冕宁县、越西县、会东县差异未达到显著水平。

表 5-14 凉山州云烟 87 主产县烤后烟 C2F 感官质量差异性分析

指标	香气质 (分)	香气量 (分)	杂气 (分)	刺激性 (分)	余味 (分)	燃烧性 (分)	灰色 (分)	浓度 (分)	劲头 (分)	可用性 (分)
冕宁县	15.33b	13.53a	13.37ab	17.35a	17.63ab	4.00	4.00	3.38a	3.20a	3.87ab
越西县	15.45ab	13.60a	13.50a	17.50a	17.68ab	4.00	4.00	3.48a	3.18a	3.80ab
德昌县	15.40ab	13.54a	13.30b	17.32a	17.48b	4.00	4.00	3.34a	3.26a	3.44b
会理市	15.53a	13.70a	13.50a	17.52a	17.92a	4.00	4.00	3.32a	3.15a	4.08a
会东县	15.33b	13.65a	13.42ab	17.40a	17.75a	4.00	4.00	3.37a	3.05a	3.78ab

(二)凉山州云烟 87 烟叶 C2F 感官质量总分聚类分析

由图 5-14 分析可知,在欧氏距离为 5 处,按感官质量总分可将烟叶样品分为 3 类。第一类包括 MN1、HL2、HL1、MN3、HD1、YX1、YX3、HL3 和 YX2,第二类包括 DC3、DC4、YX4、DC1、HD2 和 DC2,第三类仅有 MN2。

三、凉山州云烟 87 烟叶 C3F 感官质量相似性分析

(一)凉山州云烟 87 烟叶 C3F 感官质量差异性分析

由表 5-15 分析可知,凉山州 5 县(市)云烟 87 烤后烟 C3F 感官质量浓度、劲头指标上差异不显著。香气质:会理市均值最高,与冕宁县、越西县差异显著,与德昌县、会东县差异未达到显著水平。香气量:会理市均值最高,与冕宁县、越西县、德昌县差异显著,与会东县差异未达到显著水平。杂气:会理市均值最高,与冕宁县、越西县、德昌县差异显著,与会东县差异未达到显著水平。刺激性:会理市均值最高,与冕宁县差异显著,与越西县、德昌县、会东县差异

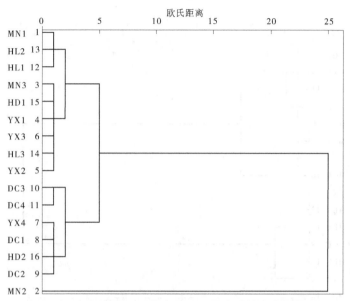

图 5-14 凉山州云烟 87 主产县 C2F 感官质量总分聚类分析

未达到显著水平。余味：会理市均值最高，与冕宁县、越西县、德昌县差异显著，与会东县差异未达到显著水平。可用性：会理市均值最高，与冕宁县、越西县、德昌县差异显著，与会东县差异未达到显著水平。

（二）凉山州云烟 87 烟叶 C3F 感官质量总分聚类分析

由图 5-15 分析可知，在欧氏距离为 5 处，按感官质量总分可将烟叶样品分为 3 类。第一类包括 MN3、HD2、YX1、DC4、MN2 和 DC2，第二类包括 MN1、YX3、DC3 和 YX4，第三类包括 HL2、HL3、DC1、HL1、YX2 和 HD1。

表 5-15 凉山州云烟 87 主产县烤后烟 C3F 感官质量差异性分析

指标	香气质（分）	香气量（分）	杂气（分）	刺激性（分）	余味（分）	燃烧性（分）	灰色（分）	浓度（分）	劲头（分）	可用性（分）
冕宁县	15.12c	13.22b	13.12b	17.32b	17.52b	4.00	4.00	3.22a	3.12a	3.47bc
越西县	15.15bc	13.30b	13.10b	17.38ab	17.48b	4.00	4.00	3.35a	3.05a	3.43bc
德昌县	15.26abc	13.34b	13.20b	17.34ab	17.44b	4.00	4.00	3.26a	3.30a	3.28c
会理市	15.45a	13.75a	13.45a	17.55a	17.92a	4.00	4.00	3.32a	3.13a	4.12a
会东县	15.35ab	13.57ab	13.33ab	17.52ab	17.85a	4.00	4.00	3.23a	3.12a	3.90ab

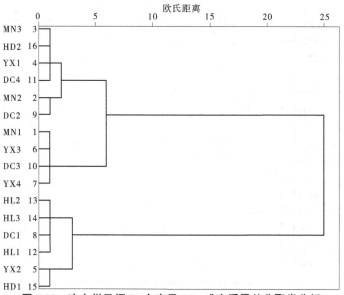

图 5-15　凉山州云烟 87 主产县 C3F 感官质量总分聚类分析

四、凉山州云烟 87 烟叶 B2F 感官质量相似性分析

(一)凉山州云烟 87 烟叶 B2F 感官质量差异性分析

由表 5-16 分析可知,凉山州五县(市)云烟 87 上部叶感官质量杂气、刺激性、余味、劲头、可用性指标差异不显著。香气质:越西县均值最高,与德昌县差异显著,与冕宁县、会理市、会东县差异未达到显著水平。香气量:会东县均值最高,与德昌县差异显著,与冕宁县、越西县、会理市差异未达到显著水平。浓度:越西县均值最高,与德昌县差异显著,与冕宁县、会理市、会东县差异未达到显著水平。

表 5-16　凉山州云烟 87 主产县烤后烟 B2F 感官质量差异性分析

指标	香气质 (分)	香气量 (分)	杂气 (分)	刺激性 (分)	余味 (分)	燃烧性 (分)	灰色 (分)	浓度 (分)	劲头 (分)	可用性 (分)
冕宁县	15.13ab	13.27ab	13.05a	17.10a	17.33a	4.00	4.00	3.57ab	3.47a	3.42a
越西县	15.30a	13.45ab	13.20a	17.38a	17.45a	4.00	4.00	3.68a	3.38a	3.35a
德昌县	15.08b	13.10b	13.08a	17.32a	17.30a	4.00	4.00	3.36b	3.62a	3.16a
会理市	15.17ab	13.43ab	13.12a	17.20a	17.57a	4.00	4.00	3.65a	3.67a	3.28a
会东县	15.28a	13.52a	13.28a	17.37a	17.60a	4.00	4.00	3.52ab	3.32a	3.42a

（二）凉山州云烟 87 烟叶 B2F 感官质量总分聚类分析

由图 5-16 分析可知,在欧氏距离为 5 处,按感官质量总分可将烟叶样品分为 4 类。第一类包括 MN3、HL3、DC2、YX2、DC4、YX4、HL2、YX3、HL1、HD1和 MN2,第二类有 YX1、HD2,第三类包括 DC1 和 DC3,第四类仅有 MN1。

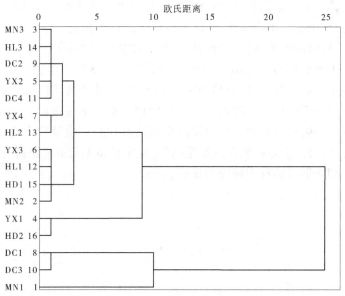

图 5-16　凉山州云烟 87 主产县 B2F 感官质量总分聚类分析

五、小结

综上所述,凉山州云烟 87 烤后烟感官质量下部叶（余味、浓度、劲头）、C2F（香气量、刺激性、浓度、劲头）、C3F（浓度、劲头）、上部叶（杂气、刺激性、余味、劲头、可用性）各县差异不显著。下部叶:会理市香气质、香气量、杂气、刺激性、可用性均值最高,与冕宁县差异显著。C2F:会理市香气质、杂气、余味、可用性均值最高,香气质与冕宁县、会东县差异显著,杂气、余味、可用性与德昌县差异显著。C3F:会理市香气质、香气量、杂气、刺激性、余味、可用性均值最高,与冕宁县、越西县差异显著,与冕宁县差异显著。上部叶:越西县香气质、浓度均值最高,与德昌县差异显著,与冕宁县、会理市、会东县差异未达到显著水平;会东县香气量均值最高,与德昌县差异显著,与冕宁县、越西县、会理市差异未达到显著水平。

在欧氏距离为 5 处,X2F:德昌县昌州街道六所烟点、德昌县铁炉镇八连烟点、越西县瓦岩乡桃源村与会理市太平镇木厂烟站、会理市益门镇白果烟站、会理市益门镇益门烟站烟叶感官质量较为接近。C3F:德昌县南山乡新安烟点与会理市太平镇木厂烟站、会理市益门镇白果烟站和会理市益门镇益门烟站烟叶感官质量最为接近。C2F:冕宁县若水乡若水村与会理市太平镇木厂烟站、会理市益门镇白果烟站烟叶感官质量较为接近,冕宁县若水乡丰乐村、会东县鲹鱼河镇笔落村、越西县瓦岩乡桃源村、越西县中所镇五里牌村、越西县新民镇大寨村与会理市益门镇益门烟站烟叶感官质量较为接近。B2F:冕宁县若水乡丰乐村、德昌县昌州街道六所烟点、越西县新民镇大寨村、德昌县黑龙潭镇马安烟点与会理市益门镇益门烟站烟叶感官质量较为接近,越西县河东乡一棵树村与会理市益门镇白果烟站烟叶感官质量较为接近,越西县中所镇五里牌村、会东县鲹鱼河镇笔落村、冕宁县高阳街道横路村与会理市太平镇木厂烟站烟叶感官质量较为接近。

第六章 复合盐碱处理对烤烟品种 发芽特性的影响

土壤的盐渍化问题一直威胁着人类赖以生存的有限土壤资源。当前,据联合国教育、科学及文化组织(以下简称联合国教科文组织,UNESCO)和联合国粮食及农业组织(以下简称联合国粮农组织,FAO)不完全统计,全球盐渍土面积已达 9.5 亿 hm^2,我国盐渍化土壤面积约 3 693.3 万 hm^2(刘凤岐等,2015),残余盐渍化土壤约 4 486.7 万 hm^2,潜在盐渍化土壤为 1 733.3 万 hm^2,各类盐碱地面积总计 9 913.3 万 hm^2,且随着化肥用量增加和不合理的灌溉,土壤发生次生盐渍化也愈来愈重(杜新民等,2007)。盐碱地(土)是盐化土、碱化土和盐碱土的总称。在土壤分类学上,不同的国家和国际组织对盐碱土的划分采用不同的分类系统。现在,通常用土壤溶液电导率和可交换性钠吸收比率作为划分土壤盐碱化程度的标准(张士功等,2000),具体量化指标见表 6-1。

表 6-1 盐碱土分类的量化指标

土壤类型	盐化土	碱化土	盐碱土	非盐碱土
可交换性钠吸收比率	<15	>15	>15	<15
土壤溶液电导率(mS/cm)	>4	<4	>4	<4
pH	<8.5	>8.5	>8.5	<8.5

盐碱地上的盐度是影响植物生存、生长和繁殖的重要环境因子(Uddin et al., 2009)。土壤中盐分过多,土壤溶液浓度和渗透压增大,孔隙度降低,土壤酶活性受到抑制,微生物活动和有机质转化受到影响,养分利用率低,土壤肥力下降(余海英等,2005)。不仅抑制种子发芽(阮松林和薛庆中,2002)、出苗(洪森荣和尹明华,2013),还会影响作物的营养平衡和细胞正常生理功能。目前,关于烟草耐盐性的研究主要集中在耐盐基因的筛选(张会慧等,2013)及单盐条件下烟草的反应机制(胡庆辉,2012),缺少多个品种在混合盐胁迫下的应答及品种间耐盐性的评价。而种子的萌发和幼苗的生长是植物生长最敏感的阶段(颜宏等,2008),相关研究学者认为,种子发芽率、发芽指数、活力

指数等指标可以反映种子萌发期耐盐性的强弱,此阶段的耐盐能力在一定程度上反映了植物整体的耐盐性(李士磊等,2012)。因此,种子萌发期和苗期鉴定耐盐性结果准确、省时省力,是进行植物耐盐性早期鉴定及进行耐盐个体与品种早期选择的基础。

第一节　复合盐处理下不同烤烟品种发芽特性及耐盐性评价

2011 年,笔者对河南省 12 个地市植烟土壤的调查显示,土壤盐分离子表聚现象严重,部分土壤出现轻度盐渍化,极个别地区的土壤属于中度盐渍化(叶协锋,2011)。土壤中的致害盐类以中性盐 NaCl 为主,盐分中 Na^+ 和 Cl^- 对植物的危害较重(Guo et al. , 2012)。赵莉(2009)对湖南烟区植烟土壤的分析也表明,盐分离子主要包括 NO_3^-、K^+、Ca^{2+}、Cl^-、SO_4^{2-} 等,可通过施肥灌溉对 NO_3^-、K^+、Ca^{2+} 进行调控,但对 SO_4^{2-} 效果不明显。考虑到目前我国烟草主要无机肥料有专用复合肥、硝酸钾、硫酸钾等,其中钾肥以硫酸钾为主(朱贵明等,2002),所以多数植烟土壤中均应有大量 SO_4^{2-} 残留,并逐渐形成氯化物-硫酸根型盐渍土壤。

为研究不同浓度的复合盐处理对不同品种烤烟种子发芽特性的影响,为烟草品种耐盐性评价和盐渍环境下种植烟草提供一定的理论依据,以全国烟区种植面积较广的云烟87、K326、红花大金元、云烟97 和中烟100 为研究对象(中烟100 由中国农业科学院烟草研究所提供,其他品种由玉溪中烟种子有限责任公司提供)。试验于中国烟草总公司职工进修学院人工气候室中进行,白天温度为 25 ℃,夜间温度为 18 ℃,光照为 150 μmol/(m² · s),光照时长为 13 h/d,相对湿度70%。选取均匀一致饱满的烟草种子,0.2% $CuSO_4$ 溶液消毒 15 min 后用去离子水冲洗 3 遍,放在铺有脱脂棉及滤纸的消毒培养皿中,脱脂棉及滤纸采用 0、0.2%、0.4%、0.6%、0.8%、1.0%六个浓度的混合盐溶液浸透,其中混合盐溶液 $n(NaCl):n(Na_2SO_4)=1:1$,每个处理 3 次重复,每个重复 100 粒种子。

每天下午 3 时统计种子发芽粒数(种子发芽以胚根超过种子长度的 1/2 为标准,从置床后第 4 天开始计数,第 14 天计数结束),试验中霉烂的种子用95%酒精消毒后放回原处继续观察,严重霉烂的种子将其挑出,避免感染其他种子,并将其记录为未发芽种子。记录发芽势、发芽率,测定发芽率的同时测定苗长,每个处理随机选取 10 株苗,用直尺测定每株幼苗平均长(mm);5 天之后测定苗的鲜干重,采用万分位天平以其总重量除以种子数得到每个处理的平均鲜干重(mg);并计算盐害指数、发芽指数及活力指数(张国伟等,2011),具体公式如下:

发芽率(%)= 置床后第 14 天正常发芽种子数/供试种子数×100

发芽势(%)= 置床后第 7 天正常发芽种子数/供试种子数×100

盐害指数(%)=(对照发芽率−处理发芽率)/对照发芽率×100

$$发芽指数\ GI = \sum (n/d)$$

式中:GI 为发芽指数;d 为置床起天数;n 为对应天数时种子发芽粒数。GI 越大,发芽速度越快,活力越高。

$$活力指数\ VI = GI \times S$$

式中:VI 为活力指数;S 为幼苗平均长,mm。

一、复合盐处理对不同品种发芽情况的影响

图 6-1 描述了计数期内云烟 87 的发芽情况,整体来看,云烟 87 受盐分处理影响不大。尽管盐分浓度不断增大,但各处理的发芽率始终保持在 90%以上。盐处理显著抑制了其前期的发芽数目,延长了其发芽时间。发芽后第 3 天对照的发芽数目平均高达 99,而随盐浓度的增大,完全发芽所用的天数逐渐增多。

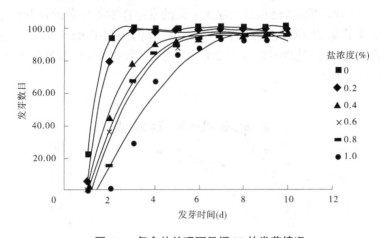

图 6-1　复合盐处理下云烟 87 的发芽情况

复合盐处理下 K326 的发芽情况变化如图 6-2 所示,其对复合盐处理较为敏感。对照发芽势头迅猛,计数第 1 天发芽数平均就达到 96;0.2%处理的发芽率与对照相差较小,但计数前两天的发芽数目显著低于对照;0.4%的复合盐处理在整个计数期内对 K326 的发芽数目均有抑制作用;0.6%、0.8%和

1.0%的中高盐处理与0.4%处理的发芽趋势相似,且每天的发芽数随盐浓度的增大而减少,1.0%处理的发芽率较对照降低了43.33%,即不同浓度的盐处理均对K326的发芽产生了抑制作用,且高盐处理抑制效果更强烈。

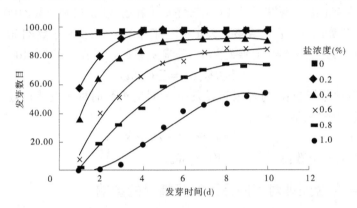

图 6-2　复合盐处理下 K326 的发芽情况

图6-3是计数期间红花大金元的发芽情况,可以看到盐处理抑制了其发芽势头,0.2%处理计数前两天的发芽数目落后于对照,0.4%、0.6%和0.8%的发芽趋势相差不大,前期显著低于0.2%处理,但最终均达到了与对照相近的发芽率。1.0%的高盐处理对红花大金元的发芽产生了显著的抑制效果,不仅延长了种子发芽时间,也抑制了其发芽率,但仍达到了82.00%的发芽率。整体来看,中低浓度处理对红花大金元影响较小,高浓度复合盐处理才对其有较为明显的抑制作用。

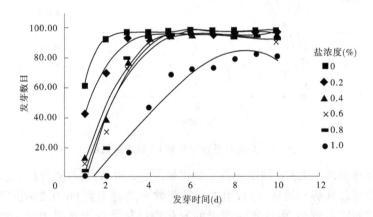

图 6-3　复合盐处理下红花大金元的发芽情况

复合盐处理下云烟 97 的发芽情况如图 6-4 所示,低盐浓度处理(0.2%、0.4%)未对云烟 97 的发芽造成显著影响;0.6% 的盐处理在一定程度上抑制了云烟 97 计数器内第 2、3 天的发芽数目,但对其发芽率没有影响;0.8% 和 1.0% 的高盐处理结果相似,表现出一定的胁迫作用,抑制了云烟 97 的发芽,1.0% 的盐处理导致部分种子在出苗后死亡,发芽率为 75.00%。

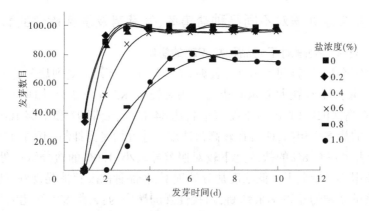

图 6-4　复合盐处理下云烟 97 的发芽情况

图 6-5 为发芽期间中烟 100 的发芽情况,各个处理的前期发芽均较为缓慢,但发芽率表现良好。0.2% 的盐处理较对照差异不大;0.4% 和 0.6% 的盐处理对中烟 100 影响较小,发芽率与对照相当;0.8% 的盐处理延长了中烟 100 的发芽时间,但对发芽率无显著影响,达到 88.67%;1.0% 的高盐处理不仅抑制了中烟 100 的发芽率和发芽势头,且在计数末期造成萌发后种子的死亡。

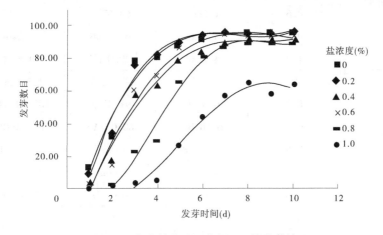

图 6-5　复合盐处理下中烟 100 的发芽情况

　　整体而言,复合盐处理对各个烟草品种的发芽率影响相对较小,各个品种间表现出差异性。云烟 87 的发芽率在复合盐处理下与对照无显著差异;红花大金元、云烟 97 和中烟 100 的发芽率在高盐处理下才表现出一定的胁迫作用,中低盐处理对其没有显著影响;K326 对复合盐溶液较为敏感,其发芽率在盐浓度为 0.4%时下降明显且之后随盐浓度增大显著降低。

二、复合盐处理对不同品种盐害率、发芽势及发芽指数的影响

(一)复合盐处理对不同品种盐害率的影响

　　以盐害率为参考(见表 6-2),云烟 87 和红花大金元未受到盐分处理的影响,但高盐浓度下红花大金元的盐害率相对较高;K326 对盐分处理耐受性较差,尤其在高盐浓度(1.0%)下盐害率高达 44.06%;云烟 97 和中烟 100 在高盐处理下的盐害率相当,两者在较高盐浓度下才开始受到抑制,不同的是中烟 100 的盐害率在 0.8%的盐浓度下较对照差异较小,1.0%的盐分浓度处理对其胁迫作用才开始显现。低浓度盐分处理下,各品种的发芽情况良好,就高盐处理下供试品种的盐害率来判断,耐盐性强弱顺序为:云烟 87>红花大金元>云烟 97>中烟 100>K326。

表 6-2　复合盐处理对不同品种盐害率、发芽势及发芽指数的影响

品种	浓度处理(%)	盐害率(%)	发芽势(%)	发芽指数
云烟 87	0		99.00aA	99.71aA
	0.2	0.67aA	97.67aA	93.09aA
	0.4	3.35aA	78.67bAB	81.19bB
	0.6	1.68aA	68.67bB	77.37bB
	0.8	3.68aA	68.33bB	73.24bB
	1.0	4.12aA	29.00cC	59.87cC
K326	0		97.00aA	113.83aA
	0.2	0.34cC	91.33aA	102.29abAB
	0.4	6.10cBC	80.00aAB	89.53bBC
	0.6	13.22bcBC	52.00bBC	67.62cCD
	0.8	24.75bAB	32.00bCD	50.19dD
	1.0	44.06aA	4.00cD	26.65eE

续表 6-2

品种	浓度处理(%)	盐害率(%)	发芽势(%)	发芽指数
红花大金元	0		97.67aA	107.00aA
	0.2	1.68aA	94.67aA	97.03abAB
	0.4	1.35aA	78.00abA	84.02bcABC
	0.6	11.11aA	70.33abA	77.72cdBC
	0.8	19.87aA	61.33bA	65.78deCD
	1.0	17.17aA	17.00cB	49.30eD
云烟 97	0		98.00aA	99.71aA
	0.2	0.33bB	97.67aA	93.09aA
	0.4	-0.34bB	98.33aA	81.19bB
	0.6	1.67bB	88.00bA	77.37bB
	0.8	16.78abAB	53.67cB	73.24bB
	1.0	33.89aA	17.50dC	59.87cC
中烟 100	0		77.00aA	78.99aA
	0.2	1.05bB	76.00aA	78.11aA
	0.4	3.14bB	57.67bB	65.54bA
	0.6	5.58bB	60.00bAB	68.52abA
	0.8	7.32bB	23.00cC	50.91cB
	1.0	34.15aA	3.00dD	27.90dC

注:同列数据后标有不同小写字母者表示组间差异达到显著水平(P<0.05),大写字母表示组间差异达到极显著水平(P<0.01),下同。

(二)复合盐处理对不同品种发芽势及发芽指数的影响

复合盐处理对不同烟草品种的发芽情况均有影响,主要表现在发芽势和发芽指数上。由表 6-2 可见,复合盐处理对所有供试品种的发芽势均产生了一定的抑制效果,红花大金元和云烟 97 的发芽势在高盐处理时显著下降,K326 的发芽势在 0.6%浓度时较对照呈现显著性差异,而云烟 87 和中烟 100 的发芽势在 0.4%浓度时较对照就呈现显著性差异,随盐浓度增大逐渐减小。高盐处理 0.8%增大至 1.0%时,各品种发芽势急剧降低,K326 和中烟 100 的降低幅度甚至达到 87.50%和 86.96%。

云烟 87、K326、云烟 97 和中烟 100 的发芽指数在 0.4%浓度时显著下降,但云烟 87 和云烟 97 的发芽指数始终维持在相对较高水平,中烟 100 的发芽指数较其他品种较低。红花大金元的发芽指数随盐浓度增大而下降,K326 的发芽指数在高盐处理间存在极显著差异。即复合盐处理对所有烟草品种的种子活力均有较大影响,特别是高浓度复合盐处理抑制烟草种子发芽。从发芽势和发芽指数来看,云烟 87 表现最好,红花大金元和云烟 97 次之,K326、中烟 100 相对较弱。

三、复合盐处理对不同品种活力指数及单粒鲜干重的影响

从表 6-3 可以看到,云烟 87、K326 和红花大金元的活力指数均随盐浓度的增加而下降,但不同品种间有所差异。云烟 87 的活力指数在各浓度处理间差异几乎均达到显著水平,但在高浓度复合盐处理下仍维持较高的活力指数;K326 的活力指数随浓度增加显著下降,低盐处理下表现良好,高盐处理下受到明显抑制;红花大金元整体表现良好但 1.0% 的复合盐处理对其抑制作用较明显;而云烟 97 和中烟 100 的活力指数在低浓度处理(0.2%)下较对照有极显著增长,即低浓度复合盐处理提高了云烟 97 和中烟 100 的种子活力。

分析表 6-3 的各品种单粒鲜干重可知,复合盐分处理严重抑制了各个品种的物质积累。云烟 97 和中烟 100 的鲜重在低浓度(0.2%)盐处理下较对照有所增长,但均未达到显著水平,其他品种的鲜重均随盐浓度增大而降低。低浓度盐处理在一定程度上提高了云烟 87 和 K326 的干重,但对其他品种的干物质积累表现出抑制作用,云烟 87 的干重在 0.4% 的盐处理下较对照表现出显著性差异,0.2% 的盐处理则造成云烟 97 的干重显著下降。

表 6-3　　复合盐处理对不同品种活力指数及鲜干重的影响

品种	浓度处理(%)	活力指数	鲜重(mg/株)	干重(mg/株)
	0	245.29aA	0.70aA	0.11abA
	0.2	228.06bA	0.67abA	0.12aA
	0.4	196.48cB	0.62abcAB	0.08cdAB
云烟 87	0.6	163.25dC	0.49bcdAB	0.08cdAB
	0.8	126.70eD	0.46cdAB	0.08bcAB
	1.0	113.39eD	0.35dB	0.05dB

续表6-3

品种	浓度处理(%)	活力指数	鲜重(mg/株)	干重(mg/株)
K326	0	819.56aA	0.79aA	0.10abA
	0.2	228.11bB	0.78abA	0.14aA
	0.4	176.38cC	0.77abA	0.11abA
	0.6	121.71dD	0.65abcAB	0.09abA
	0.8	85.82eD	0.53bcAB	0.07bA
	1.0	41.83fE	0.40cB	0.07bA
红花大金元	0	567.10aA	1.15aA	0.12aA
	0.2	229.00bB	0.79bAB	0.12aA
	0.4	149.56cC	0.71bcB	0.10abcAB
	0.6	118.13dCD	0.62bcB	0.07cB
	0.8	105.24deCD	0.58bcB	0.10abAB
	1.0	77.90eD	0.44cB	0.08bcB
云烟97	0	253.37bB	0.77abAB	0.15aA
	0.2	318.70aA	0.84aA	0.10bAB
	0.4	277.86bB	0.74abAB	0.11abAB
	0.6	151.01cC	0.60bcB	0.09bB
	0.8	95.79dD	0.57cB	0.08bB
	1.0	60.38eD	0.31dC	0.08bB
中烟100	0	316.75bB	0.94aA	0.14aA
	0.2	363.21aA	1.00aA	0.13abA
	0.4	144.85cCD	0.66bB	0.11bcAB
	0.6	156.90cC	0.68bB	0.10bcABC
	0.8	111.99dD	0.50bB	0.07cdBC
	1.0	49.10eE	0.24cC	0.06dC

四、小结

对于大多数植物,无盐条件下种子的发芽最好(Khan et al.,2000),低浓度盐分延缓种子的萌发(Hardegree et al.,1990),高浓度盐分抑制种子的萌发(颜宏等,2008)。但由于胁迫强度和植物种类的不同,盐分对植物种子萌发的影响存在差异(Croser et al., 2001),对于一些盐生植物,低浓度的盐分则刺激种子的萌发(李海燕等,2004)。本试验中低浓度的复合盐处理提高部分烤烟品种(云烟97、中烟100)的种子活力,促进部分烤烟品种(云烟87、K326)的干物质积累,而高浓度的复合盐溶液对供试品种的萌发均有强烈的抑制作用。

一般认为,盐分对种子萌发期的影响主要是限制种子的生理吸水,造成渗透胁迫(Welbaum, 1993)或者是离子胁迫(Alfocea et al., 1993),从而对植物的种子产生盐害,但种子吸胀过程中受到盐的伤害不是盐胁迫影响种子萌发的唯一原因,也有学者猜测是盐胁迫引起 ɑ-淀粉酶活性降低导致种子萌发受阻(杨秀玲等,2004)。相关学者等认为,在种子吸胀初期,膜系统处于不连续状态,盐胁迫造成膜修复困难甚至加剧了膜结构的破坏(申玉香等,2009)。有学者对烤烟 NC89 施加 350 mmol/L 的 NaCl 处理,对其叶肉细胞的超显微结构进行观察,发现随胁迫时间的延长,烤烟叶肉细胞叶绿体受损严重,类囊体内膜系统降解彻底,线粒体内膜系统在处理 8 天后完全降解(王程栋等,2012)。

不同品种间发芽的差异可能与种子的休眠性有关,种子休眠程度因种质不同而不同(孙群等,2007)。即使来源于同一品种,不同植株的烤烟种子抗逆性除了与自身物种遗传特性有关外,还与种子自身生物学特性(种子的大小、成熟度、休眠状态等)和母本植株的生存环境密切相关(颜宏等,2008)。低盐(0.2%、0.4%)处理下,云烟87、红花大金元和云烟97 表现良好,K326 次之,中烟100 较弱;0.6%浓度的盐分处理下,云烟87 表现最佳,云烟97 相对较好,红花大金元次之,中烟100、K326 较弱;高盐处理(0.8%、1.0%)下,云烟87 最好,红花大金元次之,云烟97 和中烟100 差异不大,K326 表现不佳。但同一品种在发芽期和幼苗期的耐盐性存在一定差异,这可能与盐胁迫响应基因的时空表达调控有关(韩朝红等,1998),还需要进一步对大田生长期的耐盐性展开试验。

第二节　复合盐碱处理下烤烟品种
发芽特性及耐盐性评价

由于盐碱土分布地区生物气候等环境因素的差异,大致可将中国盐碱土分为西北内陆盐碱区、黄河中游半干旱盐碱区、黄淮海平原干旱半干旱洼地盐碱区、东北半湿润半干旱低洼盐碱区及沿海半湿润盐碱区等五大块。盐化土资源作为一种土壤资源,是盐碱地资源的核心部分,但在内陆盐碱地中,由 $NaHCO_3$ 等碱性盐所造成的土壤碱化问题比由 NaCl 和 Na_2SO_4 等中性盐所造成的土壤盐化问题更为严重(蔺吉祥等,2014)。

　　为探究不同烤烟品种在不同浓度盐碱处理下的发芽特性,对各品种发芽期耐盐特性进行鉴定和评价,以全国烟区种植面积较广的云烟87、K326、红花大金元、云烟97和中烟100为研究对象,用$n(NaCl):n(Na_2SO_4):n(NaHCO_3)=1:1:1$的复合盐碱溶液模拟盐碱环境。本次试验所用种子及培养环境、测定方法均与本章第一节保持一致。

一、复合盐碱处理对不同品种发芽情况的影响

　　图6-6为计数期云烟87的发芽情况变化。0.2%、0.4%盐碱处理的种子发芽情况较对照差异较小;0.6%处理在计数5天后发芽完全,发芽数目最高达到95,但是出苗完全之后开始出现变黄甚至枯死腐烂的种子,导致发芽率下降;0.8%处理的最高发芽数较对照没有显著差别,但相比0.6%处理,其发芽势头受到了抑制,且出苗之后腐烂情况更严重;1.0%处理的发芽规律与0.8%处理相似,但受抑制更加明显。从图6-6可知,高盐碱浓度不仅降低了云烟87的发芽率,而且对发芽后的幼苗有强烈的抑制作用。

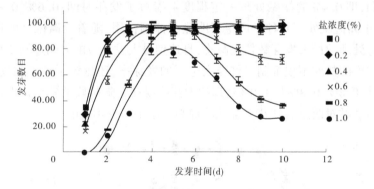

图6-6　复合盐碱处理下云烟87的发芽情况

　　复合盐碱处理下K326的发芽情况变化如图6-7所示,其发芽趋势与云烟87相似,但整体的前期发芽数目均高于云烟87。低盐碱处理(0.2%、0.4%)与对照无明显差异,发芽情况良好;0.6%处理前期出苗正常且发芽迅速,计数第4天的发芽数就高达97,但在后期逐渐出现因盐碱胁迫死亡的种子;0.8%处理的K326种子前期出苗缓慢,但仍达到了较高的发芽率,盐碱处理并未对其最高发芽数目造成影响,但高盐碱极大地抑制了幼苗的正常生长,随计数时间的推延,大量萌发后的种子死亡;1.0%的高盐碱处理不仅抑制了K326发芽,而且延长了其发芽时间,后期同0.8%处理相似,出现大量萌发后死亡种

子,表现出强烈的胁迫表症。

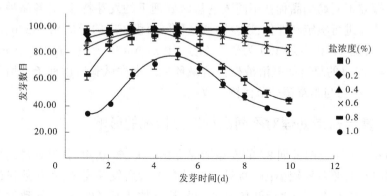

图 6-7　复合盐碱处理下 K326 的发芽情况

图 6-8 为计数期红花大金元发芽情况,可以看出,0.2%、0.4%的盐碱浓度处理长势相近,发芽情况与对照差别不明显,0.4%处理的起始发芽数目显著高于对照,即 0.4%的盐碱处理一定程度上缩短了发芽时间;0.6%、0.8%及1.0%的中高盐碱处理对种子产生了明显的抑制作用,随着盐碱浓度的增大,以上 3 个处理的最大发芽数依次减小,且达到最大发芽数的时间逐渐增加,说明中高浓度的盐碱不仅抑制了红花大金元的发芽率,还延缓了种子的发芽时间。此外,0.6%、0.8%及 1.0%处理的发芽曲线在下降阶段的斜率依次增大,说明中高盐碱对萌发后红花大金元的抑制作用是呈正相关的。

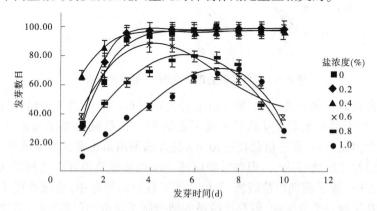

图 6-8　复合盐碱处理下红花大金元的发芽情况

　　复合盐碱处理下云烟97的发芽情况如图6-9所示,对照和低浓度处理前期发芽均表现良好,且0.4%处理计数前3天的发芽数目显著高于对照,体现出低盐浓度对其发芽的促进作用;0.6%处理前期发芽情况略低于低浓度处理,但发芽数在最大时平均达到91左右,后期出现部分萌发后死亡的非正常种子;0.8%处理与0.6%处理相似,但盐碱对萌发后种子的抑制更为强烈;1.0%的高盐碱处理严重抑制了云烟97的发芽且造成发芽不整齐,每日的发芽数目均显著低于其他处理。

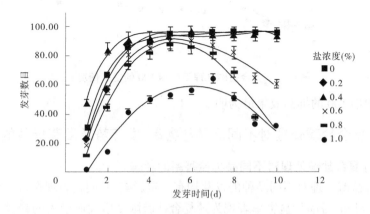

图6-9　复合盐碱处理下云烟97的发芽情况

　　图6-10为复合盐碱处理下中烟100的发芽情况,其发芽过程较为平缓,但每日发芽数目随盐碱浓度的升高而下降。0.2%的低盐碱处理对中烟100的发芽率没有显著影响,但延缓了发芽时间;0.4%、0.6%处理前期与0.2%相似,0.4%处理的发芽率较对照降低了21.67%,但对萌发之后的种子毒害作用不明显,而0.6%处理在计数后期大量萌发后的种子死亡,发芽率仅有58.33%;0.8%和1.0%处理对中烟100的抑制作用非常明显,后期虽没有出现种子腐烂的情况,但一直保持在较低的发芽水平上,并且抑制作用随浓度增大而增大。

　　整体而言,复合盐碱处理对各个烟草品种发芽率的影响比单独复合盐分处理相对要大,各个品种间表现出差异性。除了中烟100的发芽率在0.4%的盐碱处理下表现出显著性下降,其他品种在0.2%和0.4%的低浓度盐碱处理与对照没有显著差异;在0.6%盐碱处理下,所有品种完全发芽之后均有部分幼苗死亡且造成发芽率显著低于对照;而0.8%和1.0%的高浓度处理不仅造成最高发芽数目的下降,对所有品种的发芽速度及发芽率均有显著抑制效果,

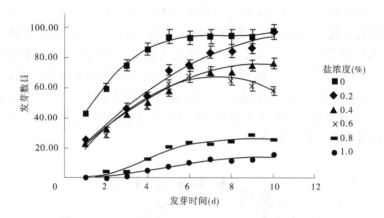

图 6-10　复合盐碱处理下中烟 100 的发芽情况

其中以中烟 100 的抑制效果最为明显。

二、复合盐碱处理对不同品种盐害率、发芽势及发芽指数的影响

(一)复合盐碱处理对不同品种盐害率的影响

复合盐碱处理对不同品种的发芽均有一定影响,并明显表现在盐害率上。由表 6-4 可知,各品种盐害率表现为随复合盐碱浓度增大而增大的趋势,低浓度盐碱处理时各品种盐害率较小,仅中烟 100 在 0.4%的复合盐碱处理时盐害率差异极显著,且各浓度盐碱处理均造成中烟 100 的盐害率差异显著。K326、红花大金元和云烟 97 的相对盐害率在 0.2%的低盐碱处理下较对照有所减小,但尚未达到显著水平。其中 K326 表现出较好的耐盐碱性,0.6%复合盐碱处理下的盐害率低于其他品种,仅为 15.93%,而中烟 100 的耐盐碱性较差,各浓度盐碱处理均造成中烟 100 的盐害率差异显著,盐浓度为 1.0%时其相对盐害率达到了 84.80%。整体而言,低于 0.4%的盐碱浓度对种子盐害率影响不大,高盐碱胁迫下造成的盐害率较高,K326 的耐受性较好,云烟 97 次之,中烟 100 受盐碱胁迫影响较大。

(二)复合盐碱处理对不同品种发芽势及发芽指数的影响

在不同浓度的复合盐碱处理下,云烟 87 和中烟 100 的发芽势与对照相比均降低,发芽势和发芽指数均随复合盐碱浓度的升高呈下降趋势,中烟 100 的降幅尤为明显。红花大金元的发芽势在高浓度(0.8%)时,处理间才表现出显著性差异。在低浓度盐碱处理下,红花大金元、K326 和云烟 97 的发芽势较对照略有升高,且云烟 97 的发芽势升高趋势较为明显。

表 6-4　复合盐碱处理对不同品种盐害率、发芽势及发芽指数的影响

品种	浓度处理(%)	盐害率(%)	发芽势(%)	发芽指数
云烟 87	0		98.00aA	99.10aA
	0.2	0.67cC	97.33aA	99.00aA
	0.4	2.01cC	95.67aA	95.71aA
	0.6	26.51bB	92.00aA	83.58bB
	0.8	63.42aA	53.33aA	58.53cC
	1.0	73.15aA	30.67bB	44.57dD
K326	0		97.00aA	92.65abA
	0.2	−0.34bB	98.33aA	89.97abA
	0.4	1.01bB	98.00aA	99.85aA
	0.6	15.93bB	95.00aA	78.68bBC
	0.8	55.59aA	91.00aA	67.83cC
	1.0	65.76aA	64.00bB	41.71dD
红花大金元	0		90.67aA	93.04abAB
	0.2	−2.43bB	95.67aA	96.83abA
	0.4	0.00bB	94.33aA	104.27aA
	0.6	60.90aA	91.67aA	77.43bcAB
	0.8	73.70aA	61.33bB	64.88cdBC
	1.0	70.93aA	37.00cC	48.23dC
云烟 97	0.0		87.00abAB	79.45aA
	0.2	−0.34cC	89.67abA	78.44aA
	0.4	2.06cC	92.67aA	72.99aA
	0.6	36.77bB	80.67bcAB	62.96bB
	0.8	66.32aA	74.67cB	55.69cB
	1.0	67.01aA	41.67dC	40.83dC
中烟 100	0		75.67aA	91.32aA
	0.2	0.68eD	47.67bAB	68.03bB
	0.4	21.96dC	18.67bcBC	59.82cBC
	0.6	40.88cB	26.67cBC	56.35cC
	0.8	74.33bA	3.67cC	15.03dD
	1.0	84.80aA	1.00cC	6.56eD

　　红花大金元和 K326 的发芽指数在低浓度盐碱处理下较对照有所增大，0.6% 之后随盐碱浓度增大逐渐降低，其他品种的发芽指数均随盐碱浓度增大而下降。对比各个品种的发芽指数，云烟 87、K326 和红花大金元表现良好且基本一致；低盐碱处理下云烟 97 的发芽指数仅略高于中烟 100，但其在中高浓度处理中下降幅度较小；中烟 100 对盐碱处理较为敏感，其发芽指数在0.2% 的低盐碱处理下极显著下降，且在中高盐碱处理下发芽指数较低。

三、复合盐碱处理对不同品种活力指数及单粒鲜干重的影响

　　从表 6-5 可以看到，各品种的种子活力指数均随盐碱浓度的增加而下降（云烟 87 在 0.4% 浓度处理后较 0.2% 浓度处理略有增加），但是不同品种间有所差异。云烟 97 种子活力指数变化较为平稳，而云烟 87、K326、红花大金元及中烟 100 的种子活力指数在 0.2% 盐碱处理下下降趋势极显著，说明低浓度盐碱对种子的活力指数也有抑制作用。此外，不同品种对高盐碱的耐受力也不尽相同。所有品种的活力指数在高盐碱处理下均随浓度增大而下降，K326 的活力指数随盐碱浓度增大呈阶梯状减少，且每个处理间存在极显著差异，即 K326 易受盐碱的影响，但是在同浓度情况下，其整体表现良好，仍然优于其他品种。当盐碱浓度达到 0.8% 时，所有供试品种种子的活力指数均急速下降，高浓度盐碱的抑制作用凸显。

　　比较表 6-5 中各品种单粒鲜干重可知，盐碱处理严重抑制了各个品种的干物质积累。除了中烟 100 的单粒鲜干重在 0.2% 的低浓度盐碱处理下较对照有所增长，其他品种的物质积累情况均随盐碱浓度的增大而降低。

四、小结

　　低浓度的复合盐碱促进部分烤烟品种（K326、红花大金元、云烟 97）发芽，提高中烟 100 的鲜干物质积累，0.6% 的盐碱浓度是所有供试烟草种子的初始胁迫浓度，而高浓度的盐碱溶液对供试品种的萌发均有强烈的抑制作用。K326、云烟 87 和云烟 97 在高盐碱处理下在发芽最多时达到了近乎完全发芽，但发芽率仅保持在 30% 左右，由此推测盐碱胁迫在萌发时期的抑制作用不是影响云烟 87、云烟 97 出苗的主要因素。发芽之后，破除种皮的保护之后，种子更易受到盐碱的胁迫，其抑制主要表现在渗透胁迫、离子毒害和离子吸收的不平衡方面（Caines and Shennan，1999）。

表 6-5　复合盐碱作用对不同品种活力指数及鲜干重的影响

品种	浓度处理(%)	活力指数	鲜重(mg/株)	干重(mg/株)
云烟 87	0	609.45aA	0.77aA	0.18aA
	0.2	254.44cB	0.54bA	0.13abAB
	0.4	264.17bB	0.55bA	0.11abcAB
	0.6	158.80dC	0.26cB	0.06bcAB
	0.8	80.18eD	0.09dB	0.05bcAB
	1.0	53.93fE	0.07dB	0.03cB
K326	0	819.56aA	0.79aA	0.28aA
	0.2	262.24bB	0.67aAB	0.23abAB
	0.4	221.51cC	0.53bB	0.12bcAB
	0.6	162.35dD	0.23cC	0.10bcAB
	0.8	122.63eE	0.09dD	0.03cAB
	1.0	81.52fF	0.07dD	0.02cB
红花大金元	0	817.83aA	0.81aA	0.18aA
	0.2	300.17bB	0.77aA	0.09bB
	0.4	232.52bBC	0.72aA	0.09bB
	0.6	119.24cCD	0.22bB	0.09bB
	0.8	94.08cD	0.18bB	0.05bB
	1.0	61.73cD	0.06bB	0.04bB
云烟 97	0	168.62aA	0.64aA	0.15aA
	0.2	147.55bA	0.55aA	0.10bB
	0.4	120.81cB	0.48aAB	0.08bcBC
	0.6	111.73cB	0.23bBC	0.10bBC
	0.8	87.49dC	0.18bcC	0.06cC
	1.0	60.89eD	0.06cC	0.04cC
中烟 100	0	166.20aA	0.30aAB	0.06aA
	0.2	111.57bB	0.38aA	0.08aA
	0.4	72.38cC	0.23abAB	0.06aA
	0.6	80.02cC	0.20abAB	0.05aA
	0.8	19.39dD	0.09bB	0.05aA
	1.0	9.58eD	0.07bB	0.03aA

一般认为,中性盐 NaCl 和 Na_2SO_4 的胁迫作用因素主要是以 Na^+ 为主的离子效应和高浓度盐分造成水势下降的渗透效应,既有 Na^+ 的离子伤害,又有高浓度所形成渗透胁迫带来的生理干旱,而碱性盐 $NaHCO_3$ 则在盐碱胁迫的基础上额外附加 pH 胁迫(蔺吉祥等,2014)。但有关学者通过模拟盐、碱环境对向日葵种子萌发及幼苗生长的影响进行研究,提出盐浓度是影响水势的主要因素(刘杰等,2008),尽管碱胁迫具有高 pH,但是相同浓度的盐胁迫与碱胁迫水势差异并不大,而盐浓度越高,水势越低(Guo et al.,2009),进而造成种子吸水困难,水分的不足也进一步影响了萌发所需酶与结构蛋白的合成(刘杰等,2008)。高战武等(2014)通过调整复合盐碱胁迫的碱性盐比例与整体盐浓度,燕麦种子表现出的发芽率、发芽势的方差分析结果也证实了这一观点。

此外,不同品种对于盐碱的耐受力不同。在低盐碱(0.2%、0.4%)条件下,红花大金元、云烟 87 和 K326 表现相似且良好,云烟 97 次之,中烟 100 表现不佳;中盐碱(0.6%)条件下,K326 和云烟 87 表现较好,云烟 97 次之,红花大金元和中烟 100 的种子活力差异较小,但红花大金元发芽率较低,而中烟 100 发芽缓慢;在高盐碱(0.8%、1.0%)条件下,根据各个品种的发芽长势情况,从高到低排序为:K326>云烟 97>云烟 87>红花大金元>中烟 100。

对比在高复合盐胁迫下的发芽情况,相同浓度下,各品种的盐碱耐受力均低于复合盐耐受力,但 K326 的盐碱耐受力排名相对高于复合盐处理。即相同浓度下的盐碱处理对烤烟的伤害作用要大于单纯的盐胁迫,而 K326 的耐盐碱能力相对较强。王黎黎(2010)通过对碱蓬的试验证明,盐碱胁迫之间及不同部位之间在离子平衡机制方面所存在的主要差异在于阴离子来源不同,差异主要体现在植株体内有机酸、NO_3^- 和 Cl^- 三者对阴离子贡献率的变化上,由此推测 K326 在高 pH 胁迫下的离子平衡机制更加完善,具体的调节机制还需要进一步研究。

第七章　复合盐碱处理对烤烟苗期生理特性的影响

土壤的盐碱化问题一直威胁着人类赖以生存的土壤资源,粗略估计,全球土壤盐碱化面积达到 9.5 亿 hm^2,我国达到 3 600 万 hm^2,其中可耕地面积更是达到 920 万 hm^2(王佳丽等,2011),北自辽东半岛、南至南海群岛均有盐渍土分布(俞仁培和陈德明,1999),其中东北、华北、西北等内陆干旱半干旱地区、长江以北的沿海地带分布较为集中(丁海荣等,2010)。由于不合理灌溉、过度使用化肥等因素使得次生盐碱化问题日趋严重(王善仙等,2011),甚至已经波及内陆的粮食主产区。研究表明,河南封丘土壤大部分属于轻度盐渍化土壤,少量已出现中度盐渍化障碍(李晓明等,2011)。植烟地区也出现不同程度的盐渍化,盐分离子表聚现象严重且日益恶化。河南省植烟土壤统计显示,12 个植烟地市中 8.35% 的土壤样品盐分含量在 0.11% ~ 0.15%,1.88% 的样品盐分含量大于 0.15%,其中周口和商丘为轻度盐渍化,周口鹿邑盐分含量高达 0.325%,属于中度盐渍化土壤(叶协锋,2011)。

土壤盐渍化的发生受区域性因素的制约和影响,其盐分组成及离子比例也呈现出地域性特点,一般盐离子有 Cl^-、SO_4^{2-}、CO_3^{2-}、HCO_3^-、Na^+、Ca^{2+}、Mg^{2+} 和 K^+(毛任钊等,1997),其中危害较为严重的离子种类以 Na^+、Cl^- 为主(郭慧娟等,2012)。赵莉(2009)研究表明,湖南植烟土壤的盐分离子主要有 NO_3^-、K^+、Ca^{2+}、Cl^-、SO_4^{2-} 等,SO_4^{2-} 堆积较多且灌水等调节方式对其无效,这可能与我国烟草所施钾肥以硫酸钾为主有关(朱贵明等,2009)。但在内陆盐碱地中,特别是松嫩平原,碱性盐 $NaHCO_3$ 和 Na_2CO_3 也有大量存在(蔺吉祥等,2014)。

第一节　复合盐处理对烤烟幼苗生理生化特性的影响

目前,烟草在耐盐适应性方面的研究主要集中在耐盐基因的筛选(孙卫红等,2009;张会慧,2013)及单盐条件下烟草种子的萌发及叶片的生理活性,龚理(2009)通过对 7 个烟草品种的 $NaCl$ 胁迫来评判不同品种的耐盐性,王程栋等(2012)观察了 $NaCl$ 胁迫下 NC89 的叶片细胞超微结构,胡庆辉等

(2012)则研究了盐胁迫下烤烟叶片细胞程序性死亡、多酚物质含量和苯丙氨酸解氨酶(PAL)、多酚氧化酶(PPO)活性的变化,但复合盐处理对植物的影响主要集中在罗布麻、苜蓿等植物上(张秀玲等,2007;李剑峰等,2015)。此前,笔者对全国烟区种植面积较广的 5 个烤烟品种(云烟 87、K326、红花大金元、云烟 97 和中烟 100)进行萌发期的复合盐处理,试验表明中烟 100 耐盐性相对较弱,故以此为研究对象,以 $n(NaCl):n(Na_2SO_4)=1:1$ 的复合盐溶液研究不同盐浓度处理对烟苗生理生化指标的影响,以期为栽培实践提供一定的理论依据。

试验于 2017 年 5~7 月在河南农业大学国家烟草栽培生理生化研究基地进行。在自然条件下施加人工光源进行培养,保证光强为 1 500~1 800 lx,光照时长为 13 h/d,相对湿度 70%~75%。选取中烟 100(由青岛中烟种子有限责任公司提供)进行漂浮育苗,待苗高达到 7 cm 时间苗,用蒸馏水预培养 3 天后将装有烟苗的育苗盘放到不同质量浓度的 $n(NaCl):n(Na_2SO_4)=1:1$ 的复合盐溶液中进行处理,共设 CK(蒸馏水)、T1(0.3%)、T2(0.6%)、T3(0.9%)、T4(1.2%)五个处理,处理 T1~T4 的电导率分别为 405 μS/cm、750 μS/cm、1 120 μS/cm、1 425 μS/cm,每天上午 09:00 测定盐溶液电导率并补充蒸馏水以保证盐浓度稳定,4 天换一次水,处理后 0 天、4 天、8 天、12 天取样,测定相关指标。其中,叶片相对含水量的测定采用鲜重法,叶绿素测定采用酒精提取研磨法,细胞膜透性的测定按 Lutts 等(1996)的方法,根系形态学参数利用扫描仪(V700 Epson)及 Win RHIZO PRO 2007 根系分析系统软件(Regent Instruments Inc8,Canada)测定,根系活力利用 TTC 法测定,激素测定参照酶联免疫吸附法(ELISA),丙二醛(MDA)采用硫代巴比妥酸法测定,脯氨酸采用磺基水杨酸法测定,可溶性蛋白采用考马斯亮蓝 G-250 染色法测定,可溶性糖采用蒽酮法测定,酶活参照程丽萍等 2013 方法进行。

一、复合盐处理对烟草幼苗叶片叶绿素、相对含水率及细胞膜透性的影响

(一)复合盐处理对幼苗叶绿素含量的影响

叶绿体是对盐胁迫最敏感的细胞器,而叶绿素含量直接关系到光合能力的高低,其中叶绿素 a 和叶绿素 b 是构成植物叶绿素的主要组成部分,其含量及分工也会影响到植物光合作用和能量转化(刘洪展等,2007)。表 7-1 反映的是复合盐处理对中烟 100 叶绿素含量的影响。各处理的叶绿素 a 及总叶绿素含量均随时间先升高后下降,处理后第 8 天处理 CK、T1、T2 的叶绿素 a 及

总叶绿素含量达到最大值,而处理 T3、T4 的峰值相对延后,处理后第 12 天达到最大值后随之下降;叶绿素 b 前期升高而处理第 8 天后变化相对平缓,特别是处理 T3、T4 的叶绿素 b 含量仅在 0.19～0.29 mg/g 浮动;随着盐浓度的增大,叶绿素 a、叶绿素 b 及总叶绿素含量逐步减小,但第 4 天时处理 T1 的叶绿素 b 及第 8 天处理 T1 的叶绿素 a、总叶绿素含量均较对照有一定升高,且处理第 8 天时处理 T1 的叶绿素 a 显著高于对照,即盐处理对叶绿素有一定破坏作用,但低浓度的复合盐在一定程度上可以促进叶绿素的合成。此外,处理后第 12 天,处理 T1 的叶绿素 b 含量较 CK 下降了 9.84%,而处理 T4 较 CK 下降了 54.10%,说明盐胁迫随浓度增大造成的危害远远超过线性增长。分析不同处理时间叶绿素 a/b 的值发现,盐处理前期 T1～T4 均低于 CK,而处理后第 8 天,处理 T2、T3 的叶绿素 a/b 则明显高于 CK,叶绿素 a/b 是展现植物叶片光能活性高低的直接指标,这说明适当的持续盐胁迫可以增加植物对光的利用效率。

表 7-1　复合盐处理对烟株幼苗叶绿素含量的影响

处理		叶绿素 a (mg/g·FW)	叶绿素 b (mg/g·FW)	总叶绿素 (mg/g·FW)	叶绿素 a/b
处理后第 0 天		0.85±0.03	0.31±0.03	1.19±0.05	2.91±0.22
处理后第 4 天	CK	0.95±0.04a	0.28±0.02ab	1.23±0.03a	3.43±0.4a
	T1	0.84±0.04b	0.31±0.03a	1.15±0.05b	2.69±0.28ab
	T2	0.66±0.07c	0.25±0.04b	0.91±0.03c	2.72±0.84ab
	T3	0.55±0.04d	0.23±0.02bc	0.78±0.02d	2.37±0.39b
	T4	0.5±0.03d	0.19±0c	0.68±0.03e	2.66±0.12ab
处理后第 8 天	CK	1.41±0.03b	0.57±0.01a	1.98±0.04a	2.77±0.07bc
	T1	1.49±0.01a	0.54±0.03a	2.03±0.04a	2.45±0.17c
	T2	1.17±0.06c	0.37±0.04b	1.53±0.09b	3.21±0.3a
	T3	0.88±0.05d	0.29±0.01c	1.17±0.06c	3.05±0.09ab
	T4	0.57±0.03e	0.29±0c	0.86±0.03d	2±0.15d

续表 7-1

处理		叶绿素 a (mg/g · FW)	叶绿素 b (mg/g · FW)	总叶绿素 (mg/g · FW)	叶绿素 a/b
处理后第 12 天	CK	1.23±0.06a	0.61±0.06a	1.85±0.05a	1.91±0.32c
	T1	1.05±0.05b	0.55±0.03a	1.59±0.08b	2.04±0.05bc
	T2	0.91±0.02c	0.36±0.03b	1.26±0.01c	2.57±0.31ab
	T3	0.83±0.02c	0.29±0.02b	1.11±0.04d	2.95±0.32a
	T4	0.73±0.05d	0.28±0.02b	1.02±0.03d	2.51±0.37ab
处理后第 16 天	CK	1.01±0.25a	0.51±0.13a	1.53±0.39a	1.97±0.06bc
	T1	0.96±0.06a	0.5±0.04a	1.45±0.08a	1.92±0.17c
	T2	0.84±0.04ab	0.35±0.03b	1.19±0.07ab	2.39±0.18ab
	T3	0.69±0.07bc	0.28±0.02b	0.95±0.06bc	2.64±0.44a
	T4	0.53±0.02c	0.26±0b	0.8±0.02c	1.91±0.12c

注:同列数据后标有不同小写字母者表示组间差异达到显著水平($P<0.05$),下同。

刺槐、绒毛白蜡(武德等,2007)等非盐生植物都得到了类似的试验结果。相关研究认为盐胁迫下叶片中的叶绿素含量下降主要是因为叶绿素的合成受到抑制且降解酶活性有所增强,叶绿素处于分解大于合成的负增长状态(刁丰秋等,1997),而蒋明义等(1994)认为活性氧对于叶绿素的氧化降解也起到作用。此外,夏阳等(2005)发现盐胁迫后叶绿素和结合蛋白之间变得松弛,叶绿素更容易被破坏。同时叶绿素的降低也有助于过量激发能的有效散失,从而减少活性氧自由基的生成,减轻过氧化胁迫(Rouhi et al.,2007)。

(二)复合盐处理对幼苗叶片相对含水率的影响

盐胁迫对大多数植物都会造成渗透胁迫。相对含水率不仅可以反映植物体内水分亏缺状况,更是衡量植物保水能力及植物体内水分状况的重要指标。图 7-1 为复合盐对幼苗叶片相对含水率的影响,各处理的相对含水率均随着处理时间的延长而降低,且不同处理时间下各处理的相对含水率均随盐浓度的增大而降低。由图 7-1 可知,处理前 8 天各复合盐处理的相对含水率在盐胁迫下急速下降,特别是处理后 4~8 天,处理 T1 由 85.82%下降至 78.5%,随后平缓降低,处理后第 16 天,CK>T1>T2>T3>T4,分别为 82.65%、75.39%、69.73%、68.9%和 61.37%,即复合盐胁迫对幼苗叶片的水分胁迫随时间延长而加剧,且盐浓度越大,胁迫越大。其中 CK 相对含水率的降低可能是后期蒸馏水培养时间过长,基质营养不足以供应其生长造成的。相关学者用 NaCl 对玉米幼苗、锦带花等进行处理,与本试验结果类似,相对含水率均显著下降(张嚣等,2015;任志彬等,2011),但王龙强等(2011)试验表明 50 mmol/L 和150 mmol/L 的低盐胁迫可增加黑果枸杞和宁夏枸杞的叶片相对含水率,这可能与苗龄、苗的素质及试验材料的种类等均有关系。

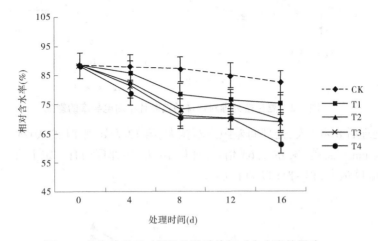

图 7-1　复合盐处理对烟株幼苗叶片相对含水率的影响

(三)复合盐处理对幼苗叶片细胞膜透性的影响

植物遭受逆境胁迫时,电解质更容易从细胞中渗出,即细胞膜透性有所增加,而相对电导率是衡量细胞膜透性大小的指标。从图 7-2 看出,各处理的相对电导率整体上随时间的延长而增大,处理后第 4 天各盐处理的电导率急剧增加,处理 T4 自 37.04%增加至 67.27%,增加了 81.61%,变化相对较慢的处理 T1 较处理前上升了 36.69%,即轻度的盐分处理在短时间内对细胞膜也有一定损伤。处理后 4~12 天,各处理变化相对平缓,处理后第 16 天,各处理又呈上升趋势,此时处理 T4 的相对电导率高达 78.19%。

丙二醛(MDA)是膜脂过氧化作用的主要产物,可以同相对电导率一起表示膜系统受伤害的程度,在某种程度上也可以体现活性氧自由基水平(Pompelli et al., 2010),其含量越高,组织的保护能力则越弱。由图 7-3 可知,MDA 的变化趋势与图 7-2 相似,各处理的 MDA 含量均随处理时间的延长呈上升趋势,但盐处理与对照之间的差异没有相对电导率明显。处理后第 4 天,CK 和 T1 的变化不明显,其他处理均有明显升高,其中 T1 略低于 CK,但差异不显

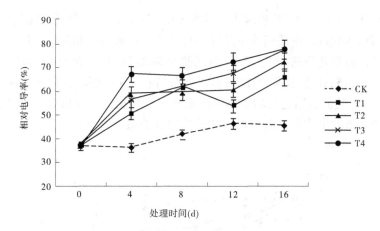

图7-2　复合盐处理对烟株幼苗叶片相对电导率的影响

著;处理后 8~12 天,处理间差距逐渐拉大,第 12 天处理 T4 的 MDA 含量达到 46.14 nmol/g,是 CK 的 1.65 倍;处理后 16 天,各处理均有一定上升,以 T3 的 增加幅度最大,T4>T3>T2>T1>CK。

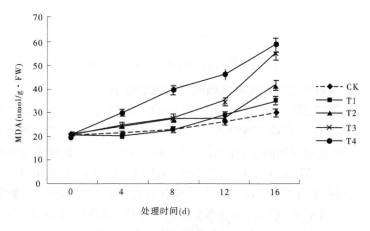

图7-3　复合盐处理对烟株幼苗叶片 MDA 含量的影响

李晓雅等(2015)对亚麻荠幼苗的 NaCl 胁迫试验结果与本试验类似,均 是随着盐浓度的增加,叶片的相对电导率和膜脂过氧化程度逐渐上升。佘小 平等(2002)认为植物体内相对电导率升高主要是因为盐胁迫造成细胞内无 机离子大量累积,活性氧的动态平衡被破坏,进而引发膜脂过氧化,细胞膜被 破坏后引起电解质外渗。此外,Moran 等(1994)提出膜脂过氧化产物会对防 御体系造成破坏,从而造成膜脂过氧化作用加剧,形成恶性循环。

二、复合盐处理对烟草幼苗根系特性的影响

根系是植物最先感受土壤逆境胁迫的部位,也是最直接的受害部位,更是应对逆境的首要部位,根系在逆境下会通过改变生理形态来响应胁迫。根长、根表面积及根体积等更是直接影响对营养和水分的吸收,一定程度上看,根系生理形态的变化及活力强弱是植物耐盐性的最直接体现(童辉等,2012)。试验第8天各处理的根系形态差异逐渐显现,由图7-4可见,处理T1、T2较CK差别不大,而T3、T4的体积明显小于CK,表现出较为明显的抑制作用。

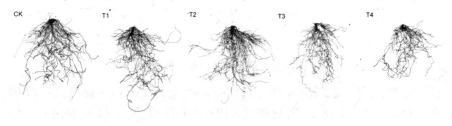

图7-4　复合盐处理对幼苗根系形态的影响

(一)复合盐处理对幼苗根系总长度的影响

根系总长度不仅反映了根系在土壤中的伸展空间,还展现了根系与土壤的接触面积,一定程度上可以代表吸收能力的高低(马旭凤等,2010)。由图7-5可知,各处理的总根长随处理时间呈现出先增后减的趋势。处理后第4天各处理的根长差别不大,处理T2(0.6%)相对较高,达到167.97 cm;处理第8天,各处理的根长均达到最大值,T1>T2>CK>T3>T4,处理T1的增幅最为明显,达到95.21%,总根长为281.53 cm,而处理T4的增长最为平缓且显著低于对照,说明此时1.2%高盐处理的胁迫效果已较为明显;处理第12天,除CK变化较为平缓外,其他处理均呈下降趋势,但处理T1较CK仍处于优势地位,处理T2则快速下降,处理T4降至最低值,仅为129.22 cm;处理第16天各处理的根长在下降中趋于平缓。因此,低浓度复合盐处理短时间内对根长有一定促进作用,但随着时间的推延日渐消失,而高浓度的盐处理一直抑制着根系的伸长,且浓度越大抑制效果越明显。

(二)复合盐处理对幼苗根表面积的影响

根系表面积直接反映根系与土壤的接触面积,更能反映植物对养分、水分的吸收能力(胡田田等,2008),通常认为根系表面积大的植株吸收养分的能力也强。图7-6为复合盐处理对根表面积的影响,各处理根表面积随着时间的增加先升高后降低,呈"马鞍型"变化。处理后第4天,各处理的根表面积

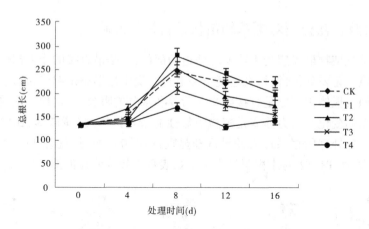

图 7-5　复合盐处理对幼苗根系总长度的影响

均有一定增长,其中 T2 较 CK 高,为 18.63 cm²,处理 T1 与 CK 接近,T3、T4 则略低于 CK;处理后 4~8 天,各处理进入快速增长阶段,处理 T1 自 16.2 cm² 增至 31.38 cm²,显著高于对照,此时 T1>CK>T2>T3>T4,处理 T4 仅为 16.96 cm²,仅为 CK 的 60.77%;处理后第 12 天,各处理根表面积与第 8 天变化不大,随后进入下降阶段,处理后第 16 天时 CK 显著高于其他处理,这表明长时间的盐分胁迫,即使是轻度盐分处理,也会抑制烟株的养分吸收能力。

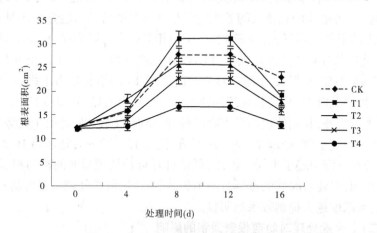

图 7-6　复合盐处理对幼苗根表面积的影响

(三) 复合盐处理对幼苗根平均直径的影响

盐处理后各处理根系的平均直径如图 7-7 所示,前期变化较为平缓,于处理后 12 天大幅度增加,继而下降。处理后第 4 天,T1、T2 较 CK 增加,而处理

T4增加缓慢,较CK下降8.82%;处理第8天,CK的根平均直径持续增大,而其他处理表现不明显,与第4天相差不大;处理第12天,各处理的根平均直径均快速增大,CK优势明显,平均达到0.50 mm,T2、T3的平均直径接近,此时CK>T1>T2>T3>T4,各盐处理分别较CK下降16.00%、22.00%、22.00%和28.00%;处理第16天,各处理根平均直径均出现不同程度的下降。

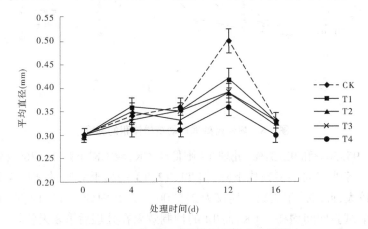

图7-7 复合盐处理对幼苗根平均直径的影响

(四)复合盐处理对幼苗根体积的影响

根系体积和表面积一样反映了根系的发育状况,由图7-8可知,复合盐处理下各处理根体积的变化趋势与根表面积类似,也是先升高后降低,但处理0~12天时呈持续增长的趋势。处理后第4天各处理的根体积均有一定增长,其中处理T1和T2较CK高,分别为0.14 cm³和0.16 cm³;处理后4~8天,各处理快速增长,特别是处理T1,在第8天根体积达到0.28 cm³,较CK增高12.00%,而T2的增长较两者缓慢,T4的根体积则较低,仅为0.13 cm³;处理第12天,各处理均达到最大值,与根系直径的变化保持一致,此时处理T1>CK>T2>T3>T4;处理16天所有处理的根体积均不断下降。

(五)复合盐处理对幼苗根尖数的影响

根尖对土壤环境最为敏感,是根系中最活跃的部分,具有响应和传递环境信号、感知重力方向、吸收养分与水分以及合成物质等重要功能(张晓磊等,2013)。如图7-9所示,各处理的根尖数随时间呈"W"形变化。处理后第4天,各处理缓慢增长,处理间差异不明显;处理后4~8天,除CK和T4增长较为平缓外,其他处理均进入快速增长阶段,处理后第8天处理T1、T2、T3的根尖数平均为1 992.67个、2 307.00个和2 268.67个,较CK分别增加

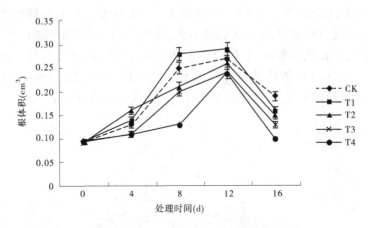

图 7-8　复合盐处理对幼苗根体积的影响

68.92%、95.56%和92.31%,处理T4则低于CK,较CK下降16.76%;处理后第12天,各处理的根尖数均下降,但T1、T2、T3仍高于对照,处理T4下降幅度相对较大,此时的根尖数平均仅为315.00个。其中处理T1、T2、T3的根尖数在整个试验期间均高于CK,而T4的抑制效果在处理后第8天就较为明显。

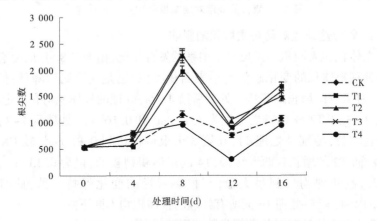

图 7-9　复合盐处理对幼苗根尖数的影响

(六)复合盐处理对幼苗根系活力的影响

根系活力泛指根系的吸收、合成、氧化和还原能力等。由图7-10可知,各处理的根系活力随时间先增后降,于第8天达到最大值。处理后第4天,CK、T1、T2的根系活力均有一定升高,处理T3和T4则略微下降,各处理的根系活力均低于CK;处理后4~8天,T1、T2的根系活力快速提高,第8天处理T1较

CK 增加 23.49%,根系活力为 368.11 μg/(g·h),T2 与 CK 的根系活力相当,T3、T4 的根系活力则显著低于 CK;处理后 12~16 天,各处理在平缓中下降,处理 T1 依然较 CK 保持优势,T3、T4 分别降至 161.44 μg/(g·h)和 116.65 μg/(g·h),仅为 CK 的 53.59%和 38.72%。

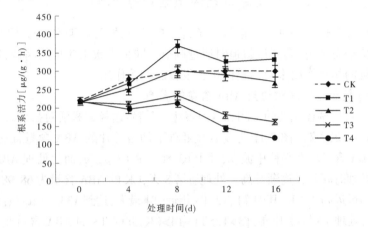

图 7-10 复合盐处理对幼苗根系活力的影响

(七)讨论

综合烟草幼苗根长、根表面积等根系形态及烟株的根系活力,可知低浓度复合盐处理(0.3%)对幼苗的根长、根表面积、根体积及根活等指标均有一定促进作用,但盐处理的胁迫作用随时间延长日渐体现;0.3%~0.9%的盐处理均对根尖数有一定促进作用,但对根系平均直径的促进作用不明显。高浓度的盐处理始终会抑制幼苗根系的生长,且浓度越大处理时间越长,抑制效果就越明显。相关学者对紫花苜蓿(张晓磊等,2013)、弗吉尼亚栎(王树凤等,2014)等植物进行短时间的盐胁迫,也证明较低浓度的盐胁迫对植物的根系生物量、根长及根表面积等有一定促进作用,高盐的抑制作用明显,而 West 等(2004)对拟南芥的试验证明盐胁迫会抑制其根系的细胞周期与细胞伸长,从而延滞主根的生长。不同植物对盐胁迫表现出的不同可能跟试验材料的种类及年龄、生理状态有关。此外,马翠兰等(2007)对琯溪蜜柚苗进行了长达 60天的 NaCl 处理,证明低浓度盐处理在 20 天、40 天、60 天均引起根系活力较大程度的降低,这与本试验中 12~16 天各个指标的下降相吻合。

针对试验过程中部分指标的升高,相关学者认为这是一种缓解行为(Abdolzadeh et al.,2008),比如根系在低浓度处理下主要增加的是直径小于 2 mm 的细根,这意味着消耗较少的能量就可以快速扩大根系吸收的范围,进而促进烟苗生长,以期缓解盐离子造成的细胞毒害。此外,盐胁迫对植物带来最直接的伤害就是细胞缺水,为吸收更多的水分,根系就会主动向下延伸,通过增加根系长度、减小根系直径来减小根系水分的吸收阻力。

三、复合盐处理对烟草幼苗内源激素的影响

植物激素作为一种痕量信号分子,在整个生长发育周期专一性不甚明显,一般保持动态平衡,遇到盐胁迫时通过调节不同种类激素含量的高低,进行协同或拮抗的相互作用来对植物的生长发育起调控作用。

(一)复合盐处理对幼苗 ABA 含量的影响

ABA 可以调控气孔的关闭和基因表达,其信号途径的激活对盐处理下的植物生长有重要意义。图 7-11 为复合盐处理下幼苗叶片的 ABA 含量,试验期间 CK 的 ABA 含量均在平稳中波动,处于 63.80~88.83 μg/g,而盐处理 ABA 含量则随着处理时间延长逐渐升高。处理后第 8 天,CK 的 ABA 含量为 68.98 μg/g,其他处理远远高于 CK,其中 T1、T2、T3 相近,T4 最大,达到 133.09 μg/g;处理后第 12 天,处理 T3 持续升高,T3>T2>T1>T4>CK,此时 T3 的 ABA 含量是 CK 的 1.87 倍;处理后第 16 天,除处理 T4 呈上升趋势外,其他处理均下降。

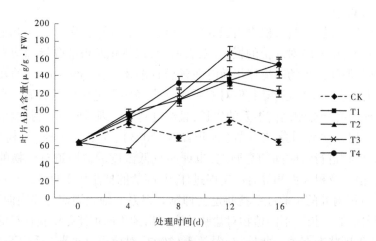

图 7-11　复合盐处理对幼苗叶片 ABA 含量的影响

图 7-12 是盐处理下幼苗根尖的 ABA 含量,与叶片中 ABA 的变化不同。整个处理期间除 T4 外各处理变化均较为平缓,特别是 CK 和 T1,T1 仅在处理 8 天后较 CK 有一定上升;T2、T3 的 ABA 含量较为接近,处理后 12~16 天,T3 较 T2 高;T4 在取样期间始终呈上升趋势,处理后期更是显著高于其他处理,处理 12

天时 T4>T3>T2>T1>CK,T4 的根尖 ABA 含量达到 56.27 μg/g,是 CK 的 2.17 倍,而处理后第 16 天这种差距持续拉大,T4 升至 77.22 μg/g,为 CK 的 2.64 倍。

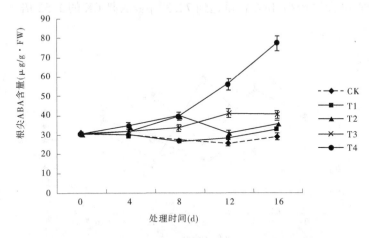

图 7-12　复合盐处理对幼苗根尖 ABA 含量的影响

盐处理下 ABA 含量增加会使得叶片气孔导度降低,蒸腾速率减小,依赖于蒸腾作用向地上部运输的盐离子量也会减少。此外,ABA 还可以与细胞的激素受体结合,开启 Ca^{2+} 通道,导致胞内第二信使 Ca^{2+} 浓度迅速增加,Ca^{2+} 与 CaM 及其他 Ca^{2+} 结合蛋白调节细胞代谢或基因表达(刘延吉等,2008)。Singh 等(1985)认为 ABA 可促进烟草细胞中 26kD 蛋白的合成,从而提高植株耐盐性。Andersen 等(2007)认为 ABA 还能提高质膜和液泡膜的 H^+-ATPases 酶的活性,他对黄瓜进行持续 24 h 的盐胁迫,得到了较本试验更明显的效果,黄瓜根系内源 ABA 的含量较对照提高 12 倍。杨锦芬和郭振飞(2006)也发现编码 NCED(9-顺式环氧类胡萝卜素双加氧酶)的基因 SgNCED 1 的表达量在短时间内就能强烈响应脱水和盐胁迫的诱导,使得 ABA 大量积累,而周宜君等(2007)对盐生植物盐芥的试验则表明抑制性激素 ABA 含量并未随 NaCl 胁迫强度增大而增大,这说明盐生植物盐芥与非盐生植物烟草的适应机制不尽相同。

(二)复合盐处理对幼苗 IAA 含量的影响

盐胁迫下,多数植物会调控生长素的浓度梯度或者再分配,从而影响侧根数、侧根和初生根生长及根的生长方向等。由图 7-13 可知,复合盐处理下幼苗叶片的 IAA 含量呈周期性变化。处理后第 4 天,处理 CK 和 T2 的 IAA 含量呈正向增长,其他处理均有一定下降;处理后第 8 天,各处理的生长渐盛,除处理 T1 大幅度提高,其他处理均下降,此时处理 T1 的 IAA 含量远高于其他处理,较 CK 提高 95.04%;处理后第 12 天,各处理的 IAA 含量均低于 CK;处理后第 16 天,盐处理的烟株叶片萎蔫变黄,逐渐呈现衰败趋势,IAA 均上升,特别是处理 T4 急剧增高,IAA 含量达到 72.32 μg/g,是 CK 的 1.52 倍。

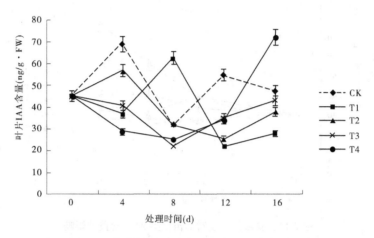

图 7-13　复合盐处理对幼苗叶片 IAA 含量的影响

图 7-14 为盐处理下各处理根尖的 IAA 含量,可以看到根尖的 IAA 含量较叶片相对较低且变化平缓。处理后第 4 天,各处理的 IAA 含量均低于 CK,且均呈下降趋势;处理后 8~12 天,除处理 T4,整体呈上升趋势;处理后第 12 天,处理 T1 的 IAA 含量与 CK 相当,为 40.97 μg/g;处理后第 16 天,处理 T3、T4 的根尖 IAA 含量急剧增高,分别较 CK 增大 66.38%、71.43%,其他处理则低于对照。

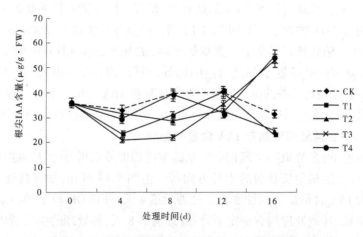

图 7-14　复合盐处理对幼苗根尖 IAA 含量的影响

(三)复合盐处理对幼苗 GA 含量的影响

GA 可以通过促进细胞分裂和伸长(主要是伸长作用)来促进植物生长。由图 7-15 可知,处理后第 4 天,各处理间差别不大,集中分布在 5. 10 ~ 5. 71 μg/g;处理后 4~8 天,CK 和中高盐处理 T3、T4 呈上升趋势,而 T1、T2 有一定下降,第 8 天时除处理 T3 略高于 CK 外,其他处理均低于对照;处理后第 12 天,T3、T4 持续升高且超过 CK,分别达到 7. 33 μg/g 和 6. 12 μg/g,其他处理均呈下降趋势;处理后第 16 天, T3、T4 的 GA 含量逐渐下降,T4 仅为 4. 29 μg/g,较对照低 29.44%。

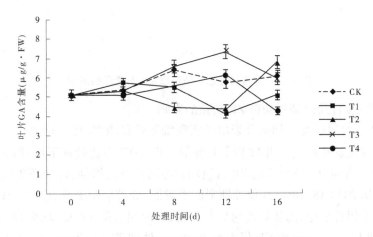

图 7-15　复合盐处理对幼苗叶片 GA 含量的影响

对比图 7-15 叶片中的 GA 含量,各处理根尖 GA 含量在整个取样期间差别较小,且整体上呈现出逐渐增加的趋势(见图 7-16)。处理后第 4 天,各处理 GA 含量较为接近,处理 T3、T4 略高于 CK;处理后第 8 天,各处理变化较为平缓,盐处理均低于 CK;处理后 8~12 天,各处理均呈上升趋势,处理 T3 更是从 3. 98 μg/g 增至 6. 51 μg/g,增幅达到 63.57%,但仍较 CK 低;处理后第 16 天,CK 较第 12 天下降,其他处理相对较高。

Vandenbussche 研究表明,盐渍化条件下 GA 可抵消盐分对菜豆光合作用及运输的抑制(2003)。植物体内存在 GA 信号的传递网络,GA 的受体蛋白 GIDl 可以通过与信号传导过程中关键蛋白 DELLA 的结合来抑制 GA 的表达(Ueguchitanaka et al. ,2005)。本试验前期的盐处理 GA 含量均低于 CK,有可能就是 DELLA 蛋白在起作用。此外,由于 GA 可以抵消盐处理对植株的光合作用胁迫(Vandenbussche,2003),所以烟株生长受到抑制与 GA 含量的减少可能也有一定关系。

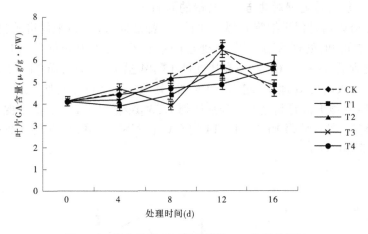

图 7-16　复合盐处理对幼苗根尖 GA 含量的影响

(四)复合盐处理对幼苗 ZR 含量的影响

ZR 主要通过促进细胞分裂增殖实现细胞数目增多、体积增大,一定程度上也可以促进叶片气孔开放和子叶伸展。图 7-17 为盐处理下叶片的 ZR 含量,处理后第 4 天,各处理的 ZR 含量均有不同程度的增加,以处理 T3 最为明显,较 CK 增加 18.10%,其他处理则低于对照;处理后第 8 天,CK 的 ZR 含量较第 4 天相对平稳,而盐处理均呈上升趋势;处理后第 12 天,处理 T4 急剧上升,达到 13.87 μg/g,而 CK 仅为 6.38 μg/g,处理 T1 与 CK 相近,T2、T3 均高于对照;处理后第 16 天,T2>T3>T4>CK>T1。

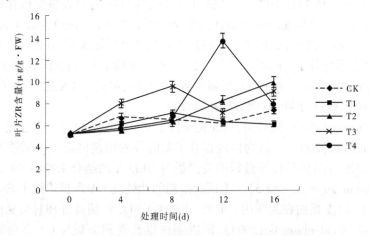

图 7-17　复合盐处理对幼苗叶片 ZR 含量的影响

图 7-18 为根尖 ZR 的含量变化,相较于叶片,根尖中的 ZR 含量增长更快,相对含量也更高。处理后第 4 天,各处理差异不大,平缓中略有下降;处理后 4~8 天,除处理 T1 变化较慢外其他处理均呈明显上升趋势,特别是处理 T3、T4,第 8 天时分别达到 8.54 μg/g 和 11.22 μg/g,较对照升高 7.29% 和 40.95%;处理后 8~12 天,CK 的 ZR 增长速度加快,而处理 T4 呈下降趋势,此时 CK>T3>T2>T4>T1;处理后第 16 天,处理 T3 的 ZR 含量也逐步下降,而 T1、T2 依旧保持增长状态,分别为 9.96 μg/g 和 13.87 μg/g。

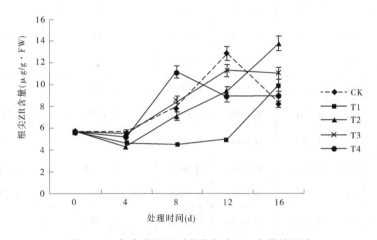

图 7-18 复合盐处理对幼苗根尖 ZR 含量的影响

(五)复合盐处理对幼苗叶片激素比值及抗盐平衡系数的影响

随着盐处理浓度的增加和处理时间的延长,叶片中抑制型激素 ABA 含量大量累积,呈升高的趋势,而促进生长型激素(IAA、GA、ZR)的含量普遍下降,以 IAA 和 GA 最为明显。由表 7-2 可知,处理第 4 天时,T2 的 IAA/ABA、GA/ABA、ZR/ABA、(IAA+GA+ZR)/ABA 较 CK 显著增大,处理第 8 天时,T1 的 IAA/ABA 较 CK 也有显著增高,即低浓度盐处理在短期内诱导生长性激素的分泌;而其他处理的生长型激素与抑制型激素比值均显著低于同时期 CK,即复合盐处理对烟株的内源激素代谢产生了较为严重的影响。此外,中高浓度盐处理的生长型激素与抑制型激素比值并不是一直随着处理浓度的增大而降低。处理后第 12 天,处理 T4 的 IAA 及 ZR 含量较其他处理快速升高,导致 IAA/ABA、ZR/ABA、(IAA+GA+ZR)/ABA 显著高于 T1、T2;处理后第 16 天,ZR 含量较其他处理相对持平,此时的生长型激素以 IAA 占主导地位,使得(IAA+GA+ZR)/ABA 显著高于其他盐处理。但高盐处理下烟苗通过大量分泌生长型激素的"自救行为"并没有改变逆境的最终结果,较对照相比,处理后 16 天时 T4 的(IAA+GA+ZR)/ABA 仅为 0.549,显著低于对照的 0.946。

表 7-2　　复合盐处理对幼苗叶片激素比值及抗盐平衡系数的影响

处理		IAA/ABA	GA/ABA	ZR/ABA	(IAA+GA+ZR)/ABA	抗盐平衡系数
处理后第 4 天	CK	0.806b	0.061b	0.080b	0.948b	—
	T1	0.380c	0.058b	0.063c	0.502c	3.348b
	T2	1.030a	0.096a	0.101a	1.228a	−2.319c
	T3	0.449c	0.058b	0.089b	0.596c	−3.950c
	T4	0.306d	0.054b	0.061c	0.421c	13.053a
处理后第 8 天	CK	0.463b	0.092a	0.096a	0.651a	—
	T1	0.561a	0.049c	0.064b	0.674a	2.061b
	T2	0.287c	0.040c	0.056c	0.383b	2.658b
	T3	0.188d	0.056b	0.081a	0.325b	2.274b
	T4	0.190d	0.041c	0.049c	0.281c	5.258a
处理后第 12 天	CK	0.620a	0.065a	0.072b	0.756a	—
	T1	0.166c	0.030c	0.047c	0.243c	2.567a
	T2	0.179c	0.031c	0.058c	0.268c	2.530a
	T3	0.213b	0.044b	0.043c	0.301b	3.040a
	T4	0.259b	0.046b	0.104a	0.409b	2.827a
处理后第 16 天	CK	0.736a	0.094a	0.116a	0.946a	—
	T1	0.230c	0.042b	0.051b	0.322c	2.729a
	T2	0.263c	0.047b	0.069b	0.379c	2.976a
	T3	0.283c	0.039b	0.060b	0.382c	3.131a
	T4	0.469b	0.028c	0.052b	0.549b	−8.413b

　　然而,内源激素更注重不同激素种类之间的平衡状况,并非抑制型激素的含量越低或者促进型激素含量越高就越好。为了更好地描述不同激素在盐胁迫中所代表的作用,刘桂丰(1998)针对林木提出"激素抗盐平衡系数",即在盐胁迫条件下植物的 ABA 含量增加,而 IAA、GA 和 ZR 含量降低。在同种盐胁迫条件(不高于致死盐浓度)下,用抑制型激素 ABA 的增加倍数分别除以促进型激素 IAA、GA、ZR 的降低倍数所得的比值分别叫作 ABA 与 IAA、GA、ZR 的拮抗效应系数;将每个激素的拮抗效应系数分别减去三个拮抗效应系数的平均值后再取绝对值,分别把他们叫作 IAA、GA、ZR 对 ABA 的抗盐调节值;将三种激素的抗盐调节值求和再除以拮抗效应系数的平均值,所得的比值就叫作激素抗盐平衡系数,简称平衡系数。

　　平衡系数越小,说明盐胁迫下激素的协调能力越强,抗盐能力越强;平衡系数越大,则说明代谢较为紊乱,抗盐能力越弱。本试验将其引入到烟草中,试图分析各处理在不同处理时间的激素协调能力。如表 7-2 所示,处理 T1 的抗盐平衡系数随着时间的延长不断波动,整体相对平缓;处理 T2 的平衡系数在处理后第 4 天表现为负值,而后逐渐增大,后期相对稳定;处理 T3 与 T2 的趋势相近,处理第 8 天后平衡系数较 T2 更大;处理 T4 的平衡系数在处理后第 4 天最大,达到 13.053,明显高于其他处理,随后快速下降,虽然此时处理 T4 的平衡系数较其他处理低,但只说明此时处理 T4 的内源激素系统应对较为协调,并不能代表处理 T4 的生长状况。

四、复合盐处理对烟草幼苗叶片渗透调节物质的影响

(一)复合盐处理对幼苗叶片可溶性糖含量的影响

　　植物体内可溶性糖含量可以反映碳水化合物的代谢情况,也是多糖、蛋白质、脂肪等大分子有机碳架化合物和能量的物质基础,受到胁迫时还可起到保护酶类的作用。从图 7-19 中可以看出,CK 在整个取样期表现相对平稳,略有升高,处理 T1 的可溶性糖含量持续上升,其他盐处理则先升高后下降。处理后第 4 天,T4>T3>T2>CK>T1,但处理 T1 较 CK 并未表现出显著性差异;处理后第 8 天,处理 T1 的可溶性糖含量增加较快,高于对照,其他处理的相对高低不变;处理后第 12 天,处理 T4 降至 0.95%,低于 T2 和 T3;处理后第 16 天,T2、T4 缓慢下降,处理 T3 也呈下降趋势,T2>T3>T1>T4>CK。针对试验后期中高盐胁迫下可溶性糖含量的降低,推测是由于植物体内叶绿体等细胞器损害较为严重,光合作用受到抑制,导致碳水化合物合成减少,以至于可溶性糖的来源降低。

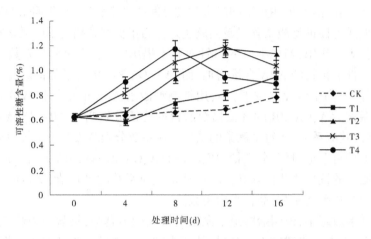

图 7-19　复合盐处理对幼苗叶片可溶性糖含量的影响

(二)复合盐处理对幼苗叶片可溶性蛋白质含量的影响

可溶性蛋白质是植物体内代谢的重要指标之一,叶片中约50%的可溶性蛋白是光合作用的关键酶 RuBP 羧化酶(Patterson et al. ,1980),一定程度上可以反映叶片的衰老状况和光合能力。如图 7-20 所示,随着处理时间的延长,CK 的可溶性蛋白质含量逐渐增大,而盐处理的可溶性蛋白质含量则先增大后降低。处理后第 4~8 天,各处理均逐渐增高,以处理 T4 的增加幅度最大,T4>T3>T3>T1>CK,其中 T4 达到整个处理期的最高峰;处理后 8~12 天,处理 T4 逐渐下降,其他处理则持续上升且增加幅度加快,第 12 天时处理 T3 达到最高值,为 12. 49 mg/g;处理后 12~16 天,CK 继续上升,T1、T2 变化相对缓慢,T3、T4 均出现不同程度的下降。肖强等(2005)对互花米草进行为期 39 天的海水胁迫,可溶性蛋白质呈现随处理浓度增大而增加的趋势,而龚理(2009)对烤烟品种 K326 的盐胁迫则发现,50~200 mmol/L 的 NaCl 使得烟株叶片内可溶性蛋白质随浓度增加逐渐下降。这可能是不同试验材料对盐胁迫的差异造成的,正如本试验中处理第 8 天时 T4 的可溶性蛋白质含量高于 T3,这正是植物在通过增加可溶性蛋白质含量来缓解胁迫,而第 12 天时胁迫加剧,蛋白质合成受阻,导致可溶性蛋白质含量降低,T3 反而高于 T4。

(三)复合盐处理对幼苗叶片脯氨酸含量的影响

脯氨酸可以作为细胞质的渗透调节物质维持细胞的含水量和膨压,还可以调节细胞质的 pH,清除一部分 ROS 和其他自由基,增强细胞结构的稳定性。由图 7-21 可知,各处理的脯氨酸随处理时间的增加持续上升,且盐处理浓度越大,

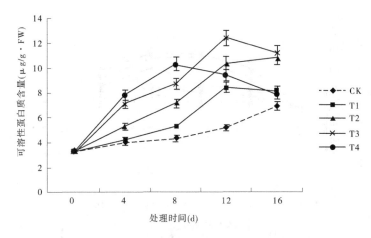

图 7-20　复合盐处理对幼苗叶片可溶性蛋白质含量的影响

脯氨酸累积越多。处理后 4~12 天,各处理变化相对较慢,12 天后 T3、T4 出现了较为明显的增长,第 16 天时较 CK 分别增加 167.27% 和 260.89%。

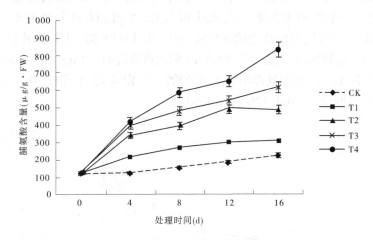

图 7-21　复合盐处理对幼苗叶片脯氨酸含量的影响

(四)复合盐处理对幼苗叶片抗氧化酶活性的影响

图 7-22 为盐处理下叶片中 SOD 活性的变化,各处理 SOD 含量均随处理时间的增加先升高后降低,且盐处理浓度越大,SOD 活性越高,但处理间差异不明显。处理后第 4 天,各处理均有一定升高,以处理 T4 的上升幅度较为明显;处理后第 8 天,CK、T1 和 T2 变化相对平缓,T3 进入快速上升期,较第 4 天上升了 25.60%;处理后第 12 天,各处理 SOD 活性都有所下降,此时 T4>T3>T2>T1>CK。

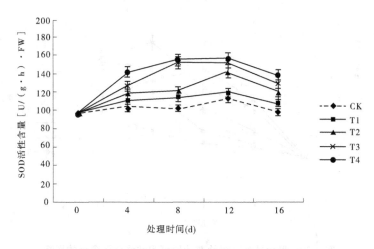

图 7-22　复合盐处理对幼苗叶片 SOD 活性的影响

　　盐处理对叶片 POD 活性的影响如图 7-23 所示,各处理随处理时间的延长整体上逐渐上升。处理后第 4 天,处理 T4 快速增加,T3、T2 次之,处理 T1 则较 CK 没有太大变化,基本保持稳定,此时 T4 较 CK 增加 137.71%;处理 8 天后,T1 进入快速增长阶段,其他盐处理也持续升高,CK 相对平缓;处理后第 12 天,CK 有所升高,但仍显著低于盐处理,处理 T4 则达到峰值 11.82 μg/(g·min);处理后 16 天,除 T4 外,其他处理均处于增长阶段,特别是 T1、T2 快速升高,较处理第 12 天分别升高了 104.17% 和 118.80%。

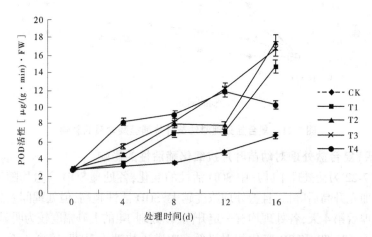

图 7-23　复合盐处理对幼苗叶片 POD 活性的影响

　　复合盐处理下叶片 CAT 活性的变化如图 7-24 所示,可以看到整个过程中 CK 变化相对平缓,而其他处理变化幅度较大,基本呈先升高后降低的趋势。处理后第 4~8 天,CK、T1 变化较为接近,缓慢上升,T2、T3、T4 则快速增高,特别是处理 T4 更是在处理后第 8 天达到 117.79 U/(g·min);处理后第 12 天,T1、T2 较第 8 天快速增加,分别为 93.39 U/(g·min)和 112.72 U/(g·min),T4 则急剧下降,显著低于处理 T2;处理后第 16 天,除 T1 较为平稳外,其他处理的 CAT 活性均明显下降。

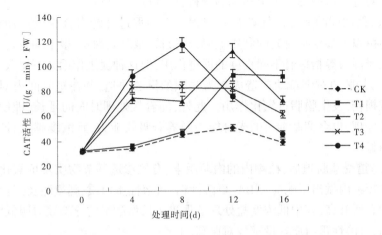

图 7-24 　复合盐处理对幼苗叶片 CAT 活性的影响

(五)讨论

　　盐碱胁迫下各种有机渗透物质和抗氧化酶的含量均有一定变化。可溶性糖和可溶性蛋白质含量在中高盐处理(0.6%~1.2%)时先升高后下降,但轻度盐处理(0.3%)则始终呈上升趋势,其中可溶性糖含量的变化幅度相对较小;脯氨酸在取样期间持续上升,特别是处理后期反而出现了快速上升,即在较高浓度的复合盐胁迫下,脯氨酸较可溶性糖和可溶性蛋白质起到更重要的作用。

　　正常条件下活性氧的产生与清除处于动态平衡,而在盐处理下,随着处理时间的延长及浓度的增加所造成的胁迫作用越来越大,该平衡被打破。通常认为,SOD 是清除活性氧自由基的最重要的关键抗氧化酶,其可以把 O^{2-} 转变为 H_2O_2,而生成的 H_2O_2 则被 POD 和 CAT 等酶分解为 H_2O 和 O_2(Asada,1999)。观察三种抗氧化酶的变化,SOD 和 CAT 先升高后下降,但是 SOD 变化相对平缓,且 CAT 的下降点随浓度的增大在时间上依次前移;POD 整体呈上升趋势,但处理后期高浓度处理 T4 的 POD 有所下降,李景等(2011)对贴梗海棠的盐胁迫研究中关于 SOD 和 CAT 得到了相似的结论,但是他认为在高盐胁迫中抗氧化酶系统只在短时期内有保护作用,至于 POD 活性,其研究表明与 SOD、CAT 的变化趋势一致。而龚理(2009)对烟草的试验结果表明 50 mmol/L 的 NaCl 处理下,POD 活性逐渐上升,而大于 50 mmol/L 后浓度则逐渐下降,这与植株对盐胁迫的耐受性有关。

五、小结

针对复合盐处理下多个指标的分析,得到以下结论:

(1)低浓度的复合盐处理在一定程度上会促进叶绿素合成,适当的持续盐胁迫可以增加植物对光的利用效率,对根长、根总表面积、根平均直径、根体积及根系活力等指标有不同程度的促进作用,但这种促进作用并不持久。

(2)盐胁迫对烟草幼苗造成较为强烈的渗透胁迫,并在短时间内对细胞膜造成损伤,发生膜脂过氧化作用。此外,随着盐处理时间的延长,即使是轻度盐分处理,也会抑制烟苗的光合能力及养分吸收能力,且浓度越大,抑制效果越明显。

(3)遭受盐胁迫后,植物内的内源激素、有机渗透调节物质及抗氧化酶系统均在短期内做出了响应,ABA、可溶性糖、可溶性蛋白质、脯氨酸及三种抗氧化酶均有所升高,其中低浓度盐处理的促进生长型激素的分泌较对照低,而可溶性糖、可溶性蛋白质含量都较对照高。

(4)盐处理浓度越大,处理时间越长,激素应对越紊乱,抑制型激素 ABA 大量累积,生长型激素的含量也普遍下降,以 IAA 和 GA 最为明显;渗透调节物质的代谢也不足以应对高强度盐胁迫,除了脯氨酸外,可溶性糖和可溶性蛋白质含量均逐渐下降,且处理浓度越大,下降趋势更早显现;而抗氧化酶系统的保护作用也逐渐下降,除 POD 外其他酶均呈下降趋势。

第二节　复合盐碱处理对烤烟幼苗生理生化特性的影响

盐化土资源作为一种土壤资源,是盐碱地资源的核心部分,但在内陆盐碱地中,由 NaHCO$_3$ 等碱性盐所造成的土壤碱化问题比由 NaCl 和 Na$_2$SO$_4$ 等中性盐所造成的土壤盐化问题更为严重,然而,关于盐碱的研究相对较少,烟草方面更未见相关研究。为探究盐碱处理下烟苗的生长特性,本试验以中烟 100 为研究对象,以 n(NaCl)∶n(Na$_2$SO$_4$)∶n(NaHCO$_3$) = 1∶1∶1 的复合盐碱溶液模拟盐碱环境,探索烟草苗期对复合盐碱的适应特点,以期为调控盐碱和优化栽培措施提供参考。试验品种与测定指标均与第一节保持一致。各盐碱处理的盐分浓度与组成及对应的电导率值、pH 见表 7-3。

表 7-3　复合盐碱处理的盐分组成与 pH

处理	质量浓度(%)	NaCl	Na_2SO_4	$NaHCO_3$	电导率($\mu S/cm$)	pH
CK	0	1	1	1	—	—
T1	0.3	1	1	1	385	8.50
T2	0.6	1	1	1	715	8.60
T3	0.9	1	1	1	1 025	8.70
T4	1.2	1	1	1	1 310	8.80

一、复合盐碱处理对烟草幼苗叶片叶绿素、相对含水率及细胞膜透性的影响

(一)复合盐碱处理对幼苗叶绿素含量的影响

表 7-4 反映了复合盐碱处理对中烟 100 幼苗叶绿素含量的影响。各处理叶绿素含量随处理时间的增加先升高后下降,各处理不同指标出现峰值的时间有所不同。各处理叶绿素 a 含量在处理后第 8 天达到最大值后呈现持续下降趋势(处理 T1 除外),处理 T1 的叶绿素 a 含量在处理后 16 天较 12 天略有回升,但仍低于对照水平;叶绿素 b 的波动较小,整体变化趋势与叶绿素 a 接近,处理 16 天时处理 T1 和 T3 的叶绿素 b 含量也出现了升高现象;CK 的叶绿素含量在处理 12 天前持续增加,后缓慢下降,而其他盐碱处理的峰值集中在处理后第 8 天。观察各时期的盐碱处理,处理后第 4 天的 T1、T2 的叶绿素 a、叶绿素 b 及总叶绿素含量均显著高于 CK,处理 T1 更是分别高出对照46.43%、85.19% 和 83.95%,但这种优势随着处理时间的增加逐渐消失,处理后第 12 天各盐碱处理的叶绿素含量不断下降且远低于对照,处理后第 16 天,CK 的叶绿素总含量为 1.68 mg/g,而处理 T4 为 0.67 mg/g,仅为 CK 的39.88%,这表明低浓度的复合盐碱处理在一定时间内可以促进叶绿素的合成,但长时间的盐碱处理对叶绿素有较强的破坏作用。对照复合盐处理(见表 7-1),这种促进作用主要表现在处理后第 8 天,而盐碱处理在第 4 天就较为明显,即相同浓度的盐碱能够更早地激发幼苗对胁迫的适应,换言之,相同浓度下盐碱处理对幼苗的危害更强,薛延丰等(2008)认为这可能是因为碱性盐胁迫破坏了细胞微环境下的酸碱平衡,影响到叶绿体类囊体两侧 H^+ 浓度梯度

表 7-4   复合盐碱处理对烟株幼苗叶绿素含量的影响

处理		叶绿素 a （mg/g · FW）	叶绿素 b （mg/g · FW）	总叶绿素 （mg/g · FW）	叶绿素 a/b
处理后第 0 天		0.57±0.01	0.28±0.01	0.89±0.02	2.03±0.12
处理后第 4 天	CK	0.56±0.02b	0.27±0c	0.81±0.01cd	2.07±0.10ab
	T1	0.82±0.18a	0.50±0.02a	1.49±0.03a	2.62±0.30b
	T2	0.8±0.09a	0.32±0.02b	1.26±0.17b	2.51±0.48a
	T3	0.57±0.02b	0.27±0.01c	1.01±0.18c	2.10±0.14ab
	T4	0.51±0.02b	0.24±0.04c	0.78±0.03d	2.13±0.36ab
处理后第 8 天	CK	1.09±0.16ab	0.55±0.06a	1.64±0.22a	1.99±0.20abc
	T1	1.02±0.07ab	0.48±0.02ab	1.47±0.05a	2.12±0.03ab
	T2	1.13±0.12a	0.48±0.04ab	1.65±0.13a	2.21±0.24a
	T3	0.92±0.01bc	0.51±0.01ab	1.45±0.05a	1.90±0.07bc
	T4	0.78±0.03c	0.46±0.02b	1.17±0.05b	1.69±0.13c
处理后第 12 天	CK	1.06±0.08a	0.66±0.02a	1.74±0.09a	1.61±0.06b
	T1	0.84±0.08b	0.48±0.03b	1.28±0.07b	1.74±0.04ab
	T2	0.84±0.10b	0.47±0.07b	1.37±0.18b	1.80±0.06a
	T3	0.57±0.03c	0.33±0.03c	0.90±0.06c	1.75±0.14ab
	T4	0.52±0.14c	0.33±0.07c	0.86±0.21c	1.58±0.10b
处理后第 16 天	CK	1.09±0.26a	0.59±0.14a	1.68±0.40a	1.83±0a
	T1	0.96±0.16a	0.53±0.08a	1.45±0.24a	1.57±0.12a
	T2	0.77±0.21ab	0.47±0.06ab	1.23±0.27ab	1.62±0.28a
	T3	0.59±0.07bc	0.38±0.12bc	1.01±0.2bc	1.65±0.47a
	T4	0.42±0.10c	0.26±0.09c	0.67±0.19c	1.85±0.89a

的建立，从而降低了叶绿体中 ATP 合成的动力。分析各处理叶绿素 a/b 的值，处理 T1、T2 整体上先升高后下降，且在处理 12 天前均高于 CK，但尚未达

到显著水平,而其他处理的叶绿素 a/b 随处理时间的延长在波动中逐渐下降,第 16 天时处理 T4 叶绿素 a/b 的上升主要是由于同一时期处理 T4 叶绿素 a 含量的下降幅度小于叶绿素 b 的含量下降幅度。

叶绿素含量的降低会导致叶绿体类囊体膜上色素蛋白复合体损伤,降低基粒的数量,影响类囊体膜的垛叠(朱宇旌等,2000),影响光合活性进而降低植物同化能力。本试验中叶绿素总含量的降低主要是由叶绿素 a 含量的下降引起的,叶绿素 b 由于基数较小,在下降总数值中所占比重较小,也有部分学者认为叶绿素酶对叶绿素 a 的影响较小,主要降解的是叶绿素 b(Carter and Cheeseman,1993)。而夏阳等(2005)认为叶绿素 a/b 的变化不仅取决于叶绿素 a、b 的降解幅度,更和两者的初值有关。

对于试验中处理后 16 天部分处理叶绿素升高的现象,武德等(2007)对刺槐和绒毛白蜡的盐碱胁迫出现了类似的研究结果,张润花等(2006)用不同浓度的 NaCl 处理黄瓜幼苗,也表现出叶片变小、叶色加深、叶绿素升高的现象,她认为处理时间越长,植株代谢紊乱越严重,正是由于叶片叶绿素与其蛋白间的结合变得松弛,才使得在测定中更容易被提取,从而造成试验后期测定的叶绿素含量升高。

(二)复合盐碱处理对幼苗叶片相对含水率的影响

由图 7-25 可知,复合盐碱对幼苗叶片相对含水率的影响与复合盐类似,各处理相对含水率均随着处理时间的延长而降低,且各处理相对含水率随盐碱浓度的增大而降低,但其下降程度较复合盐处理更剧烈。盐碱处理下,第 4 天时各处理已达到较大的下降速度,且随着处理时间的增加以这种速度持续下降。处理第 4 天,T4 由 85.67%降至 72.56%,下降幅度达到 15.30%;处理后第 16 天,T1 的相对含水率为 71.33%,较 CK 下降了 16.71%,而此时的 T4 仅为 54.64%,自第二片真叶起已基本呈现萎蔫状态。

(三)复合盐碱处理对幼苗叶片细胞膜透性的影响

图 7-26 显示的是复合盐碱处理对叶片相对电导率的影响,各盐碱处理的相对电导率整体变化趋势与复合盐处理接近,都是随处理时间的延长而增加,有所不同的是第 4 天处理 T1 的相对电导率较 CK 低,虽未达到显著水平,但表明此时烟株已做出应激性反应。处理后第 8 天,各处理相对电导率逐渐上升且显著高于对照;处理后第 8~12 天,各盐碱处理的相对电导率进入急速增加阶段,处理 T1 由 35.17%增至 57.31%,处理 T4 更是达到了 85.23%,较第 8 天上升幅度高达 87.20%;处理第 16 天时,各处理趋于平缓,T4>T3>T2>T1>CK,处

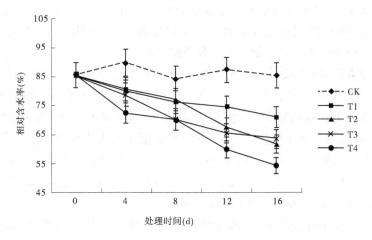

图 7-25 复合盐碱处理对幼苗叶片相对含水率的影响

理 T4 的细胞膜已基本呈破碎状态。

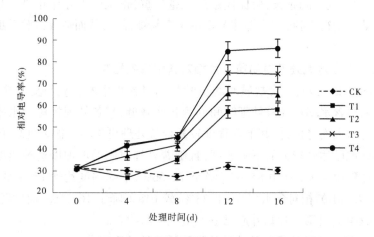

图 7-26 复合盐碱处理对幼苗叶片相对电导率的影响

图 7-27 为复合盐碱处理下各处理的 MDA 含量变化,盐碱浓度越大,处理时间越长,MDA 含量越高。处理后第 4 天,处理间差异不大;处理后 4~8 天,CK、T1 变化相对平稳,其他处理快速增加,第 8 天时 T4>T3>T2>T1>CK;处理后第 12 天,处理 T1 逐渐增加,T4 与 CK 差距达到最大,较 CK 增大 124.49%;处理后第 16 天,盐碱处理中 T1、T2 变化较小,T3、T4 持续增大,分别达到 52.35 nmol/g 和 59.24 nmol/g。

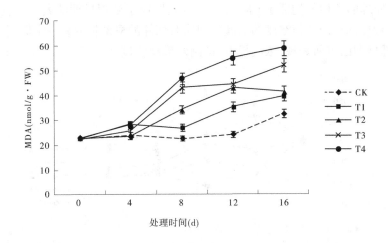

图 7-27　复合盐碱处理对幼苗叶片 MDA 含量的影响

二、复合盐碱处理对烟草幼苗根系特性的影响

图 7-28 为试验第 8 天各处理的根系扫描图片,可以看到处理间表现出较为明显的差异,随复合盐碱浓度的增大,各处理的根系数量逐渐减少,呈现出逐渐增强的胁迫作用。对比处理后第 8 天复合盐处理的根毛形态,可以发现盐碱的处理间差异要远远大于盐处理。

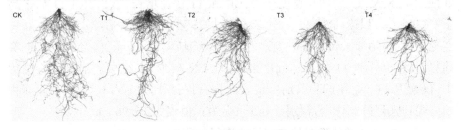

图 7-28　复合盐碱处理对幼苗根系形态的影响

(一)复合盐碱处理对幼苗根系总长度的影响

复合盐碱处理对根系总长度的影响如图 7-29 所示,各处理的总根长随处理时间的增加先升高后降低,处理后第 4 天,CK 和 T1 逐渐升高,而 T2、T3 和 T4 呈下降趋势;处理后 4~8 天,CK 持续上升,而 T1 快速下降,第 8 天时显著低于 CK,仅为 CK 的 73.48%,CK>T1>T2>T3>T4,处理 T4 的根长仅为 145.01 cm;处理 12~16 天,CK 逐渐下降,其他处理在平缓中趋于稳定。整个试验期

间,各处理的总根长均低于CK,且中高盐碱处理于处理早期就表现出较为明显的胁迫效应,即任何浓度的盐碱处理均对烟株的根系长度有一定抑制作用,且处理早期已有所表现,浓度越大,抑制效果越明显。

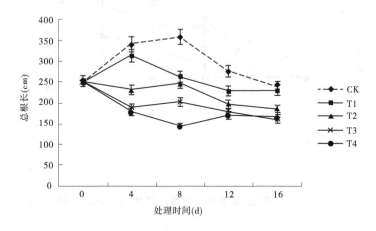

图7-29　复合盐碱处理对幼苗根系总长度的影响

(二)复合盐碱处理对幼苗根表面积的影响

如图7-30可知,各处理根表面积随处理时间的增加整体上先上升后下降。处理后第4天,各处理均有一定增长,以处理T2较为明显,较CK稍高;处理后4~8天,T2的增长速度变缓,CK和T1快速增长,第8天时T1显著高于CK,根表面积达到31.38 cm^2,T1>CK>T2>T3>T4;处理后第12天,各处理变化不大,与第8天保持相对稳定的状态;处理后12~16天,各处理均呈下降趋势,其中以处理T1的下降幅度最大,较CK减少16.57%。整个试验过程中,仅处理T1、T2在试验前期对根表面积有促进作用,而T3、T4的根表面积始终受到强烈抑制作用,特别是处理T4,最大值仅为16.96 cm^2。

(三)复合盐碱处理对幼苗根平均直径的影响

图7-31为根系平均直径在复合盐碱处理下的变化,可以看出,其变化趋势与根系总长度类似,均是随处理时间的增加先升高后下降,与根系总长度不同的是处理后16天,根系直径的下降较为缓慢。处理期间,CK始终高于其他盐碱处理,T4则始终低于各处理。处理前4天,T1、T2和T3的根系平均直径较为接近,随着时间延长,中高盐碱的抑制作用逐渐体现,处理后第12天,T2和T3的平均直径相同,仅为0.37 mm,较T1减少7.5%。

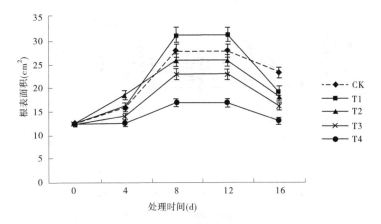

图 7-30　复合盐碱处理对幼苗根表面积的影响

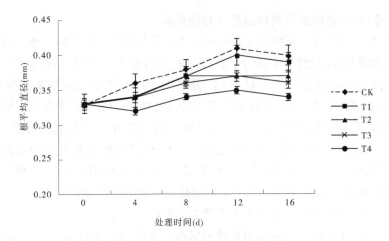

图 7-31　复合盐碱处理对幼苗根平均直径的影响

(四)复合盐碱处理对幼苗根体积的影响

图 7-32 为复合盐碱对幼苗根体积的影响,整体来看各处理的根体积变化较为缓慢,且盐碱处理的根体积基本均低于对照,T3、T4 呈现负增长。处理后第 4 天,CK 和 T1 有所增大,而其他处理无明显变化;处理后第 8 天,T1 有所下降,而 T2、T3、T4 仍在 0.21~0.23 cm³ 浮动;处理 12~16 天,CK 的根体积在波动中趋于稳定,施加盐碱的处理则出现了不同程度的下降,此时 CK>T1>T2>T3>T4,其中以 T3、T4 的下降最为明显,分别降至 0.18 cm³ 和 0.14 cm³,甚至较处理前小,这表明长时间的高浓度盐碱处理使得烟株根系处于一种消耗状态。

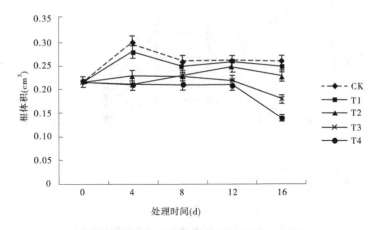

图 7-32　复合盐碱处理对幼苗根体积的影响

(五)复合盐碱处理对幼苗根尖数的影响

根据图 7-33 可以观察到复合盐碱处理对幼苗根尖数的影响。整个处理期间,CK 和处理 T2 始终处于较为平缓的波动中,但处理后期 CK 的根尖数逐渐上升,而 T2 呈下降趋势,且显著低于 CK;处理 T1 的根尖数在处理前期快速升高,第 12 天后缓慢下降,处理期间始终高于 CK;处理 T3、T4 也是先升高后降低且 T3 始终高于 T4,两者的峰值出现均在第 8 天,此时显著高于其他处理,随后急剧下降。因此,T1 处理对根尖数有促进作用,T2 处理对根尖数有轻微的抑制作用,而 T3、T4 处理呈大起大落的变化,表现出更强烈的应激反应,即烟株的根尖数对盐碱处理更敏感,且高浓度盐碱对烟株的抑制作用更为明显。

(六)复合盐碱处理对幼苗根系活力的影响

图 7-34 显示的为复合盐碱处理对幼苗根系活力的影响,除 CK 外,各处理的根系活力均随处理时间的延长缓慢下降,且各处理差异明显。处理后 4~12 天,处理 T1 的根系活力高于 CK,处理后 12 天达到最大值 336.04 $\mu g/(g \cdot h)$,其他处理均低于 CK,且始终保持 T2>T3>T4 的状态;处理后第 12~16 天,CK 的根系活力持续增大,第 16 天达到 384.41 $\mu g/(g \cdot h)$,而盐碱处理均呈下降趋势,低盐碱的促进作用消失,CK>T1>T2>T3>T4。

(七)讨论

由上述分析可知,盐碱处理对幼苗根系的总根长、根直径、根体积等均表现出明显的抑制作用,根毛的密度也随盐碱浓度的升高明显下降,而轻度盐碱处理(0.3%)短时间内对根表面积及根系活力有一定促进作用。部分研究表

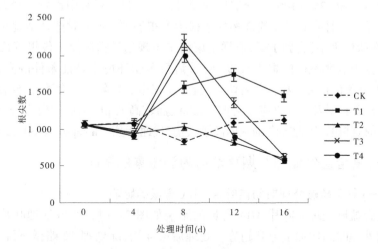

图 7-33　复合盐碱处理对幼苗根尖数的影响

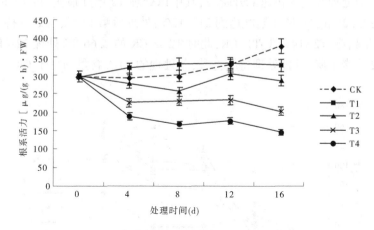

图 7-34　复合盐碱处理对幼苗根系活力的影响

明,也有植物可通过减少根系表面积、增加根系直径或者发展通气组织来限制盐离子的过分吸收,缓解盐胁迫带来的缺氧损害(Colmer,2003),这与不同植物的反馈机制有关。

盐碱处理在一定程度上抑制根毛发生,主要表现在使非生毛细胞的数量下降,同时使一些生毛细胞变成非生毛细胞,从而导致根毛的密度与长度发生变化(Wang et al.,2008)。NaHCO$_3$ 处理下,柳枝稷的根系分布密度明显低于同一浓度下 NaCl 和 Na$_2$SO$_4$ 的单盐处理,且 20~100 cm 土层内根系分布密度

抑制率达到 86.2%~100%(李继伟等,2011)。本试验过程中也发现盐碱处理
12 天左右,特别是 T3、T4 的许多白嫩根尖变褐腐烂,16 天时这种情况更加普
遍,而在盐处理中,直到 16 天取样结束尚未出现这种情况。丁俊男等(2014)
试验数据也表明桑树的根系长度、根系活力等受环境中碱性条件的限制,与
pH 呈极显著负相关。相关学者认为,盐分积聚造成根际的高渗透势,使得根系
的矿质营养状况及氧气供应能力严重破坏,而较高的 pH 又迫使根系合成并积
累大量的有机酸,因此导致细胞内离子失衡、代谢紊乱(Thompson et al.,2007)。

三、复合盐碱处理对烟草幼苗内源激素的影响

(一)复合盐碱处理对幼苗叶片 ABA 含量的影响

复合盐碱处理对叶片 ABA 含量的影响如图 7-35 所示,各处理叶片 ABA
含量随处理时间增加呈上升趋势。处理后第 4 天,除处理 T2 略微下降外,其
他处理都有所上升,且处理 T4 的上升幅度大于 CK;处理后 4~8 天,CK 平缓
变化,其他处理都进入快速上升阶段,其中以处理 T2 增加最快,自 42.65 μg/
g 升至 135.25 μg/g,增加幅度达到 217.12%;处理后第 12 天,各处理持续第 8
天的变化趋势,T2>T4>T3>T1>CK,此时 T2 是 CK 的 2.66 倍;处理 12~16 天,
处理 T2 略微下降,其他处理持续上升,各处理的 ABA 含量均高于 CK。

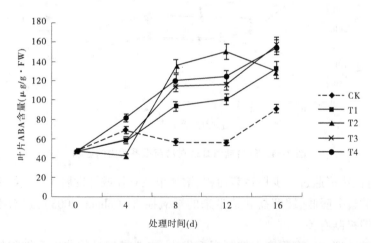

图 7-35　复合盐碱处理对幼苗叶片 ABA 含量的影响

图 7-36 为不同处理下根尖的 ABA 含量变化趋势,相对于叶片的 ABA 分
布,各处理根尖 ABA 含量变化相对平缓,主要集中在 20~40 μg/g。处理后第
4 天,处理 T1、T2 有一定程度的下降,其他处理均随时间的延长有所升高;处

理后第 8 天,处理间差异不大,各盐碱处理的 ABA 含量均高于对照;处理后
8~12 天,各处理在平稳中变化,盐碱处理有所上升,且依旧高于对照;处理后
12~16 天,处理 T1、T2 有所下降,T3、T4 则急剧上升,第 16 天分别达到 50.00
μg/g 和 57.29 μg/g,较对照增大 71.35%和 96.33%。

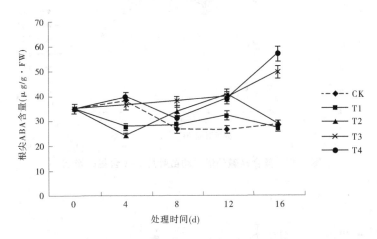

图 7-36　复合盐碱处理对幼苗根尖 ABA 含量的影响

(二) 复合盐碱处理对幼苗 IAA 含量的影响

图 7-37 为盐碱处理下幼苗叶片中的 IAA 含量变化。可以看出,整体上各
处理的 IAA 含量随时间的延长有所下降。处理后第 4 天,处理 T1 与 CK 含量
相当,较处理前变化不大,处理 T3 则快速上升,显著高于 CK,达到 135.39
μg/g,T2、T4 则略微下降;处理后 4~8 天,各处理均呈下降趋势,其中 T2、T4
变化较为平缓,其他处理则快速下降,第 8 天时各处理的 IAA 含量均高于 CK;
处理后 8~12 天,处理 T3 逐渐下降,其他处理变化不明显;处理后第 16 天,处
理间出现了较为明显的差异,CK 变化平缓,T1、T2 的 IAA 含量明显下降,分别
降至 77.20 μg/g 和 72.97 μg/g,而 T3、T4 则快速上升,且高于 CK。

盐碱处理下中烟 100 根尖 IAA 含量变化如图 7-38 所示。对比叶片中
IAA 含量可知,根尖的 IAA 含量远远低于同一时期的叶片含量。此外,盐碱处
理后的 16 天里,各处理的根尖 IAA 含量都高于 CK。处理后第 4 天,各处理均
呈上升趋势,其中 T2>T3>T1>T4=CK,处理 T2 达到 50.75 μg/g;处理后 8~12
天,CK 和 T1、T2 的根尖 IAA 含量较为稳定,处理 T3、T4 呈上升趋势,T4 更是
大幅度增加,较 CK 提高 50.38%;处理后 12~16 天,除 T4 下降外,其他处理均
有一定上升。

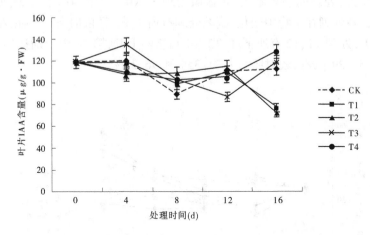

图 7-37　复合盐碱处理对幼苗叶片 IAA 含量的影响

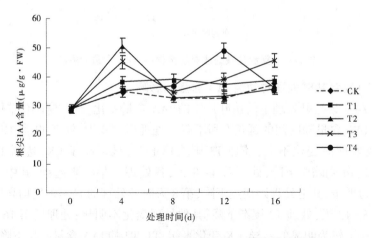

图 7-38　复合盐碱处理对幼苗根尖 IAA 含量的影响

(三) 复合盐碱处理对幼苗 GA 含量的影响

图 7-39 显示的是盐碱处理对叶片 GA 含量的影响,如图所示,各处理随着处理时间的延长呈现周期性的波动,处理 T1 的 GA 含量始终高于 CK。处理后第 4 天,各处理均有所升高,以 T1 增长最快且显著高于对照,其他处理则低于对照;处理后 4~8 天,处理 T4 变化不大,其他处理则快速增长,第 8 天时 T1>CK>T2>T3>T4,T4 较 CK 下降 33.29%;处理后 8~12 天,处理 T4 略微上升,其他处理均有一定程度的下降,处理 T1 依旧明显高于其他处理,第 12 天

时为 8.33 μg/g；处理后第 16 天，处理 T1、T2 较第 12 天有所上升，高于 CK，分别为 9.79 μg/g 和 7.49 μg/g，T3、T4 则低于 CK，分别较 CK 下降 10.89% 和 28.59%。

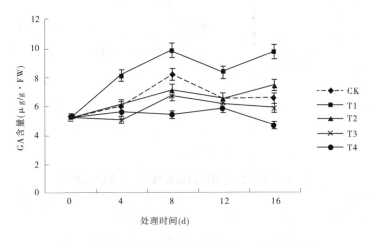

图 7-39　复合盐碱处理对幼苗叶片 GA 含量的影响

盐碱处理下中烟 100 根尖 GA 含量变化如图 7-40 所示，与叶片中 GA 变化略有差别。处理后第 4 天，除处理 T4 略有下降外，其他处理均呈上升趋势，其中以处理 T2 的上升幅度最大，明显高于 CK；处理后第 8 天，处理间 GA 含量差距变小，分布相对集中，此时 T1>T2>CK>T3>T4；处理 8~12 天，CK 在平缓中有所下降，T1、T2 逐渐下降，而 T3、T4 急剧上升，第 12 天分别增至 10.00 μg/g 和 9.64 μg/g，较 CK 上升 53.61% 和 48.08%；处理后 16 天，各处理的 GA 含量都有略微的下降，处理 T1、T2 与 CK 较为接近，处理 T3、T4 明显高于其他处理。

（四）复合盐碱处理对幼苗 ZR 含量的影响

盐碱处理下中烟 100 叶片中 ZR 含量变化如图 7-41 所示，处理后第 4 天，除处理 T4 略有下降外，其他处理的 ZR 含量均逐渐上升，此时 T3>T1>T2>CK>T4；处理后 4~8 天，CK 和 T2 持续缓慢上升，其他处理则有不同程度的下降，处理 T4 依旧明显低于其他处理，第 8 天仅为 6.84 μg/g；处理后第 12 天，处理 T1 快速上升，高于其他处理，T2、T3 与 CK 相近，T4 始终为处理间的最低值；处理后 12~16 天，CK 持续升高，盐碱处理均呈下降趋势。总之，整个处理时间内 CK 的叶片 ZR 含量呈持续上升的趋势，而盐碱处理呈周期性波动，前期除高盐碱处理 T4 外，其他处理均有高于对照的趋势。

图 7-42 为盐碱处理下根尖 ZR 的含量变化，由此可知 CK 的根尖与叶片

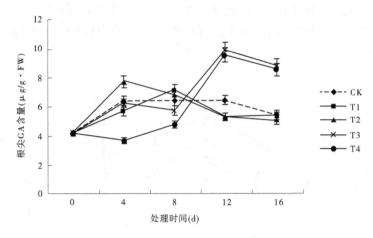

图 7-40　复合盐碱处理对幼苗根尖 GA 含量的影响

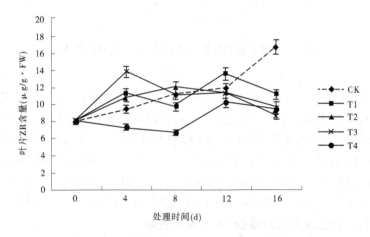

图 7-41　复合盐碱处理对幼苗叶片 ZR 含量的影响

ZR 含量变化相似,整体上随处理时间的延长不断上升。处理后第 4 天,盐碱处理的根尖 ZR 快速升高,且均高于 CK;处理后第 8 天,处理 T1 达到取样期间的最高值, 为 9.75 μg/g,T2、T3 与 T1 较为接近,T4 相对较低,为 8.54 μg/g,但仍高于此时的 CK;处理后 8~12 天,处理 T1、T2 逐渐下降,处理 T4 也进入缓慢下降阶段,第 12 天时处理 T3 则达到顶峰,明显高于其他处理,为 12.56 μg/g;处理后第 16 天,持续上升的 CK 高于不断下降的各盐碱处理。

(五)复合盐碱处理对幼苗叶片激素比值及抗盐碱平衡系数的影响

随盐碱浓度和处理时间的增加,叶片中抑制型激素 ABA 和促进型激素

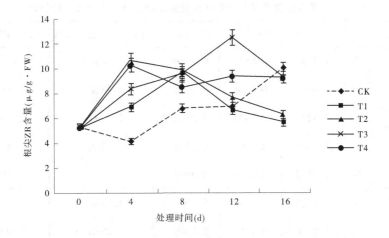

图 7-42　复合盐碱处理对幼苗根尖 ZR 含量的影响

IAA 整体呈上升趋势,其中促进型激素的变化趋势与复合盐处理 T4 较为接近,这也表现出复合盐碱处理较盐处理对烟株的胁迫作用更强烈。从表 7-5 可知,除处理后第 4 天处理 T1、T2、T3 的 IAA/ABA、GA/ABA、ZR/ABA、(IAA+GA+ZR)/ABA 有不同程度的上升外,其他取样时期盐碱处理的生长型激素与抑制型激素比值均低于对照,即在盐碱处理前期各处理就作出了较为强烈的应激反应,且处理后期胁迫作用更为明显。整个取样过程中,各处理的生长型激素与抑制型激素比值基本上均随着处理时间的延长而降低,但是处理间的相对高低略有不同。与复合盐处理相似,处理后第 12 天、16 天的 T4 在 GA 和 ZR 持续下降中,IAA 的大幅度上升直接导致了 IAA/ABA 及(IAA+GA+ZR)/ABA 的相对增高。

　　观察表 7-5 中各处理的抗盐平衡系数可知,处理 T1 的平衡系数在不同取样时期差异不明显,除处理后第 12 天略有增大外,其他时期表现相对稳定;处理 T2 与 T1 相似,平衡系数较 T1 更小,即此时内源激素间协调性更好;处理前期 T3 的反应与 T2 类似,后期随着胁迫的加剧,平衡系数反而因为 IAA 的分泌降至 0.741;处理 T4 的平衡系数随处理时间的延长逐渐减小,处理后第 4 天达到 13.756,为同时期 T1 的 4.98 倍,处理后第 12 天降至 2.788,第 16 天降为负值,这可能是由于高盐碱处理下烟苗的激素应对系统短期内出现紊乱,随后通过分泌大量的生长型激素展开"自救"。

表 7-5 复合盐碱处理对幼苗叶片激素比值及抗盐平衡系数的影响

处理		IAA/ABA	GA/ABA	ZR/ABA	（IAA+GA+ZR）/ABA	抗盐平衡系数
处理后第 4 天	CK	1.738c	0.087b	0.136c	1.961c	—
	T1	2.046b	0.140a	0.195b	2.381b	2.760b
	T2	2.523a	0.144a	0.256a	2.923a	−2.858c
	T3	2.268b	0.086b	0.233a	2.586b	−4.231d
	T4	1.339d	0.069b	0.090d	1.498d	13.756a
处理后第 8 天	CK	1.577a	0.143a	0.196a	1.916a	—
	T1	1.053b	0.105b	0.104b	1.263b	2.649b
	T2	0.808c	0.053c	0.090c	0.950c	2.922b
	T3	0.897c	0.059c	0.098c	1.054c	2.409b
	T4	0.860c	0.045c	0.057d	0.962c	5.286a
处理后第 12 天	CK	1.948a	0.117a	0.211a	2.276a	—
	T1	1.086b	0.082b	0.134b	1.302b	3.803a
	T2	0.764c	0.044c	0.076c	0.884c	3.859a
	T3	0.755c	0.054c	0.098c	0.907c	2.771b
	T4	0.848c	0.048c	0.082c	0.978c	2.788b
处理后第 16 天	CK	1.233a	0.072a	0.183a	1.488a	—
	T1	0.578c	0.073a	0.084b	0.735c	2.280a
	T2	0.564c	0.058b	0.076b	0.698c	2.133a
	T3	0.757b	0.037c	0.056b	0.851b	0.741b
	T4	0.832b	0.030c	0.061b	0.923b	−9.060c

四、复合盐碱处理对烟草幼苗叶片渗透调节物质的影响

(一)复合盐碱处理对幼苗叶片可溶性糖的影响

复合盐碱下叶片中可溶性糖含量的变化如图7-43所示。可以看出,各处理随时间增加整体上呈现出先升高后降低的趋势。处理后第4天,各盐碱处理的可溶性糖含量均明显升高,其中T2、T3的升高幅度较小,处理T4升高幅度最大,均显著高于CK;处理后4~8天,处理T4逐渐下降,而其他盐碱处理逐渐升高,第8天时T1、T3、T4含量较为接近,处理T2略低,但依旧高于对照;处理后第12天,T1快速下降,降至0.81%,较CK低14.74%,其他处理缓慢上升;处理后12~16天,各处理均有下降趋势,其中T3的下降速度最快,T3、T4均低于CK。

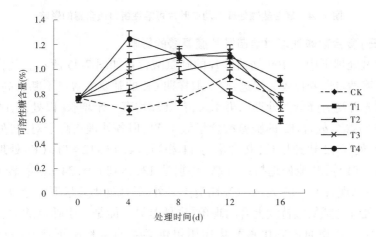

图7-43　复合盐碱处理对幼苗叶片可溶性糖含量的影响

(二)复合盐碱处理对幼苗叶片可溶性蛋白质的影响

图7-44为复合盐碱下烟叶可溶性蛋白质含量的变化,可以看到CK和T1在整个取样期间均呈上升趋势,而T2、T3、T4则先升高后降低,但峰值略有不同。处理后第4天,除CK变化相对平缓外,其他盐碱处理均有较为明显的升高,其中以处理T4最为明显;处理后第8天,各处理持续增大,处理T4达到取样期的顶峰,此时T4>T3>T2>T1>CK;处理后第12天,处理T3快速增高,T4则略有下降,T3较T4高21.95%;处理后12~16天,CK和T1持续升高,T2、T3和T4均呈下降趋势,以处理T4的下降趋势最为明显,较第12天下降了37.18%,仅为5.98 mg/g。

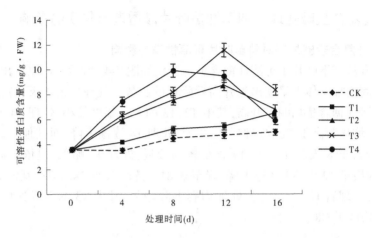

图 7-44　复合盐碱处理对幼苗叶片可溶性蛋白质含量的影响

(三)复合盐碱处理对幼苗叶片脯氨酸的影响

盐碱处理下中烟 100 幼苗叶片的脯氨酸含量如图 7-45 所示。其含量变化与可溶性蛋白变化较为接近,整个取样期 CK 的脯氨酸含量不断升高,其他处理则先升高后降低。处理后第 4 天,各处理均有一定增长,以处理 T4 最为明显,T3 次之,处理 T2 的脯氨酸含量低于 T1,但各处理均高于对照;处理后第 8 天,处理 T2 快速增长,其含量与 T1 相当,T4>T3>T2 = T1>CK;处理后第12 天,除 T4 外,其他处理持续升高,特别是 T3,达到 805.34 μg/g,较 CK 高2.82 倍;处理后 12~16 天,除 CK 略有上升外,其他处理均呈下降趋势。对比复合盐处理的脯氨酸持续上升的现象,这种差异可能是由于脯氨酸的合成有赖于碳水化合物通过氧化磷酸化作用提供必需的氢和还原能力(肖强等,2005),而盐碱作用下各处理的光合能力受到更强的抑制,可溶性糖也较单独的盐处理更早表现出下降趋势。此外,叶绿素的合成需要脯氨酸,盐碱处理后期细胞中大量积累的脯氨酸有利于叶绿素的合成,这也从另一个方面解释了盐碱处理后期叶绿素含量有所增多的原因。

(四)复合盐碱处理对幼苗叶片抗氧化酶活性的影响

图 7-46 为复合盐碱对叶片 SOD 活性的影响,可以看出,CK 在取样期间变化相对较小,其他处理基本上先升高后降低。处理后第 4 天,除 T1 外其他盐碱处理均有一定程度的上升且高于对照,T1 则略低于对照但并未达到显著水平;处理后 4~8 天,各盐碱处理进入快速增长阶段,第 8 天时 T4>T3>T2>T1>CK,处理 T3、T4 分别达到 154.31 U/(g·h)和 171.06 U/(g·h),较 CK 增大

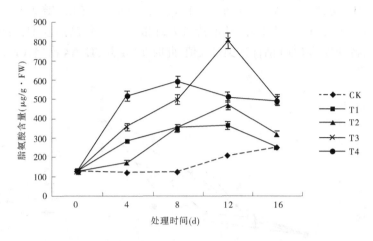

图 7-45　复合盐碱处理对幼苗叶片脯氨酸含量的影响

37.31%和52.22%;处理后8~12天,CK 和 T1 平稳中略有上升,而其他盐碱处理均逐渐下降,各处理 SOD 活性相当;处理后第16天,T1 也开始下降,此时所有盐碱处理均低于对照。

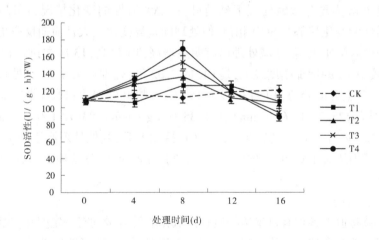

图 7-46　复合盐碱处理对幼苗叶片 SOD 活性的影响

盐碱处理下幼苗叶片 POD 活性如图 7-47 所示。可以看到,整个取样期间各处理的 POD 活性整体呈上升趋势。处理后第4天,各处理变化较慢,处理间差别不大;处理后4~8天,CK 和 T1 在平缓中略有增加,其他处理则急剧上升,特别是处理 T2,第 8 天升至 9.41 μg/(g·min),较 CK 增加 141.90%;处理后 8~12 天,T2 有所下降,其他盐碱处理依旧保持较高速度增长;处理后第 16 天,各处理的 POD 活性达到最大值,此时 T3 最高,T2、T4 次之,CK 最弱。

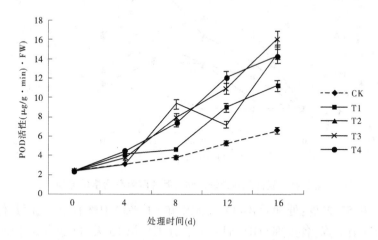

图 7-47　复合盐碱处理对幼苗叶片 POD 活性的影响

图 7-48 为复合盐碱处理下幼苗叶片 CAT 活性的变化情况,可以看到,CAT 活性的变化趋势与 SOD 相似,但处理间差异变化更大且前期反应更为迅速。处理后第 4 天,各盐碱处理已有明显增高,T4 最高,T3 次之,T1、T2 较为接近,其中 T4 的增加幅度最大,是 CK 的 5.02 倍;处理后第 8 天,各处理包括 CK 均保持上升的趋势,T4>T3>T2>T1>CK,各盐碱处理达到取样期间的最大值,分别为 125.72 U/(g·min)、111.35 U/(g·min)、83.72 U/(g·min) 和 72.70 U/(g·min);处理后 8~12 天,CK 持续上升,其他处理则逐渐下降,但盐碱处理仍然高于对照;处理后第 16 天,T1 略有回升,各处理的 CAT 活性较为相近。

(五)讨论

盐碱胁迫下各种有机渗透物质和抗氧化酶的含量均有一定变化。盐碱处理的可溶性糖和脯氨酸均呈现先升高后下降的趋势,但可溶性糖的变化幅度较小且更早地出现下降趋势,这也从一方面证实脯氨酸并不单单是植物受损伤程度的表现,而是对植物自身的缓解调控起到切实的作用;可溶性蛋白质的变化趋势在中高盐碱处理(0.6%~1.2%)下与脯氨酸相似,但是轻度盐碱处理 T1 在整个取样期间持续上升,即在高度胁迫下,可溶性蛋白较可溶性糖和脯氨酸起到更重要的作用。

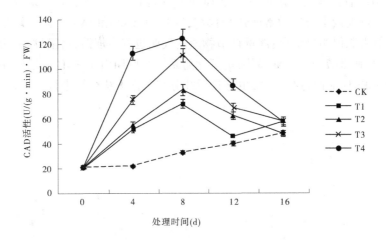

图 7-48　复合盐碱处理对幼苗叶片 CAT 活性的影响

　　观察三种抗氧化酶的变化,可以看到 SOD 和 CAT 均呈先升高后下降的趋势,而 POD 整体呈上升趋势,且 POD 和 CAT 的最大增高幅度达到原始活性的 7~8 倍,而 SOD 的最大增加趋势仅为 80%,即抗氧化酶系统的崩溃主要是由于后期盐碱胁迫造成 SOD 的活性降低,不能持续地将氧自由基转变成 H_2O_2(Asada,1999),导致后续分解工作无法继续进行。

五、小结

　　针对盐碱处理下多个指标的分析,得到以下结论:

　　(1)低浓度的复合盐碱处理在一定时间内可以降低细胞膜透性,促进叶绿素合成,对根表面积及根活也有促进作用,但这种促进作用仅在处理后第 4 天有所表现。

　　(2)盐碱胁迫对烟株幼苗造成强烈的渗透胁迫,长时间的胁迫处理导致细胞膜透性增加,膜脂过氧化作用强烈,对叶绿素有较强的破坏作用,且浓度越大抑制效果越明显。此外,高浓度的盐碱处理致使许多白嫩根尖变褐腐烂,明显降低根系密度及数量,强烈抑制了根系总长度、根平均直径及根体积。

　　(3)遭受盐碱胁迫后,植物内的内源激素、有机渗透调节物质及抗氧化酶系统均在短期内做出了较为强烈的应激反应,ABA、GA、脯氨酸、可溶性糖、可溶性蛋白、POD、SOD 和 CAT 均呈上升趋势,其中低浓度盐碱处理的 ABA、IAA、ZR、GA 及 SOD 含量均较对照低。

　　(4)随着盐碱处理浓度的增加和处理时间的延长,激素应对系统出现紊乱,并通过大量生长型激素展开"自救",叶片中 ABA 和 IAA 整体上均呈上升趋势,但未取得明显效果;渗透调节物质的代谢也基本崩溃,可溶性糖、可溶性蛋白质及脯氨酸均呈下降趋势;抗氧化酶系统在后期由于 SOD 的活性快速下降,即使 POD 活性持续上升,也导致后续分解工作无法继续进行。

第八章　盐分胁迫对烤烟叶片亚细胞结构及生理生化指标的影响

近几年,由于农药的滥用及灌溉、施肥方式的不合理,造成土壤盐渍化越来越普遍,严重影响了农作物的生长发育。细胞超微结构是植物一系列生理活动异常的细胞学基础(刘卫国等,2016)。相关研究表明,植物叶片细胞的内部结构与其耐盐性密切相关,尤其是叶肉细胞中叶绿体、细胞核、线粒体等细胞器的形态结构对外界环境变化较敏感(Kramer et al.,1984)。研究盐分对植物超微结构的影响,有利于从机制上发现植物的耐盐特征。有研究表明,经一段时间盐处理后,植物叶肉细胞内会出现淀粉粒、空腔,叶绿体形态发生改变,由原来的长椭圆状变成圆球状,膜系统受到影响,外膜逐渐断裂解体,核膜消失,线粒体发生肿胀,嵴逐渐消失,内外膜界限不清,细胞内部结构愈发简单(殷秀杰等,2011)。高浓度的 NaCl 会使空心莲(刘爱荣等,2007)叶片的栅栏组织细胞层数增加,角质膜增厚。在高浓度 KNO_3、K_2SO_4 条件下,辣椒(姜伟等,2017)叶片栅栏细胞及上表皮细胞显著变小,叶片变薄,栅栏组织、海绵组织细胞排列疏松、不紧密,叶绿体变长、变大,根尖木质部导管增多,茎木质部导管壁增厚,孔径变小。番茄(Romeroaranda et al.,2001)叶面积和气孔密度会随盐浓度的升高逐渐降低。随盐胁迫时间增加,二倍体刺槐(孟凡娟等,2010)的线粒体结构逐渐失去完整性嵴的结构而变得模糊,细胞膜部分破损、模糊,叶绿体大部分游离细胞壁,在细胞质中随机分布。目前,相关研究主要集中在小麦、水稻等以采收籽粒为主的作物和蔬菜等作物上,对烤烟等以采收叶片为主的作物研究较少。

植物在长期的进化过程中,获得了通过提高活性氧清除酶活性来应对逆境的机制,从而保证作物的正常生长发育(孟祥浩等,2016)。超氧化物歧化酶(Superoxide dismutase,SOD)、过氧化物酶(Peroxidase,POD)和过氧化氢酶(Catalase,CAT)是生物膜保护酶系统的重要成员,在逆境条件下,它们协同作用,从而减轻活性氧自由基对膜系统的伤害,抑制膜脂的过氧化(Ezatollah et al.,2007)。其中,SOD 能催化体内的歧化反应,将超氧自由基转化为 O_2 和 H_2O_2,而 CAT 和 POD 则负责清除 SOD 分解产生的 H_2O_2,使其分解成没有毒害的 H_2O 和 O_2(华春等,2007)。这些酶的活性也可以在一定程度上反映植物体内代谢和抗逆性的变化。丙二醛(Malondialdehyde,MDA)是自由基作用于脂膜发生氧化反应的产物,在一定程度上能反映植物细胞膜结构受氧化的破坏程度。在正常情况下,这些活性氧清除机制会处于一种动态平衡状态,清除植物体内的活性氧,而当植物遭受盐分胁迫时,这种平衡会被打破,使植物体内活性氧含量增多,进而对植物各项生命活动产生影响。Apel(2004)等的研究表明,当植株受到盐胁迫后,会诱导植株体内活性氧增多,造成细胞膜脂过氧化,从而影响植物正常生长。朱玉鹏(2017)等研究发现,在一定盐分浓度范围内,冬小麦的 SOD、POD 活性增强,MDA 含量会随盐浓度的增加而增加。随着盐浓度的升高,木薯幼苗(孟富宣等,2017)中的 SOD、POD 的活性先增强后减弱,CAT 活性先下降后上升。

目前,植物盐胁迫研究中大都采用 NaCl 或 Na$_2$SO$_4$,而对多种盐混合胁迫或者不同盐分胁迫对比研究未见报道。有研究表明,植物吸收过多的 SO$_4^{2-}$ 会引起植物缺钙,使植物叶片发黄、从叶柄处脱落;吸收过多的 Cl$^-$ 会使植株生长停滞、叶片黄化,叶缘似烧伤状(赖杭桂等,2011)。对于烤烟来说,吸收过多硫,会使烟叶燃烧性下降,在燃烧过程中会出现恶臭味;过多的 Cl$^-$ 会使叶片淀粉含量增多,叶片肥厚而脆,叶面光滑,颜色不均匀(刘国顺等,2003)。

为了探究不同浓度 NaCl 和 Na$_2$SO$_4$ 溶液对烤烟叶肉细胞超微结构的变化规律以及对叶片抗氧化系统的影响,本研究选取 NaCl 和 Na$_2$SO$_4$ 两种盐来模拟盐胁迫环境,利用透射电镜对不同浓度的盐溶液处理下烤烟叶肉细胞进行观察,并检测其抗氧化酶活性,比较了烤烟在不同浓度的两种盐处理条件下,叶片抗氧化酶活性的变化以及叶绿体、线粒体和细胞核等叶肉细胞超微结构的变化特点,从解剖学角度阐明了两种盐对烤烟叶肉细胞超微结构影响的差异,并结合抗氧化酶等生理指标,探讨烤烟叶肉细胞对不同浓度的两种盐的不同反馈机制以及烤烟盐胁迫伤害的生理响应规律,以期为烤烟的耐盐机制研究提供理论依据。试验于 2018 年 8 月在河南农业大学实验室内进行,供试品种为中烟 100。首先用 Hoagland 营养液在蛭石中培育烟苗,待长至四叶一心时(苗龄为 40 天),选取无病虫害且长势一致的健壮烟苗,分别添加 100 mmol/L、200 mmol/L、400 mmol/L NaCl 的 Hoagland 溶液和 50 mmol/L、100 mmol/L、200 mmol/L Na$_2$SO$_4$ 的 Hoagland 溶液作为处理,对照组为正常 Hoagland 营养液,每组 5 株,3 次重复。

在处理 3 天后,从下往上数第三片叶作为电镜观察材料和抗氧化酶检测样本。电镜制样及观察测量:在叶片中部,避开主脉附近切下 2 mm×2 mm 左右的叶片,在 0.1 mmol/L 磷酸缓冲液(pH7.2)配制的 2.5%戊二醛溶液中在

0~4 ℃下固定 24 h 以上,之后用磷酸缓冲液清洗 3 次,各 30 min;再用 1%的锇酸固定 2 h,然后用磷酸缓冲液清洗并用梯度酒精(30%、50%、70%、90%各 15 min,100%酒精 2 次各 30 min)脱水,再用 100%丙酮置换,之后用环氧树脂 812 包埋(树脂组织处理器 LEICA EM TP),用超薄切片机(LEICA EM UC7)切片后用饱和醋酸双氧铀水溶液染色,再用柠檬酸铅溶液染色后用透射电子显微镜(JEM-1400,日本)观察拍照。抗氧化酶活性及 MAD 含量测定:称取 0.1 g 样品加入 1 mL 150 mmol/L,pH7.0 的磷酸缓冲液,冰浴上研磨,15 000× g 冰冻离心 5 min,上清液部分为酶粗提取液,用于 MDA、SOD、POD 和 CAT 的测定。MDA、SOD、POD 和 CAT 的测定均按照 MDA、SOD、POD 和 CAT 试剂盒(苏州科铭,苏州,中国)中说明书的方法操作。

第一节　NaCl 和 Na$_2$SO$_4$ 对烤烟叶肉
细胞叶绿体超微结构的影响

正常的烤烟叶肉细胞中的叶绿体都紧贴细胞壁,长轴与细胞壁平行,呈梭形或椭圆形,且各细胞器结构清晰可见[见图 8-1(a)]。加入 100 mmol/L NaCl 后如图 8-1(b)所示:叶绿体排列有序,紧贴细胞壁,仍具有完整的结构,但淀粉粒较 CK 有所减少。中等浓度(200 mmol/L)NaCl 处理后,叶绿体与细胞壁之间出现间隙,且叶绿体中的嗜锇颗粒含量有所增多,同时基粒片层结构模糊,并出现断裂现象。叶绿体背膜部分边缘模糊[见图 8-1(c)]。当 NaCl 浓度达到 400 mmol/L 时,叶绿体缩小,结构松散,背膜解体,失去完整性,与细胞质间不再有明显的界限。叶绿体中的质体小球进一步增多,基粒片层松散、变形,部分基粒解体消失[见图 8-1(d)]。

在 50 mmol/L Na$_2$SO$_4$ 处理后,烤烟叶绿体结构仍呈梭形,形态饱满,基粒片层排列整齐、有序,类囊体片层垛叠整齐,膜系统结构完整,且脂肪球的数目和大小没有明显的变化,但与 100 mmol/L NaCl 处理相比,叶绿体中的淀粉粒含量较多[见图 8-1(e)]。Na$_2$SO$_4$ 浓度进一步升高时,有部分叶绿体悬浮于细胞质中,但大部分仍紧贴细胞壁。但是此时叶绿体结构变长,并有断裂现象,类囊体结构解体,同时与对照相比出现了更多的嗜锇颗粒。基粒片层松散、变形,有断裂的现象,可明显观察到片层之间的离散,垛叠之间出现明显空隙,密度降低,膜边缘模糊。同时叶绿体中的淀粉粒数量减少,嗜锇颗粒数量增多。当 Na$_2$SO$_4$ 浓度达到 200 mmol/L 时,叶绿体由梭形进一步肿胀变为球形,失去自身的完整结构,内部的类囊体消失,破损的叶绿体充斥在细胞质中;

嗜锇颗粒明显增多,叶绿体中鲜见淀粉粒[见图 8-1(g)]。

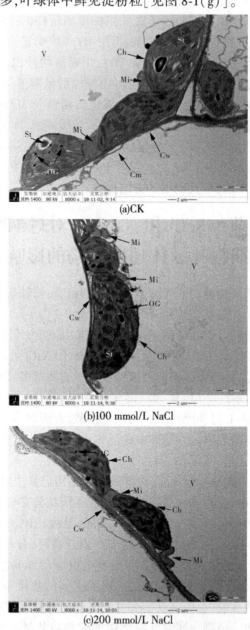

图 8-1　NaCl 和 Na₂SO₄ 对烤烟叶肉细胞叶绿体结构的影响

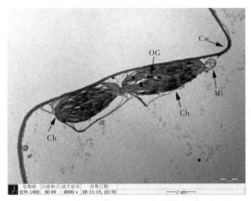

(d)400 mmol/L NaCl

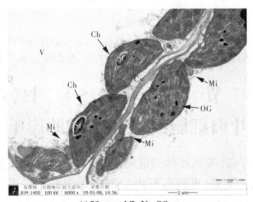

(e)50 mmol/L Na$_2$SO$_4$

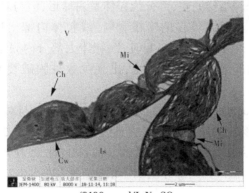

(f)100 mmol/L Na$_2$SO$_4$

续图 8-1

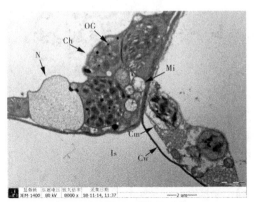

(g)200 mmol/L Na$_2$SO$_4$

续图 8-1

注:Ch—叶绿体;Cw—细胞壁;Cy—细胞质;Cm—细胞膜;St—淀粉粒;
Mi—线粒体;V—液泡;Th—类囊体;L—基粒;Is—细胞间隙;OG—嗜锇颗粒。

第二节　NaCl 和 Na$_2$SO$_4$ 对烤烟
叶肉细胞线粒体结构的影响

由图 8-2(a)可知,未添加盐溶液的烤烟叶肉细胞中,线粒体结构饱满,基质丰富,双层膜结构完整,可观察到内膜凹陷形成的嵴。当 100 mmol/L NaCl 处理 3 天后,线粒体结构与对照无明显差别[见图 8-2(b)]。当 NaCl 浓度为 200 mmol/L 时,外膜结构完整,部分线粒体呈扁球形,但与对照相比嵴的数量减少,内膜系统可观察到较多的嗜锇颗粒,线粒体内部出现空泡[见图 8-2(c)]。当 NaCl 浓度为 400 mmol/L 时,线粒体大部分内膜结构已经破坏,无结构清晰的嵴,内部绝大部分为空泡,出现少数外膜破裂的现象[见图 8-2(d)]。

50 mmol/L Na$_2$SO$_4$ 和 100 mmol/L Na$_2$SO$_4$ 处理后,与对照无明显差别,线粒体结构完整且形态饱满,可明显观察到内膜凹陷[见图 8-2(e)、(f)]。随着 Na$_2$SO$_4$ 浓度进一步升高,当浓度达到 200 mmol/L 时,线粒体基质密度明显降低,内膜几乎完全溶解,且大部分线粒体结构瓦解[见图 8-2(g)]。

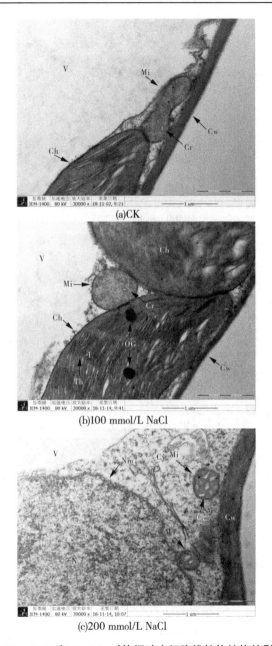

(a)CK

(b)100 mmol/L NaCl

(c)200 mmol/L NaCl

图 8-2　NaCl 和 Na₂SO₄ 对烤烟叶肉细胞线粒体结构的影响

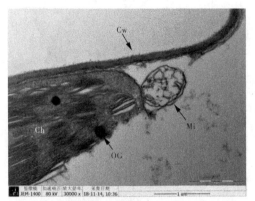

(d)400 mmol/L NaCl

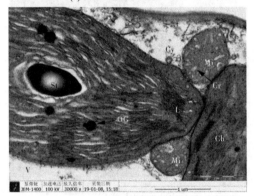

(e)50 mmol/L Na$_2$SO$_4$

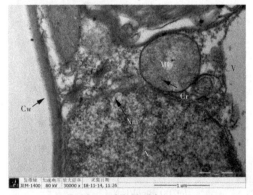

(f)100 mmol/L Na$_2$SO$_4$

续图 8-2

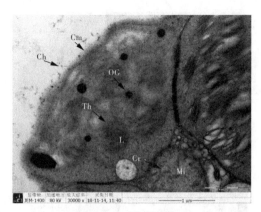

(g)200 mmol/L Na₂SO₄

续图 8-2

注:Ch—叶绿体;Cw—细胞壁;Cy—细胞质;Cm—细胞膜;St—淀粉粒;
Mi—线粒体;Cr—嵴;V—液泡;Th—类囊体;L—基粒;Is—细胞间隙;OG—嗜锇颗粒。

第三节 NaCl 和 Na₂SO₄ 对烤烟叶肉细胞细胞核结构的影响

对照的烤烟叶肉细胞细胞核膜结构完整,双层膜结构清晰可见,核仁呈圆形,结构完整,核中的染色质分布均匀[见图 8-3(a)]。在 100 mmol/L NaCl 处理后,细胞核双层膜结构清晰,核仁结构完整,但核仁边缘略有模糊,核中染色质均匀分布[见图 8-3(b)]。200 mmol/L NaCl 处理后,细胞核虽能观察到核膜双层结构,但略有凹凸,核仁密度变小,且膜结构损坏,核中染色质分布不均[见图 8-3(c)]。NaCl 浓度升高至 400 mmol/L 时,核膜解体,核中的染色质高度凝缩,细胞核边缘模糊不清,部分细胞核核膜解体,核质外溢,核仁消失[见图 8-3(d)]。

50 mmol/L Na₂SO₄ 处理的叶片组织,与对照相比细胞核结构无明显变化[见图 8-3(e)]。100 mmol/L Na₂SO₄ 处理下细胞核核膜结构完整,平滑,染色质分布均匀,但核仁边缘略有模糊[见图 8-3(f)]。200 mmol/L Na₂SO₄ 处理下大部分细胞核萎缩、破裂解体[见图 8-3(g)]。

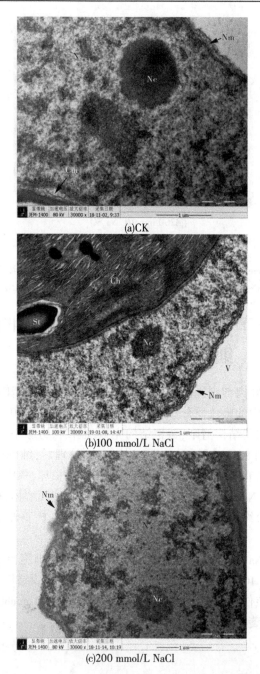

图 8-3　NaCl 和 Na$_2$SO$_4$ 对烤烟叶肉细胞细胞核结构的影响

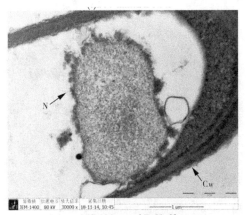

(d)400 mmol/L NaCl

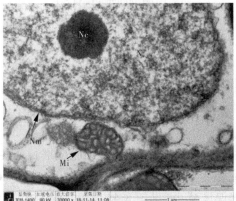

(e)50 mmol/L Na₂SO₄

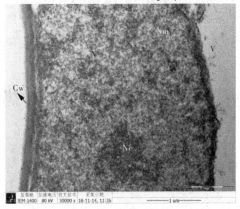

(f)100 mmol/L Na₂SO₄

续图 8-3

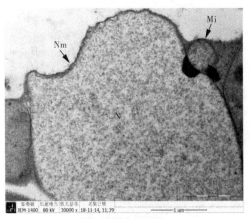

(g)200 mmol/L Na$_2$SO$_4$

续图 8-3

注：N—细胞核；Nc—核仁；Nm—核膜。

第四节　NaCl 和 Na$_2$SO$_4$ 对烤烟
叶肉细胞细胞壁的影响

对不同浓度盐分胁迫下烤烟叶肉细胞细胞壁进行观察发现，对照的细胞壁表面光滑，结构完整，与细胞膜紧密贴合。在低浓度 NaCl 和 Na$_2$SO$_4$ 条件下，叶肉细胞细胞壁厚度减小（见图 8-4）。200 mmol/L NaCl 条件下，烤烟叶肉细胞细胞壁膨胀，细胞膜间隙增大。随着 NaCl 浓度的升高，细胞壁表面凹凸不平，且边缘模糊，细胞厚度有所减小。在 100 mmol/L Na$_2$SO$_4$ 条件下，细胞壁厚度与对照相比无明显变化。200 mmol/L Na$_2$SO$_4$ 处理条件下，细胞壁厚度降低。

第五节　NaCl 和 Na$_2$SO$_4$ 对烤烟
叶片含水率的影响

从图 8-5 中可以看出，CK 的叶片含水率为 95.00%，不同浓度 NaCl 处理后的含水率分别为 94.13%、91.86% 和 83.47%；Na$_2$SO$_4$ 处理的含水率分别为 94.65%、91.80% 和 89.58%。其中，低浓度 NaCl 和 Na$_2$SO$_4$ 对烤烟叶片含水率影响不大，随盐分浓度升高，烤烟叶片含水率逐渐下降，与 Na$_2$SO$_4$ 相比，高

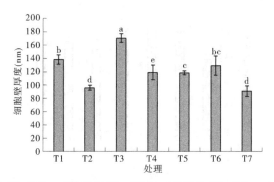

T1—CK；T2—100 mmol/L NaCl；T3—200 mmol/L NaCl；T4—400 mmol/L NaCl；
T5—50 mmol/L Na₂SO₄；T6—100 mmol/L Na₂SO₄；T7—200 mmol/L Na₂SO₄

图8-4　NaCl 和 Na₂SO₄ 对烤烟叶肉细胞细胞壁的影响

浓度 NaCl 对烤烟叶片含水率的影响较大。

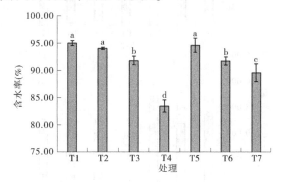

T1—CK；T2—100 mmol/L NaCl；T3—200 mmol/L NaCl；T4—400 mmol/L NaCl；
T5—50 mmol/L Na₂SO₄；T6—100 mmol/L Na₂SO₄；T7—200 mmol/L Na₂SO₄

图8-5　NaCl 和 Na₂SO₄ 对烤烟叶片含水率的影响

第六节　NaCl 和 Na₂SO₄ 对烤烟叶片抗氧化系统的影响

从图8-6中可以看出，添加 NaCl 和 Na₂SO₄ 溶液的烟草叶片中 MDA 含量、SOD、POD 和 CAT 酶活变化趋势相同。MDA、SOD 和 POD 活性随着盐浓度的升高均呈现出先增加后减少的趋势，而 CAT 活性是逐渐增强，且 NaCl 溶液处理的叶片 CAT 活性始终高于 Na₂SO₄ 溶液处理。表明在 Na⁺ 浓度相同条件下，NaCl 对烤烟叶片氧化平衡影响较大，细胞膜遭受伤害的程度也大。

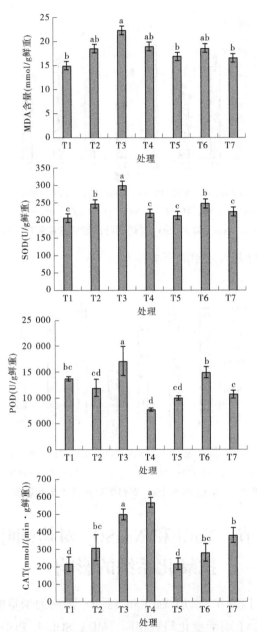

T1—CK；T2—100 mmol/L NaCl；T3—200 mmol/L NaCl；T4—400 mmol/L NaCl；
T5—50 mmol/L Na₂SO₄；T6—100 mmol/L Na₂SO₄；T7—200 mmol/L Na₂SO₄

图 8-6　NaCl 和 Na₂SO₄ 对烤烟叶片 MDA 含量和抗氧化酶活性的影响

第七节　小　结

当植物受到盐胁迫时,叶片组织中各细胞器容易遭到破坏,而叶绿体是植物细胞器中对盐分最敏感的。在本研究中,正常培养的烟草叶片叶绿体结构完整,淀粉粒分布均匀,基粒片层清晰。在 NaCl 处理条件下,随着 NaCl 浓度升高,叶绿体由饱满的椭圆形逐渐变长,膜结构解体。Na_2SO_4 处理条件下,随着盐浓度增加,叶绿体结构会逐渐膨胀,变成圆形,相比 NaCl 处理,Na_2SO_4 对叶绿体膜结构的影响较小,且低浓度 Na_2SO_4 对叶绿体中的淀粉粒几乎没有影响。然而有研究指出,在野大麦(孙岩等,2015)叶肉细胞中,随 NaCl 浓度升高,叶绿体中的淀粉粒含量增多,这与本试验研究结果相反,这可能是由于烤烟叶片和野大麦叶片的结构差异较大,对盐分的响应不同。

线粒体是细胞能量的供给者,曾经被认为是对胁迫不敏感的细胞器(左志锐等,2001)。但在本研究中,随 NaCl 和 Na_2SO_4 浓度的升高,线粒体的结构都发生明显变化,在 NaCl 处理条件下,线粒体内部间隙逐渐增大,膜结构破坏严重。在 Na_2SO_4 处理条件下,线粒体内嵴减少,膜结构也相对完整。对于烤烟叶肉细胞细胞核来说,NaCl 处理会造成细胞核内核质分布不均匀,当 NaCl 浓度达到 400 mmol/L 时,细胞核的双层膜结构遭到破坏,但当 Na_2SO_4 与 NaCl 处理中 Na^+ 浓度一致时,即达到 200 mmol/L 时,叶片中细胞核双层膜结构依然完整。由此可以推测,随 NaCl 浓度升高,可能会抑制烤烟叶片伸展,导致叶色发黄,且在 Na^+ 浓度一致的条件下,NaCl 与 Na_2SO_4 相比抑制作用更明显。

研究表明,盐胁迫会引起植物细胞中活性氧自由基的产生及其清除系统的破坏,而细胞质膜破坏会积累较多的 MDA,MDA 的积累量也在一定程度上反映了耐盐能力的强弱(Li et al. , 2011)。SOD、POD 和 CAT 是植物应对逆境重要的抗氧化酶,它们主要通过清除超氧阴离子自由基、过氧化氢和羟自由基来降低活性氧对细胞膜的伤害和减轻膜质过氧化(Fazeli et al. , 2007)。本试验中,在低浓度和中等浓度 NaCl 和 Na_2SO_4 条件下,SOD、POD、CAT 活性增强,MDA 积累量增多,这可能是由于在盐的作用下,烤烟叶片中活性氧自由基、过氧化氢等积累量升高,促使烤烟产生相应的生理反应,使抗氧化酶活性增强。随着 NaCl 和 Na_2SO_4 浓度进一步升高,SOD、POD 活性降低,说明此时活性氧的积累量超出抗氧化酶可清除的范围,叶片细胞受损严重。当 Na^+ 浓度一致时,NaCl 处理的烤烟叶片内积累的 MDA 更多,SOD、POD、CAT 活性变化也更显著,这也从生理水平上反映出在 NaCl 处理下,烤烟叶肉细胞膜受伤害程度较深,表明与 Na_2SO_4 相比,NaCl 处理会使烤烟叶肉细胞产生更多的活性氧,对细胞质膜结构的破坏更强。

Na^+ 和 Cl^- 是对植物影响较大的盐分离子,所以在盐胁迫的研究中,如何避免 Na^+ 和 Cl^- 毒害是当前亟待解决的问题。本研究利用不同浓度的 Na_2SO_4 和 NaCl 对烤烟进行胁迫处理,从研究结果可以看出,NaCl 对烤烟叶肉细胞的影响比 Na_2SO_4 要大,这与大多数的研究一致,均认为 NaCl 是主要的盐害类型。杨春武(2007)等认为,阳离子对植物适应盐渍环境具有重要意义,但阴离子也是维持细胞环境和细胞代谢过程的必要条件,所以不同的阴、阳离子类型对植物的作用机制不同。在本试验中,虽然阳离子相同,且浓度一致,但由于阴离子的不同,对烤烟产生的胁迫程度有明显的不同,包括对叶绿体、线粒体、细胞核等结构的影响均有所差异,所以对植物造成的盐伤害与离子类型的关系,还需要进一步深入研究。

第九章　会东县植烟土壤肥力评价

烟草品质的形成与土壤环境及营养特性密切相关。然而,近年来由于连年种植、大量和单一施用化肥导致土壤生态环境恶化,如土壤碳氮比失调、pH降低、次生盐渍化加剧等,并最终导致土壤生产力下降,烟叶品质下降和风格弱化。改良和培肥土壤是提高凉山地区烟叶质量,实现农业可持续发展的根本途径。根据湖北中烟凉山会东基地红花大金元植烟土壤类型、种植制度、海拔等因素,确定 103 个样点进行采样分析。在移栽施肥前采集耕作层(0~20 cm)土壤样品,遵循"随机、等量、多点混合"的原则,采用 S 形布点取样,采用GPS 定位技术选择取样点,并标记采样时间、地点、前作等。

第一节　会东县植烟土壤基础肥力评价

土壤肥力是土壤各方面性质的综合反映,土壤养分是土壤肥力的重要组成部分。土壤 pH 被认为是影响优质烟叶生产的重要指标之一,pH 的高低会影响土壤养分的有效性,从而导致土壤某些营养元素失调,甚至产生离子拮抗作用,最适宜烤烟生长的土壤 pH 范围是 5.5~7.0。氮素是影响烟株生长发育以及烟叶质量的最重要元素,同时还是烟碱的重要组成部分,参照《土壤学》和《中国植烟土壤及烟草养分综合管理》上提出的植烟土壤主要养分丰缺标准,将碱解氮含量大于 200 mg/kg 定为很丰富,150~200 mg/kg 为丰富,100~150 mg/kg 为中等,65~100 mg/kg 为缺乏,小于 65 mg/kg 为很缺。土壤有机质是植物养分的主要来源,同时也是评价土壤肥力和土壤质量的重要指标,土壤有机质含量在很大程度上决定了土壤肥力的高低。研究认为,我国植烟土壤有机质含量北方以 10~20 g/kg 为宜,南方以 15~30 g/kg 为宜。参照《土壤学》和《中国植烟土壤及烟草养分综合管理》上提出的植烟土壤主要养分丰缺标准,将有机质含量大于 45 g/kg 定为很丰富,35~45 g/kg 为丰富,25~35 g/kg 为中等,15~25 g/kg 为缺乏,小于 15 g/kg 为很缺。磷是植物营养的三大要素之一,烟株体内许多必需的有机物都有磷参与合成,进而影响烟株光合作用、呼吸作用,以及植物抗逆性。充足的磷供应有利于提高烤烟的抗逆性,促进烤烟成熟,改善烟叶颜色。参照《土壤学》和《中国植烟土壤及烟草养分综合管理》上提出的植烟土壤主要养分丰缺标准,将速效磷含量大于 80 mg/kg 定为很丰富,40~80 mg/kg 为丰富,20~40 mg/kg 为中等,10~20 mg/kg 为缺乏,小于 10 mg/kg 为很缺。烤烟属于喜钾作物,钾对烤烟正常生长和品质至关重要。因此,对植烟土壤速效钾含量的正确评价和有针对性地施用钾肥对生产优质烤烟有重要意义。适宜烟草生长的土壤速效钾含量为 150~220 mg/kg。参照《土壤学》和《中国植烟土壤及烟草养分综合管理》上提出的植烟土壤主要养分丰缺标准,将速效钾含量大于 350 mg/kg 定为很丰富,220~350 mg/kg 为丰富,150~220 mg/kg 为中等,80~150 mg/kg 为缺乏,小于 80 mg/kg 为很缺。根据以上数据,对所采集分析的土壤状况进行评价。

一、会东县植烟土壤基础肥力描述性分析

由图 9-1 和表 9-1 分析可知,会东县植烟土壤 pH 在 5.36~8.66,平均值为 7.69,变异幅度较小,变异系数为 8.76%,其中 pH 在 5.0~5.5 的土壤样本数占 1.92%,pH 在 5.5~6.5 的土壤样本数占 6.73%,pH 在 6.5~7.0 的土壤样本数占 4.81%,pH>7 的土壤样本数占 86.54%。植烟土壤碱解氮变幅为 9.80~162.40 mg/kg,平均值为 68.19 mg/kg,变异系数为 48.91%,变异程度偏大;土壤碱解氮含量丰富占比 0.96%,中等占比 20.19%,缺乏占比 28.85%,很缺占比 50%,缺乏和很缺总占比 78.85%,说明会东县植烟土壤碱解氮含量大部分属于偏低水平。会东县植烟土壤速效磷含量为 5.09~67.67 mg/kg,平均值为 25.44 mg/kg,变异系数为 57.86%,变异程度较大;土壤速效磷含量丰富占比 15.38%,中等占比 43.27%,缺乏占比 25.00%,很缺占比 16.35%,说明土壤速效磷含量大部分属于中等偏上水平,有 41.35% 的土壤磷含量缺乏。植烟土壤速效钾变幅为 32.00~480.00 mg/kg,平均值为 232.11 mg/kg,变异系数为 35.88%;土壤速效钾含量很丰富占比 6.73%,丰富占比 44.23%,中等占比 35.58%,缺乏占比 12.50%,很缺占比 0.96%,说明会东县植烟土壤速效钾含量属于中等偏上水平。土壤有机质变幅为 4.07~34.71 g/kg,平均值为 17.14 g/kg,变异系数为 39.73%,变异程度稍大,土壤有机质含量中等占比 13.46%,缺乏占比 41.35%,很缺占比 45.19%,说明会东县植烟土壤有机质含量属于偏低水平。

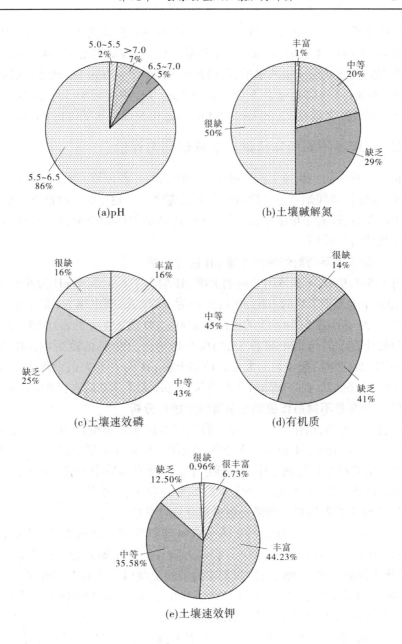

图 9-1 会东县植烟土壤基础肥力占比分析

整体来看,会东县植烟土壤 pH 在 5.36~8.66,偏碱性土壤偏多;有机质含量在 4.07~34.71 g/kg,大部分含量偏低,缺乏和很缺占比 86.54%;碱解氮含量大部分处在缺乏或很缺水平,含量在 9.80~162.40 mg/kg,缺乏和很缺总占比 78.85%;速效磷含量在 5.09~67.67 mg/kg,中等偏上水平较多,占比 58.65%;速效钾含量在 32.00~480.00 mg/kg,中等偏上水平占比 86.81%。

二、会东县不同前作植烟土壤基础肥力评价

轮作是指在同一块地上轮换种植不同作物的一种种植方式。大量试验研究表明,轮作是减缓烟草连作障碍的有效措施之一。轮作能够改良土壤结构,平衡土壤养分,改善土壤微生态环境,从而达到增加作物产量,减少土传病害的发生和传播的效果。

(一)会东县不同前作植烟土壤 pH 统计分析

由表 9-2 可知,冬季休闲的植烟土壤 pH 均大于 6.5,其中 pH 为 6.5~7.0 占比 20%,pH 大于 7.0 的占比 80%;前作为玉米的植烟土壤 pH 低于 5.5 的占比 5.882%,pH 在 5.5~6.5 的占比 8.824%,pH 大于 7.0 的占比 85.294%;前作为紫花苕子的植烟土壤有 13.21% 在烤烟适宜生长的范围内,pH 大于 7.0 的占比 86.79%;前作为毛大麦的植烟土壤 pH 均大于 7.0;前作为豌豆的植烟土壤有 16.67% 在烤烟适宜生长范围内,pH 大于 7.0 的占比 83.33%。

(二)会东县不同前作植烟土壤有机质统计分析

由表 9-3 可知,前作为玉米、豌豆的土壤有机质含量变化幅度较大,变异系数分别为 41.96%、44.86%。冬季休闲土壤有机质含量属于缺乏水平,其他各前作土壤有机质含量属于中等偏低水平。土壤有机质中等偏上水平占比由高到低的前作依次为:毛大麦、豌豆、玉米、紫花苕子、冬季休闲。

(三)会东县不同前作植烟土壤碱解氮统计分析

由表 9-4 可知,前作为毛大麦的土壤碱解氮含量变幅较大,变异系数为 54.66%,缺乏和很缺占比 80.00%;前作为豌豆的土壤碱解氮均处于偏低水平,缺乏和很缺占比 100%;前作为紫花苕子的土壤碱解氮有 1.89% 属于丰富水平,缺乏和很缺占比 81.13%;前作为玉米的土壤有 26.47% 属于中等水平,缺乏和很缺占比 73.53%;冬季休闲的土壤碱解氮有 40.00% 属于中等水平,很缺占比 60.00%;土壤碱解氮中等偏上水平占比由高到低的前作依次为:冬季休闲、玉米、毛大麦、紫花苕子、豌豆。

表 9-1　会东县植烟土壤基础肥力描述性分析

基础肥力指标	pH	碱解氮(mg/kg)	速效磷(mg/kg)	速效钾(mg/kg)	有机质(g/kg)
最大值	8.66	162.40	67.67	480.00	34.71
最小值	5.36	9.80	5.09	32.00	4.07
平均值	7.69	68.19	25.44	232.11	17.14
标准偏差	0.67	33.36	14.72	83.28	6.81
变异系数(%)	8.76	48.91	57.86	35.88	39.73

表 9-2　会东县不同前作植烟土壤 pH 统计分析

前作	样本数	最大值	最小值	平均值	标准偏差	变异系数(%)	pH 区间百分比(%)				
							<5.0	5.0~5.5	5.5~6.5	6.5~7.0	>7.0
冬季休闲	5	8.16	6.82	7.74	0.53	6.91	0.00	0.00	0.00	20.00	80.00
玉米	34	8.66	5.36	7.61	0.87	11.38	0.00	5.882	8.824	0.00	85.294
紫花苕子	53	8.34	5.95	7.68	0.59	7.70	0.00	0.00	7.55	5.66	86.79
毛大麦	5	8.12	7.87	7.99	0.10	1.21	0.00	0.00	0.00	0.00	100.00
豌豆	6	8.22	6.60	7.82	0.61	7.74	0.00	0.00	0.00	16.67	83.33

表 9-3 会东县不同前作植烟土壤有机质统计分析

前作	样本数	最大值(g/kg)	最小值(g/kg)	平均值(g/kg)	标准偏差	变异系数(%)	各等级所占比例(%)				
							很丰富	丰富	中等	缺乏	很缺
冬季休闲	5	24.22	10.31	18.44	5.57	30.23	0.00	0.00	0.00	80.00	20.00
玉米	34	31.66	5.39	15.84	6.73	42.47	0.00	0.00	14.71	26.47	58.82
紫花苕子	53	32.94	4.07	17.10	6.70	39.17	0.00	0.00	13.21	47.17	39.62
毛大麦	5	32.09	13.61	21.37	7.64	35.74	0.00	0.00	20.00	40.00	40.00
豌豆	6	34.71	11.58	19.48	8.74	44.86	0.00	0.00	16.67	33.33	50.00

表 9-4 会东县不同前作植烟土壤碱解氮统计分析

前作	样本数	最大值(mg/kg)	最小值(mg/kg)	平均值(mg/kg)	标准偏差	变异系数(%)	各等级所占比例(%)				
							很丰富	丰富	中等	缺乏	很缺
冬季休闲	5	137.90	32.90	78.69	44.64	56.72	0.00	0.00	40.00	0.00	60.00
玉米	34	140.00	9.80	68.65	35.36	51.51	0.00	0.00	26.47	20.59	52.94
紫花苕子	53	162.40	11.20	69.14	32.93	47.62	0.00	1.89	16.98	35.85	45.28
毛大麦	5	109.20	28.00	60.79	33.23	54.66	0.00	0.00	20.00	20.00	60.00
豌豆	6	75.60	24.64	52.70	20.54	38.97	0.00	0.00	0.00	33.33	66.67

(四)会东县不同前作植烟土壤速效磷统计分析

由表9-5可知,前作为毛大麦、豌豆的速效磷含量变幅较大,变异系数分别为73.64%、65.05%。冬季休闲土壤速效磷含量属于中等偏上水平,缺乏和很缺占比20.00%;前作为玉米的土壤速效磷含量处于中等偏上水平,缺乏和很缺占比47.06%;前作为紫花苕子的土壤速效磷属于中等偏上水平,缺乏和很缺占比43.40%;前作为毛大麦、豌豆的土壤速效磷属于中等偏上水平,缺乏和很缺占比分别为20.00%、33.34%。土壤速效磷中等偏上水平占比由高到低的前作依次为:冬季休闲、毛大麦、豌豆、紫花苕子、玉米。

(五)会东县不同前作植烟土壤速效钾统计分析

由表9-6可知,前作为毛大麦、豌豆的土壤速效钾含量变化幅度较大,变异系数分别为53.56%和58.21%。冬季休闲的土壤速效钾含量丰富,前作为玉米、紫花苕子、毛大麦的土壤速效钾含量属于中等偏上水平,前作为豌豆的土壤速效钾含量水平较低,土壤速效钾中等偏上水平占比由高到低的前作依次为:冬季休闲、玉米、紫花苕子、毛大麦、豌豆。

三、小结

会东县植烟土壤pH在5.36~8.66,整体偏碱性;有机质含量偏低,含量在4.07~34.71 g/kg,缺乏和很缺占比86.54%;碱解氮含量大部分处在缺乏或很缺水平,含量在9.80~162.40 mg/kg,缺乏和很缺总占比78.85%;速效磷含量大部分属于中等偏上水平,含量在5.09~67.67 mg/kg,中等偏上水平占比58.65%;速效钾含量处于中等偏上水平,含量在32.00~480.00 mg/kg,中等偏上水平占比86.81%。

不同前作植烟土壤分析,冬季休闲、紫花苕子、毛大麦和豌豆的土壤pH均值均大于6.5,14.71%的前作为玉米的土壤pH低于6.5;不同前作土壤有机质均低于丰富水平,中等偏上水平占比由高到低的前作依次为:毛大麦、豌豆、玉米、紫花苕子、冬季休闲;紫花苕子土壤碱解氮有1.89%处于丰富水平,中等偏上水平占比由高到低的前作依次为:冬季休闲、玉米、毛大麦、紫花苕子、豌豆;前作为毛大麦、豌豆的速效磷含量变幅较大,中等偏上水平占比由高到低的前作依次为:冬季休闲、毛大麦、豌豆、紫花苕子、玉米;冬季休闲和紫花苕子的土壤速效钾分别有20.00%和11.32%处于很丰富水平,中等偏上水平占比由高到低的前作依次为:冬季休闲、玉米、紫花苕子、毛大麦、豌豆。

表 9-5　不同前作植烟土壤速效磷统计分析

前作	样本数	最大值 (mg/kg)	最小值 (mg/kg)	平均值 (mg/kg)	标准偏差	变异系数 (%)	各等级所占比例 (%)				
							很丰富	丰富	中等	缺乏	很缺
冬季休闲	5	40.47	6.06	24.86	12.35	49.67	0.00	20.00	60.00	0.00	20.00
玉米	34	54.20	5.09	26.58	14.76	55.53	0.00	23.53	29.41	35.29	11.77
紫花苕子	53	67.65	5.29	23.78	14.02	58.95	0.00	9.43	47.17	24.53	18.87
毛大麦	5	61.97	5.69	28.22	20.78	73.64	0.00	20.00	60.00	0.00	20.00
豌豆	6	67.67	7.79	31.60	20.56	65.05	0.00	16.66	50.00	16.67	16.67

表 9-6　会东县不同前作植烟土壤速效钾统计分析

前作	样本数	最大值 (mg/kg)	最小值 (mg/kg)	平均值 (mg/kg)	标准偏差	变异系数 (%)	各等级所占比例 (%)				
							很丰富	丰富	中等	缺乏	很缺
冬季休闲	5	400.00	228.00	285.60	69.55	24.35	20.00	80.00	0.00	0.00	0.00
玉米	34	320.00	80.00	205.38	56.57	27.54	0.00	35.294	55.882	8.824	0.00
紫花苕子	53	480.00	88.00	251.23	88.42	35.20	11.32	47.17	30.19	11.32	0.00
毛大麦	5	328.00	32.00	211.40	113.22	53.56	0.00	40.00	40.00	0.00	20.00
豌豆	6	332.00	88.00	184.67	107.49	58.21	0.00	33.33	0.00	66.67	0.00

第二节　会东县植烟土壤碳库指标评价

土壤作为全球第二大有机碳库,其碳储量约是大气碳库的2倍,约81%参与全球碳循环的有机碳储存在土壤中,在全球碳收支中起主导作用。土壤碳库库容是进入土壤的有机碳量(作物残体输入、有机肥等)与土壤有机碳的分解和转化的输出量(土壤呼吸、水土流失等)二者之间平衡的结果,区域气候、植被和施肥、耕作、灌溉等农田管理对土壤有机碳有重要影响。土壤有机碳和氮素作为植物生长发育的基本营养元素,不仅是土壤养分循环转化的核心,也是陆地土壤碳库和氮库的重要组成部分,其含量变化是土地利用方式下土壤质量和土壤肥力演变的重要标志,直接影响着土壤肥力和作物产量的高低。

一、会东县植烟土壤碳库指标描述性分析

土壤活性有机碳库是指在一定的时空条件下,受植物和微生物影响,具有一定溶解性,在土壤中移动比较快、不稳定、易氧化、易分解、易矿化,其形态和空间位置对植物、微生物来说活性比较高的那一部分土壤碳素。活性有机碳虽然只占土壤有机碳总量的一小部分,但其直接参与到土壤生物化学转化过程中,可以在土壤全碳变化之前反映土壤微小的变化,同时它也是土壤微生物活动的能源和土壤养分的驱动力,对维持土壤肥力及土壤碳贮量变化方面具有重要作用。水溶性有机碳是微生物的重要能源,是土壤水及陆地水系统中的重要物质,同时也是养分移动的载体因子,对土壤的碳、氮、磷、硫等的迁移转化起着重要作用,对调节阳离子淋洗、金属溶解、矿物风化、土壤微生物活动、酸性阴离子的吸附—解吸及土壤化学、物理和生物过程都有重要作用。土壤碳氮比是衡量土壤表面特征质量的重要指标,若碳氮比太高,会减缓微生物的分解效率,使得土壤中的氮素被大量消耗,合理的碳氮比对作物根茎叶生长起决定性作用。利用 $KMnO_4$ 氧化法测定活性有机碳时,根据 $KMnO_4$ 不同浓度(33 mmol /L、167 mmol /L 和 333 mmol /L)氧化成的3类不同组分,分为低活性有机碳、中活性有机碳和高活性有机碳(张丽敏,2014)。

由表9-7可知,会东县植烟土壤全碳含量变幅为 2.40~70.94 g/kg,变异系数为63.56%;全氮含量变幅为0.61~2.54 g/kg,变异系数为28.85%;总有机碳含量变幅为2.36~20.14 g/kg,变异系数为39.73%;水溶性有机碳含量变幅为10.22~129.25 mg/kg,变异系数为41.39%;高活性有机碳含量变幅为0.33~3.40 g/kg,变异系数为39.33%;中活性有机碳含量变幅为0.50~4.83

g/kg,变异系数为 48.28%;低活性有机碳含量变幅为 1.04~11.35 g/kg,变化幅度较大,变异系数为 53.58%;碳氮比变幅为 2.36~13.37,变异系数为 23.08%。

二、不同前作植烟土壤碳库指标分析

轮作改变了作物残体或根系的数量、种类,从而影响到土壤有机碳的固定、矿化以及土壤有机碳的数量。对小麦-牧草轮作系统的研究表明,随着牧草种植次数的增加,土壤有机碳含量呈现增高趋势,豆科-禾本科植物轮作能较快地增加土壤有机碳的储存(陈良等,2004)。因此,选择一些具有高生物量或高 C/N 的作物进行轮作,可增加进入土壤的根茬或残体数量,减少土壤水分的地表蒸发,使土壤的持水和保水能力增强,从而增加土壤有机碳的固定,这对保持和提高农业生态系统的可持续发展能力非常重要。邹长明等(1995)对湘南地区油菜—早稻—晚稻、黑麦草—早稻—晚稻、紫云英—早稻—晚稻 3 种轮作方式进行了 10 年的长期定位试验研究,发现 3 种轮作结合茎秆还田,土壤有机质含量都有增加,土壤蓄存的氮素也随之增加。但邹焱等(2006)在洞庭湖地区的研究表明,单一种植水稻的水田,土壤有机碳和氮含量最高;水旱油菜轮作 15 年后土壤有机碳平均下降 11.2%,全氮下降10.3%;水田改旱地,栽种苎麻 1~5 年后有机碳含量下降了 35.6%,全氮下降了 31.6%。也有研究发现,无论耕作方式如何,作物轮作或冬季休闲均不能提高土壤有机碳含量。

(一)会东县不同前作植烟土壤全碳统计分析

由表 9-8 可以看出,冬季休闲土壤全碳含量变幅为 6.53~25.31 g/kg,小于 10 g/kg 的占 20%,在 10~20 g/kg 的占 40%,大于 20 g/kg 的占 40%;前作为玉米的土壤全碳含量变幅为 3.17~47.05 g/kg,小于 10 g/kg 的占35.294%,在 10~20 g/kg 的占 32.353%,大于 20 g/kg 的占 32.353%;前作为紫花苕子的土壤全碳含量变幅为 2.39~70.94 g/kg,小于 10 g/kg 的占28.30%,在 10~20 g/kg 内的占 54.72%,大于 20 g/kg 的占 16.98%;前作为毛大麦的土壤全碳含量变幅为 8.43~26.21 g/kg,小于 10 g/kg 的占 20%,在10~20 g/kg 的占 40.00%,大于 20 g/kg 的占 40%;前作为豌豆的土壤全碳含量变幅为 8.79~36.86 g/kg,小于 10 g/kg 的占 33.33%,在 10~20 g/kg 的占16.67%,大于 20 g/kg 的占 50.00%。不同前作植烟土壤全碳含量大于 10g/kg 占比由高到低顺序为:冬季休闲、毛大麦、紫花苕子、豌豆、玉米。

表 9-7　会东县植烟土壤碳库指标描述性分析

碳库指标	全碳(g/kg)	全氮(g/kg)	总有机碳(g/kg)	水溶性有机碳(mg/kg)	高活性有机碳(g/kg)	中活性有机碳(g/kg)	低活性有机碳(g/kg)	碳氮比
最大值	70.94	2.54	20.14	129.25	3.40	4.83	11.35	13.37
最小值	2.40	0.61	2.36	10.22	0.33	0.50	1.04	2.36
平均值	15.76	1.42	9.94	51.95	1.50	2.03	3.97	6.90
标准偏差	10.02	0.41	3.95	21.51	0.59	0.98	2.13	1.59
变异系数(%)	63.56	28.85	39.73	41.39	39.33	48.28	53.58	23.08

表 9-8　会东县不同前作植烟土壤全碳统计分析

前作	样本数	极小值(g/kg)	极大值(g/kg)	平均值(g/kg)	标准偏差	变异系数(%)	全碳含量各范围所占比例(%)		
							<10 g/kg	10~20 g/kg	>20 g/kg
冬季休闲	5	6.53	25.31	15.27	7.97	52.17	20.00	40.00	40.00
玉米	34	3.17	47.05	15.27	9.88	64.67	35.294	32.353	32.353
紫花苕子	53	2.39	70.94	15.52	11.01	70.94	28.30	54.72	16.98
毛大麦	5	8.43	26.21	17.85	6.89	38.58	20.00	40.00	40.00
豌豆	6	8.79	36.86	19.57	10.59	54.11	33.33	16.67	50.00

(二)会东县不同前作植烟土壤总有机碳统计分析

由表 9-9 可以看出,冬季休闲土壤总有机碳含量变幅为 5.98~14.05 g/kg,小于 10 g/kg 的占 40.00%,在 10~20 g/kg 的占 60.00%;前作为玉米的土壤总有机碳含量变幅为 3.13~18.36 g/kg,小于 10 g/kg 的占 64.71%,在 10~20 g/kg 的占 35.29%;前作为紫花苕子的土壤总有机碳含量变幅为 2.36~19.10 g/kg,小于 10 g/kg 的占 54.72%,在 10~20 g/kg 的占 45.28%;前作为毛大麦的土壤总有机碳含量变幅为 7.90~26.21 g/kg,小于 10 g/kg 的占 40.00%,在 10~20 g/kg 的占 60.00%;前作为豌豆的土壤总有机碳含量变幅为 6.71~20.14 g/kg,小于 10 g/kg 的占 50.00%,在 10~20 g/kg 的占 33.33%,大于 20 g/kg 的占 16.67%。整体来看,不同前作植烟土壤总有机碳含量,冬季休闲和毛大麦大部分在 10~20 g/kg,玉米和紫花苕子大部分小于 10 g/kg。

(三)会东县不同前作植烟土壤水溶性有机碳统计分析

由表 9-10 可以看出,冬季休闲土壤水溶性有机碳含量变幅为 32.18~79.20 mg/kg,小于 50 mg/kg 的占 20.00%,在 50~70 mg/kg 的占 40.00%,大于 70 mg/kg 的占 40.00%;前作为玉米的土壤水溶性有机碳含量变幅为 13.13~94.90 mg/kg,小于 50 mg/kg 的占 50.00%,在 50~70 mg/kg 的占 38.24%,大于 70 mg/kg 的占 11.76%;前作为紫花苕子的土壤水溶性有机碳含量变幅为 10.22~129.25 mg/kg,小于 50 mg/kg 的占 56.604%,在 50~70 mg/kg 的占 28.302%,大于 70 mg/kg 的占 15.094%;前作为毛大麦的土壤水溶性有机碳含量变幅为 27.46~90.10 mg/kg,小于 50 mg/kg 的占 20.00%,在 50~70 mg/kg 的占 40.00%,大于 70 mg/kg 的占 40.00%;前作为豌豆的土壤水溶性有机碳含量变幅为 30.65~91.35 mg/kg,小于 50 mg/kg 的占 33.34%,在 50~70 mg/kg 的占 33.33%,大于 70 mg/kg 的占 33.33%。整体来看,水溶性有机碳含量大于 50 mg/kg 占比由高到低依次为:冬季休闲、毛大麦、豌豆、玉米、紫花苕子。

(四)会东县不同前作植烟高、中、低活性有机碳统计分析

由表 9-11 可以看出,高活性有机碳变异系数整体较低,均低于 42%,其中前作为紫花苕子的土壤高活性有机碳含量均值最高,为 1.56 g/kg;冬季休闲土壤高活性有机碳含量均值最低,为 1.35 g/kg,不同前作的高活性有机碳表现差异较小。中活性有机碳变异系数最高为 55.01%,最低为 39.65%,其中前作为毛大麦的土壤中活性有机碳含量均值最高,为 2.53 g/kg,其次为冬季休闲土壤的 2.49 g/kg,前作为玉米的土壤中活性有机碳含量均值最低,为 1.8 g/kg,不同前

表 9-9 会东县不同前作植烟土壤总有机碳统计分析

前作	样本数	极小值 (g/kg)	极大值 (g/kg)	平均值 (g/kg)	标准偏差	变异系数 (%)	总有机碳含量各范围所占比例 (%)		
							<10 g/kg	10~20 g/kg	>20 g/kg
冬季休闲	5	5.98	14.05	10.69	3.23	30.25	40.00	60.00	0.00
玉米	34	3.13	18.36	9.00	3.90	43.35	64.71	35.29	0.00
紫花苕子	53	2.36	19.10	9.92	3.88	39.16	54.72	45.28	0.00
毛大麦	5	7.90	18.61	12.40	4.43	35.73	40.00	60.00	0.00
豌豆	6	6.71	20.14	11.30	5.07	44.86	50.00	33.33	16.67

表 9-10 会东县不同前作植烟土壤水溶性有机碳统计分析

前作	样本数	极小值 (mg/kg)	极大值 (mg/kg)	平均值 (mg/kg)	标准偏差	变异系数 (%)	水溶性有机碳含量各范围所占比例 (%)		
							<50 mg/kg	50~70 mg/kg	>70 mg/kg
冬季休闲	5	32.18	79.20	56.81	18.36	32.32	20.00	40.00	40.00
玉米	34	13.13	94.90	49.64	20.97	42.24	50.00	38.24	11.76
紫花苕子	53	10.22	129.25	50.40	21.55	42.75	56.604	28.302	15.094
毛大麦	5	27.46	90.10	64.77	23.93	36.95	20.00	40.00	40.00
豌豆	6	30.65	91.35	60.08	24.98	41.57	33.34	33.33	33.33

作的中活性有机碳最小值变化幅度较大。低活性有机碳变异系数整体较高，均高于 40%，其中前作为毛大麦土壤低活性有机碳含量均值最大，为 5.34 g/kg，前作为豌豆变异系数最大，为 74.6%，可能是样品数量较少，代表性较差引起的；前作为玉米的土壤低活性有机碳变异系数也较大，其含量均值最低，为 3.54 g/kg；前作为豌豆和冬季休闲的土壤低活性有机碳含量相差不大，分别为 4.91 g/kg 和 4.62 g/kg。

　　整体上来看，前作为紫花苕子植烟土壤高活性有机碳平均含量最高，前作为豌豆植烟土壤次之，且豌豆的变异系数最小，其他几个处理的变异系数相差不大，变化幅度均较小；前作为豌豆的植烟土壤中活性有机碳含量变异系数最大，变化幅度也最大，前作为玉米的次之，前作为毛大麦的植烟土壤中活性有机碳平均含量最大；冬季休闲的植烟土壤低活性有机碳平均含量最高，其次为前作为玉米的植烟土壤。

（五）会东县不同前作植烟土壤碳氮比特征值统计分析

　　由表 9-12 可以看出，不同前作植烟土壤碳氮比均值均小于 7.5，其中冬季休闲和前作为豌豆、毛大麦的土壤碳氮比均小于 10。冬季休闲土壤碳氮比<7 的占 80%，在 7~10 范围内的占 20.00%，均值为 6.50；前作为玉米的土壤碳氮比<7 的占比最大，为 64.71%，在 7~10 范围内的占 29.41%，>10 的仅有 5.88%；前作为紫花苕子的土壤碳氮比与玉米表现相似，其中<7 的占 50.94%，在 7~10 范围内的占 45.28%，>10 的仅有 3.77%；前作为毛大麦的土壤碳氮比<7 的为 20.00%，在 7~10 范围内的占 80.00%；前作为豌豆的土壤碳氮比均小于 10，其中在 7~10 范围内的占比最大，为 83.33%。不同前作土壤碳氮比>10 的占比由大到小为：玉米、紫花苕子、毛大麦、冬季休闲、豌豆，但与其他前作相比，豌豆碳氮比在 7~10 范围内的占比最多。

三、小结

　　会东县植烟土壤碳指标整体分析：会东县红大植烟土壤全碳含量在 2.40~70.94 g/kg，变化幅度较大；全氮含量在 0.61~2.54 g/kg；总有机碳含量在 2.36~20.14 g/kg；水溶性有机碳含量在 10.22~129.25 mg/kg；高活性有机碳含量在 0.33~3.40 mg/kg；中活性有机碳含量在 0.50~4.83 mg/kg；低活性有机碳含量在 0.17~73.48 mg/kg，变化幅度较大；碳氮比在 2.36~13.37。

表 9-9 会东县不同前作植烟土壤总有机碳统计分析

前作	样本数	极小值 (g/kg)	极大值 (g/kg)	平均值 (g/kg)	标准偏差	变异系数 (%)	总有机碳含量各范围所占比例 (%)		
							<10 g/kg	10~20 g/kg	>20 g/kg
冬季休闲	5	5.98	14.05	10.69	3.23	30.25	40.00	60.00	0.00
玉米	34	3.13	18.36	9.00	3.90	43.35	64.71	35.29	0.00
紫花苕子	53	2.36	19.10	9.92	3.88	39.16	54.72	45.28	0.00
毛大麦	5	7.90	18.61	12.40	4.43	35.73	40.00	60.00	0.00
豌豆	6	6.71	20.14	11.30	5.07	44.86	50.00	33.33	16.67

表 9-10 会东县不同前作植烟土壤水溶性有机碳统计分析

前作	样本数	极小值 (mg/kg)	极大值 (mg/kg)	平均值 (mg/kg)	标准偏差	变异系数 (%)	水溶性有机碳含量各范围所占比例 (%)		
							<50 mg/kg	50~70 mg/kg	>70 mg/kg
冬季休闲	5	32.18	79.20	56.81	18.36	32.32	20.00	40.00	40.00
玉米	34	13.13	94.90	49.64	20.97	42.24	50.00	38.24	11.76
紫花苕子	53	10.22	129.25	50.40	21.55	42.75	56.604	28.302	15.094
毛大麦	5	27.46	90.10	64.77	23.93	36.95	20.00	40.00	40.00
豌豆	6	30.65	91.35	60.08	24.98	41.57	33.34	33.33	33.33

表 9-11　不同前作植烟土壤高、中、低活性有机碳统计分析

指标	前作	样本数	最大值 (g/kg)	最小值 (g/kg)	平均值 (g/kg)	标准偏差	变异系数 (%)
高活性 有机碳	冬季休闲	5	1.96	0.45	1.35	0.56	41.59
	玉米	34	2.84	0.69	1.42	0.58	40.61
	紫花苕子	53	3.4	0.33	1.56	0.63	40.11
	毛大麦	5	2.25	0.86	1.4	0.55	39.59
	豌豆	6	2.1	1.22	1.5	0.33	21.8
中活性 有机碳	冬季休闲	5	3.58	1.17	2.49	0.99	39.65
	玉米	34	4.28	0.5	1.8	0.93	51.80
	紫花苕子	53	4.83	0.61	2.03	0.95	46.80
	毛大麦	5	4.19	1.54	2.53	1.06	42.04
	豌豆	6	4.69	0.93	2.4	1.32	55.01
低活性 有机碳	冬季休闲	5	7.08	1.52	4.62	2.03	43.85
	玉米	34	11.35	1.27	3.54	1.93	54.50
	紫花苕子	53	9.88	1.04	3.91	2.02	51.63
	毛大麦	5	8.08	3.59	5.34	2.24	42.02
	豌豆	6	9.92	1.30	4.91	3.67	74.76

表 9-12　会东县不同前作植烟土壤碳氮比特征值统计分析

前作	样本数	极小值	极大值	平均值	碳氮比各范围所占比例(%)		
					<7	7~10	>10
冬季休闲	5	5.79	7.49	6.50	80.00	20.00	0.00
玉米	34	3.53	13.37	6.82	64.71	29.41	5.88
紫花苕子	53	2.36	11.98	6.90	50.94	45.28	3.77
毛大麦	5	5.39	8.37	7.20	20.00	80.00	0.00
豌豆	6	6.10	8.19	7.35	16.67	83.33	0.00

不同前作植烟土壤分析,各个处理的全碳含量大部分均大于 10 g/kg,占比由高到低顺序为:冬季休闲、毛大麦>紫花苕子>豌豆>玉米;不同前作总有机碳含量,冬季休闲和毛大麦大部分在 10~20 g/kg,玉米和紫花苕子大部分小于 10 g/kg,豌豆有 50.00%小于 10 g/kg,50.00%大于 10 g/kg;水溶性有机碳含量大于 50 mg/kg 占比由大到小为:冬季休闲、毛大麦>豌豆>玉米>紫花苕子;前作为紫花苕子的植烟土壤高活性有机碳平均含量最高;前作为毛大麦的植烟土壤中活性有机碳平均含量最大;前作为毛大麦的植烟土壤低活性有机碳平均含量最高,其次是前作为豌豆的植烟土壤;不同前作土壤碳氮比大于 10 的占比由大到小为:玉米>紫花苕子>冬季休闲、毛大麦、豌豆,但与其他处理相比豌豆碳氮比在 7~10 范围内的占比最多。

第三节　会东县植烟土壤盐分评价

由于长期大量施用化肥、干旱季节土面蒸发强烈、地下水位较高等,使土壤中产生盐分离子的富集而危害植物,这也是南方土壤积盐的主要原因。当土壤中积累的可溶性盐达到对植物有害的程度时,则该土壤已发生盐渍化。发生盐渍化的土壤均称为盐渍土(见表 9-13)。

表 9-13　土壤含盐量等级划分

等级	非盐渍化土	轻度盐渍化土	中度盐渍化土	重度盐渍化土	盐土
含盐量(g/kg)	<1.0	1.0~2.0	2.0~4.0	4.0~6.0	>6.0

盐渍化是土壤的一大障碍因素,土壤盐分表聚现象是趋向盐渍化的一个阶段。目前已有不少烟区土壤不同程度地产生了次生盐渍化的现象或趋势,并影响着烟叶生产的发展与烟叶质量的提高。而且,这种影响还将随着烟草种植的延续和大量化学肥料的使用而加剧。土壤次生盐渍化后养分离子的组成与比例关系恶化,导致土壤理化性质不良,土壤结构破坏板结,土壤表面形成坚硬的盐化层,通气和透水能力降低,土壤中可溶性盐分过多,引起烟草根细胞吸收土壤水分困难甚至脱水,导致生理干旱。土壤次生盐渍化还将引起烟草抗逆性减弱,病菌侵袭引起猝倒或青枯死苗,造成对烟叶产量及品质的影响。如果植烟土壤的次生盐渍化障碍得不到及时控制和治理,将对烟草生产产生严重的影响。

一、会东县植烟土壤盐分分析

(一)会东县植烟土壤盐分描述性分析

由表 9-14 可知,会东县的植烟土壤盐分离子主要为 HCO_3^-、SO_4^{2-}、Cl^-、K^+、Na^+、Ca^{2+}、Mg^{2+};土壤中 HCO_3^- 含量在 0.01~0.13 g/kg,平均值为 0.05 g/kg,变异系数为 54.22%;土壤中 SO_4^{2-} 含量最高值为 0.52 g/kg,平均值为 0.12 g/kg,变异系数为 79.81%;土壤中 Cl^- 含量在 5.32~56.72 mg/kg,平均值为 19.96 mg/kg,变异系数为 51.42%;土壤中 K^+ 含量在 3.00~79.50 mg/kg,平均值为 24.11 mg/kg,变异系数为 52.54%;土壤中 Na^+ 含量在 2.50~42.50 mg/kg,平均值为 8.14 mg/kg,变异系数为 64.11%;土壤中 Ca^{2+} 含量在 0.01~0.07 g/kg,平均值为 0.02 g/kg,变异系数为 44.11%;土壤中 Mg^{2+} 含量最高值为 0.07 g/kg,平均值为 0.01 g/kg,变异系数为 79.91%;土壤中全盐量在 0.12~0.70 g/kg,平均值为 0.26 g/kg,变异系数为 38.27%。

表 9-14　会东县植烟土壤盐分含量统计分析

盐分离子	HCO_3^- (g/kg)	SO_4^{2-} (g/kg)	Cl^- (mg/kg)	K^+ (mg/kg)	Na^+ (mg/kg)	Ca^{2+} (g/kg)	Mg^{2+} (g/kg)	含盐量 (g/kg)
最大值	0.13	0.52	65.32	79.50	42.50	0.07	0.07	0.70
最小值	0.01	0.004	5.32	3.00	2.50	0.01	0.001	0.12
平均值	0.05	0.12	19.96	24.11	8.14	0.02	0.01	0.26
标准偏差	0.03	0.10	10.26	12.67	5.22	0.01	0.01	0.10
变异系数 (%)	54.22	79.81	51.42	52.54	64.11	44.11	79.91	38.27

由表 9-15、表 9-16 可知,土壤中 K^+ 占阳离子总量 50% 以上的有 16.50%,Ca^{2+} 占阳离子总量 50% 以上的有 10.68%,Na^+、Mg^{2+} 含量均在阳离子总量的 50% 以下,由此可知,会东县植烟土壤中阳离子以 K^+、Ca^{2+} 为主。会东县植烟土壤中的阴离子主要为三种,分别为 HCO_3^-、SO_4^{2-}、Cl^-;HCO_3^- 占阴离子总量 50% 以上的有 17.47%;SO_4^{2-} 占阴离子总量 50% 以上的有 65.05%;Cl^- 含量全部在阴离子总量 50% 以下,由此可知,会东县植烟土壤中阴离子主要为 SO_4^{2-} 和 HCO_3^-,SO_4^{2-} 含量最大。根据表 9-13 分析可知,会东县红大植烟土壤含盐

量最大值为 0.70 g/kg,为非盐渍化土,但需要留意土壤中的 SO_4^{2-}。

表 9-15　植烟土壤主要阴离子含量占阴离子总量百分比分析

主要阴离子	最大值（%）	最小值（%）	平均值（%）	标准差	变异系数（%）	占阴离子百分比频率（%）		
						<50%	50%~70%	70%~90%
HCO_3^-	77.31	4.71	31.13	0.19	60.57	82.524	14.563	2.913
SO_4^{2-}	92.47	4.10	55.98	0.23	41.16	34.95	32.04	33.01
Cl^-	40.79	2.24	12.88	0.08	64.36	100.00	0.00	0.00

表 9-16　植烟土壤主要阳离子含量占阳离子总量百分比分析

主要阳离子	最大值（%）	最小值（%）	平均值（%）	标准差	变异系数（%）	占阳离子百分比频率（%）		
						<50%	50%~70%	70%~90%
K^+	69.42	5.67	35.87	0.13	36.82	83.50	16.50	0.00
Na^+	41.80	4.54	12.44	0.60	47.91	100.00	0.00	0.00
Ca^{2+}	62.31	11.10	35.32	0.11	31.48	89.32	10.68	0.00
Mg^{2+}	46.98	1.41	16.37	0.10	60.39	100.00	0.00	0.00

（二）会东县不同海拔植烟土壤盐分统计分析

由表 9-17 可知,海拔在 1 700~1 899 m 的土壤含盐量在 0.14~0.32 g/kg,均值为 0.25 g/kg,变异系数为 25.56%;在 1 900~2 099 m 的土壤含盐量在 0.12~0.58 g/kg,其均值最高为 0.28 g/kg,变异系数为 34.10%;在 2 100~2 299 m 的土壤含盐量在 0.12~0.70 g/kg,其均值最低,为 0.24 g/kg,变异系数为 44.37%。

表 9-17　会东县不同海拔含盐量统计分析

海拔高度（m）	样本数	最大值（g/kg）	最小值（g/kg）	平均值（g/kg）	标准偏差	变异系数（%）
1 700~1 899	11	0.32	0.14	0.25	0.06	25.56
1 900~2 099	47	0.58	0.12	0.28	0.09	34.10
2 100~2 299	46	0.70	0.12	0.24	0.11	44.37

(三) 会东县不同前作植烟土壤盐分分析

由表 9-18 可知, 冬季休闲的植烟土壤含盐量在 0.14~0.28 g/kg, 平均值为 0.23 g/kg, 变异系数为 23.14%; 前作为玉米的土壤含盐量在 0.12~0.54 g/kg, 平均值为 0.24 g/kg, 变异系数为 35.75%; 前作为紫花苕子的土壤含盐量在 0.13~0.58 g/kg, 平均值为 0.26 g/kg, 变异系数为 38.01%; 前作为毛大麦的土壤含盐量在 0.20~0.70 g/kg, 平均值为 0.34 g/kg, 变异系数为 60.86%; 前作为豌豆的土壤含盐量在 0.28~0.36 g/kg, 平均值为 0.32 g/kg, 变异系数为 10.35%。前作为毛大麦的土壤含盐量平均值最大, 其次为豌豆的土壤, 冬季休闲的植烟土壤含盐量均值最小。

表 9-18　会东县不同前作植烟土壤含盐量统计分析

前作	样本数	最大值 (g/kg)	最小值 (g/kg)	平均值 (g/kg)	标准偏差	变异系数 (%)
冬季休闲	5	0.28	0.14	0.23	0.05	23.14
玉米	34	0.54	0.12	0.24	0.09	35.75
紫花苕子	53	0.58	0.13	0.26	0.10	38.01
毛大麦	5	0.70	0.20	0.34	0.21	60.86
豌豆	6	0.36	0.28	0.32	0.03	10.35

二、小结

会东县的植烟土壤盐分离子主要为 HCO_3^-、SO_4^{2-}、Cl^-、K^+、Na^+、Ca^{2+}、Mg^{2+}; 土壤中全盐量在 0.12~0.70 g/kg, 平均值为 0.26 g/kg, 变异系数为 38.27%, 会东县红大植烟土壤均为非盐渍化土。植烟土壤中阳离子以 K^+ 为主, K^+ 占阳离子总量 50% 以上的有 16.50%, 土壤中阴离子主要为 SO_4^{2-}, 占阴离子总量 50% 以上的有 65.05%; 按海拔来分, 海拔在 1 900~2 099 m 的植烟土壤含盐量平均值最高, 均值为 0.28 g/kg, 在 2 100~2 299 m 的植烟土壤含盐量平均值最低, 为 0.24 g/kg; 按不同前作来分, 前作为毛大麦的土壤含盐量平均值最大, 为 0.34 g/kg, 其次是豌豆的土壤, 为 0.32 g/kg, 冬季休闲的土壤含盐量均值最小, 为 0.23 g/kg。

第四节　会东县植烟土壤各指标相关性分析

一、会东县植烟土壤盐分与 pH、基础养分相关性分析

由表 9-19 可知，HCO_3^- 与 pH 和有机质分别呈极显著和显著正相关关系，相关系数分别为 0.319、0.199，即在一定范围内 pH 越大，有机质含量越丰富，HCO_3^- 含量越高；SO_4^{2-} 含量与 pH 呈极显著负相关性，相关系数为 -0.260；Cl^- 与碱解氮呈显著正相关关系；K^+ 与碱解氮、速效钾、有机质呈极显著正相关关系，相关系数分别为 0.229、0.514、0.287；Na^+、Ca^{2+} 与 pH 呈显著正相关，相关系数分别为 0.165、0.191，Ca^{2+} 与有机质含量呈极显著正相关关系。Mg^{2+} 与各个指标相关性不显著。

表 9-19　会东县植烟土壤盐分与 pH、基础养分相关性分析

指标	HCO_3^-	SO_4^{2-}	Cl^-	K^+	Na^+	Ca^{2+}	Mg^{2+}
pH	0.319**	-0.260**	-0.014	0.084	0.165*	0.191*	0.009
碱解氮	0.093	-0.124	0.170*	0.229**	0.096	0.042	-0.07
速效磷	-0.088	-0.023	-0.039	0.013	0.154	0.105	0.099
速效钾	-0.051	0.037	-0.161	0.514**	-0.069	0.08	0.075
有机质	0.199*	-0.112	0.091	0.287**	0.126	0.276**	0.11

注：*、** 分别表示 0.05 和 0.01 显著水平，下同。

二、会东县植烟土壤盐分与碳指标相关分析

由表 9-20 可知，HCO_3^- 与全碳呈极显著正相关关系，相关系数为 0.291，与总有机碳呈显著正相关关系，相关系数为 0.199；SO_4^{2-} 与全碳呈极显著负相关关系，相关系数为 -0.233，与高活性有机碳呈显著负相关关系，相关系数为 -0.179；K^+ 与全氮、总有机碳、水溶性有机碳呈极显著正相关关系，相关系数分别为 0.257、0.287 和 0.430，与高活性有机碳、中活性有机碳呈显著正相关关系，相关系数分别为 0.185 和 0.179；Na^+ 与高活性有机碳呈极显著正相关关系，相关系数为 0.281；Ca^{2+} 与全氮、总有机碳、水溶性有机碳呈极显著正相关关系，相关系数分别为 0.295、0.276 和 0.247，与全碳、高活性有机碳、中活性有机碳呈显著正相关关系，相关系数分别为 0.226、0.175 和 0.206；Mg^{2+} 与

水溶性有机碳呈显著正相关关系,相关系数为 0.165。

表 9-20　会东县植烟土壤碳指标与土壤盐分相关性分析

碳库指标	HCO_3^-	SO_4^{2-}	Cl^-	K^+	Na^+	Ca^{2+}	Mg^{2+}
全碳	0.291**	-0.233**	0.026	0.105	-0.003	0.226*	0.103
全氮	0.037	-0.088	0.131	0.257**	0.124	0.295**	0.154
总有机碳	0.199*	-0.112	0.091	0.287**	0.126	0.276**	0.11
水溶性有机碳	0.152	-0.019	-0.059	0.430**	0.14	0.247**	0.165*
高活性有机碳	0.131	-0.179*	0.116	0.185*	0.281**	0.175*	0.01
中活性有机碳	0.057	-0.052	0.132	0.179*	0.127	0.206*	0.072
低活性有机碳	-0.075	0.036	-0.126	-0.121	-0.045	0.013	0.008

三、小结

综合分析可知,HCO_3^- 与 pH、全碳呈极显著正相关关系,与有机质、总有机碳呈显著正相关关系。SO_4^{2-} 与 pH、全碳呈极显著负相关关系,与高活性有机碳呈显著负相关关系。Cl^- 与碱解氮呈显著正相关关系。K^+ 与碱解氮、速效钾、有机质、全氮、总有机碳、水溶性有机碳呈极显著正相关关系,与高活性有机碳、中活性有机碳呈显著正相关关系。Na^+ 与 pH 呈显著正相关,与高活性有机碳呈极显著正相关关系。Ca^{2+} 与有机质、全氮、总有机碳、水溶性有机碳呈极显著正相关关系,与 pH、全碳、高活性有机碳、中活性有机碳呈显著正相关关系。Mg^{2+} 与水溶性有机碳呈显著正相关关系。

第十章 会理市土壤肥力评价

为探究会理市植烟土壤基础肥力、碳库、盐分状况,根据凉山会理红花大金元植烟土壤类型、种植制度、海拔等因素,选择 20 个样点,在移栽施肥前采集耕作层(0~20 cm)土壤样品,采样时遵循"随机、等量、多点混合"的原则,采用 S 形布点取样。

第一节 会理市植烟土壤基础肥力分析

如表 10-1 所示,会理市植烟土壤 pH 在 4.81~8.34,平均值为 7.25。变异系数是反映变量离散程度的重要指标,在一定程度上揭示了变量的空间分布特征(景宇鹏,2016),pH 变异系数为 15.82%,属中等强度变异;土壤碱解氮含量在 24.50~193.90 mg/kg,平均值为 80.76 mg/kg,变异系数为 47.58%,属于中等强度变异;土壤速效磷含量最大值为 69.40 mg/kg,最小值为 3.92 mg/kg,平均值为 14.51 mg/kg,属于缺乏水平,变异系数为 65.54%;土壤速效钾含量在 36.00~471.00 mg/kg,平均值为 157.30 mg/kg,属于中等水平,变异系数为 71.53%,变异程度较大;有机质为 7.29~36.86 g/kg,平均值为 17.78 g/kg,属于缺乏水平,变异系数为 47.06%,属中等变异。

表 10-1 会理市植烟土壤基础肥力描述性分析

基础肥力指标	pH	碱解氮 (mg/kg)	速效磷 (mg/kg)	速效钾 (mg/kg)	有机质 (g/kg)
最大值	8.34	193.90	69.40	471.00	36.86
最小值	4.81	24.50	3.92	36.00	7.29
平均值	7.25	80.76	22.48	157.30	17.78
标准偏差	1.15	38.43	14.51	112.51	8.37
变异系数(%)	15.82	47.58	64.54	71.53	47.06

在会理市 20 个植烟土壤样品中,土壤 pH>7 占比最多(见图 10-1),为 65%,其次为 6.5~7.0,占比为 15%;土壤碱解氮含量以缺乏和很缺乏为主,占

比达75%,含量丰富仅占5%;土壤速效磷含量同样以缺乏和很缺乏为主,占比达55%,含量中等占比为35%;土壤速效钾含量缺乏和很缺乏占比65%,含量丰富和很丰富占比20%;相比其他土壤肥力指标,有机质含量缺乏现象最为严重,土壤有机质含量缺乏和很缺乏占比达80%,含量中等占比15%,含量丰富占比5%。

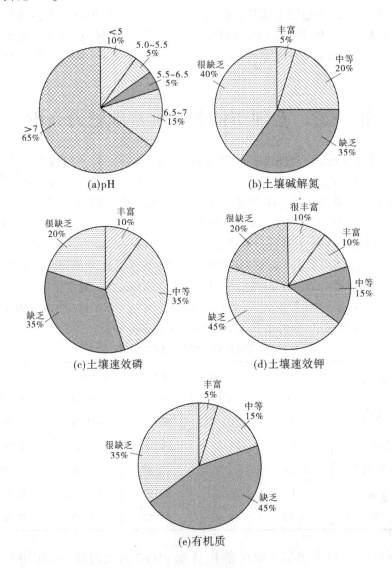

图 10-1　会理市植烟土壤基础肥力占比分析

第二节　会理市植烟土壤碳库描述性分析

如表 10-2 所示,会理市植烟土壤全碳含量在 45.16~83.40 g/kg,平均值为 70.62 g/kg;全氮含量在 0.52~2.98 g/kg,平均值为 1.28 g/kg;总有机碳含量在 4.23~21.38 g/kg,平均值为 10.31 g/kg;水溶性有机碳含量在 18.48~144.37 mg/kg,平均值为 58.91 mg/kg;高活性有机碳含量在 0.42~1.98 g/kg,平均值为 0.87 g/kg;中活性有机碳含量在 1.05~5.73 g/kg,平均值为 2.85 g/kg;低活性有机碳含量在 1.36~8.36 g/kg,平均值为 3.65 g/kg;土壤碳氮比为 5.49~15.15,平均碳氮比为 8.22。会理市土壤碳指标的变异系数在 18.05%~70.19%,表现为中、强度变异。

表 10-2　会理市植烟土壤碳库指标描述性分析

碳库指标	全碳 (g/kg)	全氮 (g/kg)	总有机碳 (g/kg)	水溶性有机碳 (mg/kg)	高活性有机碳 (g/kg)	中活性有机碳 (g/kg)	低活性有机碳 (g/kg)	碳氮比
最大值	83.40	2.98	21.38	144.37	1.98	5.73	8.36	15.15
最小值	45.16	0.52	4.23	18.48	0.42	1.05	1.36	5.49
平均值	70.62	1.28	10.31	58.91	0.87	2.85	3.65	8.22
标准偏差	12.75	0.60	4.85	41.35	0.40	1.46	1.89	2.05
变异系数 (%)	18.05	47.17	47.06	70.19	45.53	51.21	51.74	24.97

第三节　会理市植烟土壤盐分分析

会理市植烟土壤盐分种类以 HCO_3^-、SO_4^{2-}、Cl^-、K^+、Na^+、Ca^{2+}、Mg^{2+} 为主(见表 10-3),在所有盐分离子中,SO_4^{2-} 含量最多,Na^+ 含量最少。土壤 HCO_3^- 含量在 0.018 9~0.039 0 g/kg,平均值为 0.026 2 g/kg;土壤 SO_4^{2-} 含量在 0.05~2.10 g/kg,平均值为 0.38 g/kg;土壤 Cl^- 含量在 7.09~19.50 mg/kg,平均值为 12.94 mg/kg;土壤 K^+ 含量在 1.50~89.50 mg/kg,平均值为 20.63 mg/kg,土壤 Na^+ 含量在 1.00~27.00 mg/kg,平均值为 7.93 mg/kg;土壤 Ca^{2+} 含量在 0.010 4~0.050 5 g/kg,平均值为 0.023 0 g/kg;土壤 Mg^{2+} 含量在 0.001 0~0.073 9 g/kg,平均值为 0.021 3 g/kg;全盐量在 0.16~2.17 g/kg,平均值为

0.49 g/kg。在会理市 20 个植烟土壤样品中,有一个土壤样品属于中度盐渍化土,其他均为非盐渍化土,所有盐分离子的变异系数在 17.11%~116.54%,属于中、强度变异。

表 10-3 会理市植烟土壤盐分描述性分析

盐分	HCO_3^- (g/kg)	SO_4^{2-} (g/kg)	Cl^- (mg/kg)	K^+ (mg/kg)	Na^+ (mg/kg)	Ca^{2+} (g/kg)	Mg^{2+} (g/kg)	全盐量 (g/kg)
最大值	0.039 0	2.10	19.50	89.50	27.00	0.050 5	0.073 9	2.17
最小值	0.018 9	0.05	7.09	1.50	1.00	0.010 4	0.001 0	0.16
平均值	0.026 2	0.38	12.94	20.63	7.93	0.023 0	0.021 3	0.49
标准偏差	0.004 5	0.44	2.79	24.04	6.95	0.010 1	0.022 8	0.44
变异系数(%)	17.11	114.98	21.59	116.54	87.67	43.76	106.82	88.15

如图 10-2 所示,在会理市土壤盐分阳离子中,Ca^{2+} 占比最多,为 31.59%,其次为 Mg^{2+},占比为 29.26%,Na^+ 占比少,为 10.85%。在阴离子中,SO_4^{2-} 占比最大,为 90.67%,Cl^- 占比最小,为 3.08%。

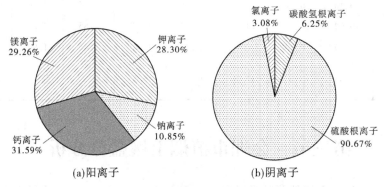

(a)阳离子　　　　(b)阴离子

图 10-2 会理市植烟土壤盐分占比情况

第四节 小 结

会理市植烟土壤 pH 整体偏碱性,土壤肥力状况整体稍差,土壤碱解氮、速效磷、速效钾、有机质含量均以缺乏和很缺乏水平为主,尤其以有机质缺乏现象最为严重。

会理市植烟土壤全碳含量变幅为 45.16~83.40 g/kg,全氮含量变幅为 0.52~2.98 g/kg,总有机碳含量变幅为 4.23~21.38 g/kg,水溶性有机碳含量变幅为 18.48~144.37 mg/kg,高活性有机碳含量变幅为 0.42~1.98 mg/kg,中活性有机碳含量变幅为 1.05~5.73 mg/kg,低活性有机碳含量变幅为 1.00~41.33 mg/kg,碳氮比变幅为 5.49~15.15。

会理市的植烟土壤盐分离子主要为 HCO_3^-、SO_4^{2-}、Cl^-、K^+、Na^+、Ca^{2+}、Mg^{2+},阳离子含量以 Ca^{2+} 为主,Mg^{2+} 次之,阴离子含量以 SO_4^{2-} 为主,20 个土壤样品中仅有一个样品土壤盐分含量在 2.0~4.0 g/kg,属于中度盐渍化土,其余均为非盐渍化土。

第十一章　植烟土壤盐分与烟叶品质关系分析

　　土壤发生次生盐渍化会导致养分离子的组成与比例关系恶化,土壤理化性质不良,结构破坏,土壤表面形成坚硬的盐化层,通气和透水能力降低。土壤中可溶性盐分过多,最终引起烟草根细胞吸收土壤水分困难甚至脱水。同时土壤次生盐渍化会引起烟草抗逆性减弱,病菌侵袭引起猝倒或青枯死苗,还可能产生盐基离子的毒害,对烟叶产量及品质产生影响。但这只是土壤盐分离子过量的危害,部分盐分离子缺乏也同样存在危害,只有土壤中离子含量适宜才对作物的生长和品质有明显的促进作用。如适量钾元素可以提高烟叶的燃烧性、吸湿性,改善烟叶颜色、油分,提高含糖量、降低烟碱含量,增进香吃味,减少烟气中有害成分的释放量。北方石灰性土壤 Ca 含量偏高,烟株吸钙过多,容易延长营养生长期,成熟推迟,且叶面粗糙、组织结构僵硬、光泽偏暗。镁元素缺乏会导致淀粉和糖含量下降,叶内有机酸含量增加,灰分增加;烤后烟叶颜色暗、无光泽,叶片薄且缺乏弹性。北方石灰性土壤,尽管交换性镁含量高,但交换性钙/交换性镁的比值较大时(8~10),也会出现镁营养失调。目前,土壤盐渍化危害正逐步扩展,如果植烟土壤的次生盐渍化障碍得不到及时控制和治理,将会对烟叶生产造成严重的影响。

第一节　凉山州红花大金元烟叶质量评价

　　烟叶原料是卷烟工业的基础,其质量优劣直接影响到卷烟产品的品质。为掌握凉山州红花大金元(会东县、会理县)烟叶质量状况,改进生产栽培技术,有效控制烟叶质量均匀性和稳定性,提高烟叶质量和特色水平,河南农业大学 2019 年从凉山州会东县(103 个)和会理县(20 个)土壤取样点中,采取定农户、定等级取样法,选取两县红花大金元烤后烟叶 C2F、C3F、B2F 和 X2F四个等级样品,每个样品等级 3 kg,其中会东县 29 套样品(嘎吉烟点 6 套、狮子山烟点 9 套、洛佐烟点 7 套、新马烟点 7 套),会理县 5 套(通安烟站 3 套、黎溪烟站2套),由国家烟草质量检验监督中心进行外观质量评价和化学成分检测,由河南农业大学组织相关专家进行感官评吸质量检验。外观质量评价细则见表11-1。

表 11-1　烤烟烟叶外观质量评价细则

序号	指标	分值	评价细则	
			梯度	分值
1	成熟度	15	成熟	15
			尚熟	11
			欠熟	7
			假熟	4
2	颜色	15	金黄、正黄	15
			深黄	12
			淡黄	10
			红棕	7
3	油分	18	富有	18
			有	15
			稍有	10
			少	6
4	柔韧性	15	柔软	15
			较柔软	10
			硬脆	5
5	颜色均匀度	5	均匀	5
			较均匀	3
			欠均匀	2
6	光泽强度	8	鲜亮	8
			尚鲜亮	5
			较暗	3

续表 11-1

序号	指标	分值	评价细则	
			梯度	分值
7	厚度	8	中等	8
			稍薄	6
			稍厚	4
			薄、厚	2
8	弹性	8	强	8
			中	5
			弱	3
9	组织结构	10	疏松	10
			尚疏松	7
			稍密	4
			紧密	2

一、烟叶外观质量评价

(一)凉山州烟叶外观质量统计分析

由表 11-2 分析可知,凉山州红大烟叶整体评价为:C2F 成熟度好,颜色金黄,油分有,柔软,颜色均匀,光泽鲜亮,厚度中等—稍薄,弹性强,组织结构疏松—尚疏松,各项指标变异系数均较小,颜色不满足正态分布,其余指标均为左偏,且成熟度、厚度、弹性、组织结构峰度系数较大;C3F 成熟度好,颜色金黄,油分有,柔软—较柔软,颜色均匀—较均匀,光泽鲜亮—尚鲜亮,厚度中等—稍薄,弹性强—中,组织结构疏松,其中颜色均匀度、厚度和弹性变异系数稍大,各项指标均为左偏;B2F 成熟度成熟—尚熟,颜色金黄,油分有—稍有,柔软—较柔软,颜色均匀—较均匀,光泽鲜亮—尚鲜亮,厚度稍厚—稍薄,弹性强—中,组织结构尚疏松—紧密,其中厚度变异系数稍大,颜色均匀度符合正态分布,其余各项指标均为左偏;X2F 成熟度好,颜色金黄,油分有—稍有,柔软,颜色均匀,光泽尚鲜亮,稍厚,弹性弱—中,组织结构疏松,其中厚度变异系数较大,除厚度外,其余指标均为左偏。

表 11-2　烟叶外观质量统计分析

等级	指标	成熟度	颜色	油分	柔韧性	颜色均匀度	光泽强度	厚度	弹性	组织结构
C2F	最大值	15.00	15.00	17.00	15.00	5.00	8.00	8.00	8.00	10.00
	最小值	14.00	15.00	12.00	10.00	4.00	7.00	5.00	7.00	8.00
	平均值	14.93	15.00	15.52	14.26	4.89	7.81	7.78	7.93	9.85
	标准差	0.27	0.00	1.42	1.40	0.32	0.40	0.80	0.27	0.53
	偏度系数	-3.45	—	-1.81	-2.31	-2.62	-1.72	-3.45	-3.45	-3.45
	峰度系数	10.67	—	2.34	5.01	5.26	1.02	10.67	10.67	10.67
	变异系数	0.02	0.00	0.09	0.10	0.07	0.05	0.10	0.03	0.05
C3F	最大值	15.00	15.00	18.00	15.00	5.00	8.00	8.00	8.00	10.00
	最小值	12.00	13.00	10.00	10.00	3.00	5.00	5.00	4.00	7.00
	平均值	14.54	14.82	15.18	13.43	4.43	6.86	7.14	6.64	9.18
	标准差	0.92	0.48	1.28	1.26	0.57	0.71	0.89	0.83	0.86
	偏度系数	-1.64	-2.81	-2.08	-0.66	-0.34	-1.16	-0.64	-0.92	-0.74
	峰度系数	1.12	7.85	10.47	0.33	-0.77	2.35	-0.59	2.68	-0.22
	变异系数	0.06	0.03	0.08	0.09	0.13	0.10	0.12	0.12	0.09

续表 11-2

等级	指标	成熟度	颜色	油分	柔韧性	颜色均匀度	光泽强度	厚度	弹性	组织结构
B2F	最大值	15.00	15.00	15.00	13.00	5.00	8.00	6.00	8.00	7.00
	最小值	11.00	14.00	12.00	8.00	3.00	6.00	4.00	4.00	3.00
	平均值	12.68	14.08	14.44	12.20	4.00	7.36	5.12	5.68	6.76
	标准差	0.90	0.28	1.04	1.22	0.50	0.76	1.01	0.80	0.88
	偏度系数	-0.03	3.30	-1.50	-2.19	0.00	-0.73	-0.26	0.67	-3.88
	峰度系数	1.25	9.64	0.64	5.23	1.72	-0.81	-2.11	2.02	15.34
	变异系数	0.07	0.02	0.07	0.10	0.13	0.10	0.20	0.14	0.13
X2F	最大值	15.00	15.00	13.00	15.00	5.00	6.00	7.00	4.00	9.00
	最小值	10.00	10.00	7.00	15.00	3.00	4.00	2.00	3.00	8.00
	平均值	14.71	14.59	11.29	15.00	4.65	5.65	4.06	3.76	8.76
	标准差	1.21	1.23	1.57	0.00	0.61	0.61	0.90	0.44	0.44
	偏度系数	-4.12	-3.68	-1.76	—	-1.60	-1.60	1.63	-1.37	-1.37
	峰度系数	17.00	14.13	2.46	—	1.90	1.90	9.26	-0.15	-0.15
	变异系数	0.08	0.08	0.14	0.00	0.13	0.11	0.22	0.12	0.05

(二)凉山州烟叶外观质量整体评价

由表 11-3 分析可知,就 C2F 而言,狮子山烟点烟叶外观质量各项指标均优于其他各点;嘎吉烟点烟叶成熟度、柔韧性、厚度、弹性和组织结构等指标均低于其他各点;新马烟点油分、颜色均匀度和光泽强度等指标均低于其他各点;各个烟点烟叶颜色均为金黄,无差异。就 C3F 而言,黎溪烟站烟叶外观质量各项指标均优于其他各点;洛佐烟点烟叶成熟度、厚度、弹性和组织结构等指标稍低于其他各站点;嘎吉烟站烟叶颜色、油分、柔韧性、颜色均匀度和光泽强度等指标稍低于其他各点。就 B2F 而言,嘎吉烟点烟叶成熟度、油分、颜色均匀度和光泽强度稍低于其他各点;新马烟点烟叶柔韧性、厚度、弹性和组织结构稍低于其他各点,颜色稍高于其他各站点;新马烟点、狮子山烟点、通安烟站和黎溪烟站四个站点烟叶成熟度较好;通安烟站和黎溪烟站烟叶油分、柔韧性、光泽强度、厚度、弹性和组织结构等指标均较好。就 X2F 而言,洛佐烟点烟叶成熟度、颜色和厚度等指标稍低于其他各站点;嘎吉烟点烟叶油分、颜色均匀度、光泽强度、弹性和组织结构均稍低于其他各站点;各个站点烟叶柔韧性无差别。

二、烟叶化学成分及协调性评价

2019 年烟叶化学成分评价结合湖北中烟红大原料需求品质目标进行分析评价,化学成分指标有总糖、还原糖、烟碱、钾、氯等 5 项,化学成分协调性指标有两糖比、糖碱比、钾氯比等 3 项。湖北中烟红大原料需求烟叶化学成分目标:上部叶烟碱 3.0%~3.5%、中部叶烟碱 2.0%~3.0%、下部叶烟碱 1.5%~2.0%,总糖 25%~35%、还原糖 20%~30%、糖碱比 8~13,钾含量>2%、氯含量<0.8%、钾氯比>4。

(一)烟叶化学成分及协调性统计分析

由表 11-4 分析可知,就 C2F 而言,总糖、还原糖和烟碱含量平均值均在需求目标范围内,但最大值超出需求目标上限,烟碱含量最小值低于需求目标下限;钾离子含量最大值低于需求目标下限,整体偏低;氯离子含量均在需求目标范围内;糖碱比平均值稍高于目标范围上限,但最小值稍低于需求目标下限;钾氯比平均值在需求目标范围内,但最小值稍低于需求目标下限;两糖比最大值为 0.96,最小值为 0.83,平均值为 0.87;总糖、还原糖、烟碱和氯离子含量均右偏,钾离子含量左偏;氯离子变异系数最大,为 69%。

表 11-3　烟叶外观质量分析

等级	收购站点	成熟度	颜色	油分	柔韧性	颜色均匀度	光泽强度	厚度	弹性	组织结构
C2F	新马烟点	15.00	15.00	14.67	14.33	4.67	7.67	8.00	8.00	10.00
	洛佐烟点	14.86	15.00	15.14	13.86	4.86	7.71	7.57	7.86	9.71
	狮子山烟点	15.00	15.00	16.33	14.78	5.00	8.00	8.00	8.00	10.00
	嘎吉烟点	14.80	15.00	15.60	13.80	5.00	7.80	7.40	7.80	9.60
C3F	新马烟点	15.00	15.00	15.57	14.14	4.71	7.29	7.71	7.29	9.71
	洛佐烟点	14.29	15.00	15.14	13.14	4.29	6.71	6.71	6.43	8.71
	狮子山烟点	14.50	14.88	15.50	13.75	4.50	7.00	7.25	6.75	9.25
	嘎吉烟点	14.33	14.33	14.33	12.50	4.17	6.33	6.83	6.00	9.00
	通安烟站	15.00	15.00	15.00	15.00	5.00	7.00	8.00	7.00	10.00
	黎溪烟站	15.00	15.00	17.00	15.00	5.00	8.00	8.00	8.00	10.00

续表 11-3

等级	收购站点	成熟度	颜色	油分	柔韧性	颜色均匀度	光泽强度	厚度	弹性	组织结构
B2F	新马烟点	13.00	14.33	14.17	11.17	4.17	7.17	4.33	5.00	6.00
	洛佐烟点	12.71	14.00	14.71	12.71	4.00	7.57	5.43	6.00	7.00
	狮子山烟点	13.00	14.00	14.50	12.50	4.17	7.67	6.00	6.33	7.00
	嘎吉烟点	12.00	14.00	14.33	12.33	3.67	7.00	4.67	5.33	7.00
	通安烟站	13.00	14.00	15.00	13.00	4.00	8.00	6.00	6.00	7.00
	黎溪烟站	13.00	14.00	15.00	13.00	4.00	8.00	6.00	6.00	7.00
X2F	新马烟点	15.00	15.00	12.00	15.00	5.00	6.00	4.00	4.00	9.00
	洛佐烟点	14.17	14.17	11.17	15.00	4.67	5.67	3.67	3.83	8.83
	狮子山烟点	15.00	15.00	12.00	15.00	5.00	6.00	4.00	4.00	9.00
	嘎吉烟点	15.00	14.67	10.83	15.00	4.33	5.33	4.50	3.50	8.50

C3F:总糖、还原糖和烟碱含量平均值在需求目标范围内,但最大值均超出需求目标上限,烟碱含量最小值低于需求目标下限;钾离子含量最大值低于需求目标下限,整体偏低;氯离子含量均在需求目标范围内;糖碱比平均值稍高于目标范围上限,但最小值稍低于需求目标下限;钾氯比平均值在需求目标范围内,但最小值稍低于需求目标下限;两糖比最大值为0.98,最小值为0.77,平均值为0.87;还原糖、烟碱和氯离子含量均右偏,总糖和钾离子含量左偏;氯离子变异系数最大,为58%。

B2F:总糖和还原糖含量平均值在需求目标范围内,但最大值超出需求目标上限,最小值低于需求目标下限;烟碱含量平均值稍低于需求目标;钾离子含量最大值低于需求目标下限,整体偏低;氯离子含量在需求目标范围内;糖碱比平均值在目标范围内,但最小值稍低于需求目标下限,最大值稍高于需求目标上限;钾氯比平均值在需求目标范围内,但最小值稍低于需求目标下限;两糖比最大值为0.99,最小值为0.67,平均值为0.89;钾离子和氯离子含量均右偏,总糖、还原糖和烟碱含量均左偏;氯离子变异系数最大,为35%。

X2F:总糖、还原糖和烟碱含量平均值在需求目标范围内,但最大值均超出需求目标上限,总糖、烟碱含量最小值低于需求目标下限;钾离子含量最大值低于需求目标下限,整体偏低;氯离子含量在目标需求范围内;糖碱比平均值高于目标范围上限;钾氯比平均值在需求目标范围内,但最小值稍低于需求目标下限;两糖比最大值为0.98,最小值为0.85,平均值为0.91;烟碱和氯离子含量均右偏,总糖、还原糖和钾离子含量均左偏;氯离子变异系数最大,为45%。

表 11-4　化学成分及协调性统计分析

等级	指标	总糖(%)	还原糖(%)	烟碱(%)	钾(%)	氯(%)	糖碱比	钾氯比	两糖比
C2F	最大值	38.28	33.39	3.30	1.51	0.46	21.51	21.07	0.96
	最小值	27.54	23.25	1.33	0.73	0.04	7.81	2.49	0.83
	平均值	31.84	27.85	2.19	1.12	0.14	13.35	10.29	0.87
	标准差	2.80	2.64	0.48	0.20	0.09	3.38	4.50	0.03
	偏度系数	0.42	0.26	0.63	-0.49	2.65	0.65	1.06	0.71
	峰度系数	-0.13	-0.03	0.47	0.24	7.69	0.52	1.95	0.58
	变异系数	0.09	0.09	0.22	0.18	0.69	0.25	0.44	0.04

续表 11-4

等级	指标	总糖 （%）	还原糖 （%）	烟碱 （%）	钾 （%）	氯 （%）	糖碱比	钾氯比	两糖比
C3F	最大值	36.85	35.36	3.15	1.45	0.50	23.07	14.60	0.98
	最小值	25.11	21.52	1.25	0.81	0.07	6.84	2.92	0.77
	平均值	32.12	28.02	2.03	1.17	0.15	14.52	9.12	0.87
	标准差	2.97	2.92	0.46	0.17	0.09	3.70	2.97	0.06
	偏度系数	-0.36	0.22	0.48	-0.18	2.83	0.39	-0.33	-0.05
	峰度系数	-0.13	0.69	0.21	-0.41	9.61	0.74	-0.33	-0.29
	变异系数	0.09	0.10	0.22	0.14	0.58	0.25	0.33	0.06
B2F	最大值	36.86	34.06	3.41	1.50	0.35	17.93	11.83	0.99
	最小值	20.62	18.80	1.68	0.80	0.10	5.71	3.58	0.67
	平均值	30.05	26.49	2.69	1.08	0.16	10.21	7.46	0.89
	标准差	4.21	3.54	0.44	0.17	0.05	2.66	2.13	0.07
	偏度系数	-0.47	-0.32	-0.68	0.78	2.51	1.22	0.07	-1.24
	峰度系数	-0.13	0.46	0.62	0.58	7.77	2.72	-0.24	3.41
	变异系数	0.14	0.13	0.16	0.16	0.35	0.26	0.29	0.08
X2F	最大值	37.48	33.99	2.44	1.54	0.31	31.36	19.64	0.98
	最小值	24.27	21.59	1.05	0.85	0.05	11.69	3.80	0.85
	平均值	32.23	29.46	1.58	1.25	0.12	19.65	11.48	0.91
	标准差	3.33	3.39	0.35	0.20	0.06	5.43	4.17	0.03
	偏度系数	-0.86	-0.68	0.58	-0.23	2.47	0.99	0.23	0.41
	峰度系数	0.90	0.39	1.52	-0.42	8.40	0.50	0.44	0.08
	变异系数	0.10	0.12	0.22	0.16	0.45	0.28	0.36	0.04

（二）烟叶化学成分及协调性评价

由表 11-5 分析可知,C2F:洛佐烟点烟叶总糖和还原糖稍高于需求目标上限,其他各点均在需求目标范围内;各个烟点钾氯比、烟碱和氯离子含量均在需求目标范围内;各个烟点钾离子含量均低于需求目标范围;新马烟点糖碱比在需求目标范围内,其他各点稍高于需求目标;新马烟点、洛佐烟点、狮子山烟点、嘎吉烟点两糖比分别为 0.86、0.87、0.87、0.89。

表 11-5　烟叶化学成分及协调性分析

等级	收购站点	总糖（%）	还原糖（%）	烟碱（%）	钾（%）	氯（%）	糖碱比	钾氯比	两糖比
C2F	新马烟点	30.22	26.02	2.25	1.01	0.11	12.04	9.14	0.86
	洛佐烟点	35.41	30.94	2.24	1.22	0.12	14.44	10.09	0.87
	狮子山烟点	31.20	27.19	2.13	1.17	0.20	13.89	7.98	0.87
	嘎吉烟点	31.36	28.00	2.16	1.07	0.09	13.14	14.37	0.89
C3F	新马烟点	31.15	26.90	1.98	1.11	0.12	14.58	9.72	0.87
	洛佐烟点	34.08	29.66	2.25	1.25	0.12	13.58	10.37	0.87
	狮子山烟点	30.12	26.12	2.06	1.17	0.14	13.18	6.85	0.87
	嘎吉烟点	33.28	29.65	1.82	1.13	0.14	17.10	9.63	0.89
	通安烟站	37.26	29.70	1.13	1.82	0.04	27.94	52.51	0.80
	黎溪烟站	38.80	30.49	1.30	1.64	0.18	23.45	13.11	0.79
B2F	新马烟点	30.18	26.93	2.43	0.97	0.17	11.45	5.93	0.89
	洛佐烟点	33.13	29.34	2.83	1.08	0.13	10.81	8.34	0.89
	狮子山烟点	25.16	22.14	2.89	1.20	0.20	7.80	7.06	0.88
	嘎吉烟点	29.57	25.63	2.64	1.11	0.14	9.87	8.24	0.88
	通安烟站	34.06	27.53	2.58	1.24	0.15	11.29	8.86	0.81
	黎溪烟站	31.55	27.01	2.24	1.53	0.28	12.23	5.57	0.86
X2F	新马烟点	29.17	26.01	1.34	1.41	0.11	19.83	12.92	0.89
	洛佐烟点	32.95	29.89	1.72	1.33	0.13	19.07	10.77	0.91
	狮子山烟点	33.00	30.53	1.71	1.34	0.21	17.99	8.39	0.93
	嘎吉烟点	32.91	30.47	1.53	1.08	0.10	20.60	12.39	0.93

　　C3F:通安烟站和黎溪烟站总糖含量稍高于需求目标范围,其余各点处于目标范围内;黎溪烟站还原糖含量稍高于需求目标范围,其余各点处于目标范围内;洛佐烟点和狮子山烟点烟碱处于需求目标范围内,其余各点稍低于目标范围;各个站点氯离子含量和钾氯比均在需求目标范围内,而钾离子含量均低于需

求目标范围,糖碱比均高于需求目标范围;新马烟点、洛佐烟点、狮子山烟点、嘎吉烟点、通安烟站、黎溪烟站两糖比分别为 0.87、0.87、0.87、0.89、0.80、0.79。

B2F:各个烟点烟叶总糖、还原糖、氯离子及钾氯比等均处于需求目标范围内;烟碱和钾离子含量均低于需求目标范围下限,整体偏低;狮子山烟点糖碱比稍低于需求目标范围下限,其余各点处于需求目标范围内;新马烟点、洛佐烟点、狮子山烟点、嘎吉烟点、通安烟站、黎溪烟站两糖比分别为 0.89、0.89、0.88、0.88、0.81、0.86。

X2F:各个烟点总糖、氯离子和钾氯比均在需求目标范围内,而钾离子含量低于需求目标范围下限,糖碱比高于需求目标范围上限;狮子山烟点和嘎吉烟点还原糖稍高于需求目标上限,其余各点含量适宜;新马烟点烟碱含量稍低于需求目标下限,其余各点含量适宜;新马烟点、洛佐烟点、狮子山烟点、嘎吉烟点两糖比分别为 0.89、0.91、0.93、0.93。

三、烟叶单料烟感官质量评价

烟叶感官质量评价由湖北中烟、河南农业大学、国家烟草质量检验监督中心的评吸专家按照湖北中烟《单料烟感官质量评价方法》(与第一章第四节评价方法相同)进行感官评吸。感官质量评价指标主要为香气质、香气量、杂气、刺激性、余味、燃烧性、灰色、浓度、劲头和可用性。合计=香气质+香气量+杂气+刺激性+余味+燃烧性+灰色,分值越大,品质越好。

(一)烟叶感官质量评价统计分析

由表 11-6 分析可知,C2F 综合表现为:香气质较好,香气量较足,杂气有—较轻,刺激性有—微有,余味尚舒适,燃烧性强,灰色白,整体评价较好,浓度中等,劲头中等,可用性较好。

C3F:香气质中等—较好,香气量尚充足,杂气有—较轻,刺激性有—微有,余味尚舒适,燃烧性强,灰色白,整体评价较好,浓度中等,劲头中等,可用性中等—较好。

B2F:香气质中等,香气量尚充足,杂气有—较轻,刺激性有,余味尚舒适,燃烧性强,灰色白,整体评价为中等,浓度中等—较浓,劲头中等—较大,可用性中等—较好。

X2F:香气质中等,香气量尚充足,杂气有,刺激性有、余味尚舒适,燃烧性强,灰色白,整体评价中等,浓度较淡—中等,劲头较小—中等,可用性中等。

表 11-6　烟叶感官质量评价统计分析

等级	指标	香气质	香气量	杂气	刺激性	余味	燃烧性	灰色	合计	浓度	劲头	可用性
C2F	最大值	17.50	14.50	14.00	18.00	18.00	4.00	4.00	90.00	3.30	3.20	4.50
	最小值	15.50	13.00	13.00	17.00	17.50	4.00	4.00	85.00	3.00	3.00	3.50
	平均值	16.20	14.02	13.64	17.66	17.71	4.00	4.00	87.23	3.05	3.02	4.06
	标准差	0.64	0.46	0.33	0.27	0.25	0.00	0.00	1.58	0.10	0.06	0.33
	偏度系数	0.31	-0.38	-0.38	0.06	0.31	—	—	0.18	1.37	2.69	-0.41
	峰度系数	-1.26	-1.07	-0.62	-0.62	-2.06	—	—	-1.17	0.22	5.61	-0.45
	变异系数	0.04	0.03	0.02	0.02	0.01	0.00	0.00	0.02	0.03	0.02	0.08
C3F	最大值	16.50	14.50	14.00	18.00	18.00	4.00	4.00	87.50	3.20	3.20	4.20
	最小值	15.00	13.00	13.00	17.00	16.00	4.00	4.00	83.50	3.00	3.00	3.00
	平均值	15.82	13.73	13.45	17.43	17.43	4.00	4.00	85.90	3.03	3.01	3.84
	标准差	0.53	0.44	0.28	0.26	0.40	0.00	0.00	15.98	0.07	0.04	0.33
	偏度系数	-0.20	-0.06	-0.04	-0.20	-1.57	—	—	-5.35	2.16	5.29	-1.42
	峰度系数	-1.12	-0.57	0.36	0.71	5.09	—	—	28.74	2.86	28.00	1.24
	变异系数	0.03	0.03	0.02	0.02	0.02	0.00	0.00	0.19	0.02	0.01	0.08

续表 11-6

等级	指标	香气质	香气量	杂气	刺激性	余味	燃烧性	灰色	合计	浓度	劲头	可用性
B2F	最大值	16.00	14.00	13.50	18.00	17.50	4.00	4.00	85.50	3.50	3.50	3.50
	最小值	14.50	12.50	12.50	16.50	16.00	4.00	4.00	81.50	3.00	3.00	2.50
	平均值	15.32	13.30	13.04	17.08	16.94	4.00	4.00	83.68	3.30	3.32	3.23
	标准差	0.38	0.35	0.29	0.37	0.33	0.00	0.00	1.13	0.20	0.17	0.29
	偏度系数	0.11	0.00	0.03	0.38	-0.79	—	—	-0.09	-0.41	-0.52	-0.63
	峰度系数	-0.26	-0.02	0.43	0.33	1.93	—	—	-0.82	-1.33	-0.46	-0.48
	变异系数	0.02	0.03	0.02	0.02	0.02	0.00	0.00	0.01	0.06	0.05	0.09
X2F	最大值	16.00	13.50	13.50	17.50	17.50	4.00	4.00	85.00	3.00	3.00	3.50
	最小值	14.50	13.00	12.50	16.00	16.00	4.00	4.00	82.00	2.50	2.50	2.50
	平均值	15.26	13.21	13.12	17.15	17.06	4.00	4.00	83.79	2.74	2.71	3.16
	标准差	0.36	0.25	0.33	0.39	0.39	0.00	0.00	0.83	0.26	0.25	0.31
	偏度系数	-0.12	0.39	-0.29	-1.52	-1.11	—	—	-0.55	0.13	0.39	-0.97
	峰度系数	0.16	-2.11	-0.51	3.92	2.38	—	—	-0.02	-2.27	-2.11	0.52
	变异系数	0.02	0.02	0.03	0.02	0.02	0.00	0.00	0.01	0.09	0.09	0.10

(二)烟叶感官质量评价

由表 11-7 分析可知,C2F:狮子山烟点综合得分优于其余各点,主要体现在杂气和刺激性上稍好;新马烟点烟叶香气量、余味和可用性等指标稍好于其余各点;嘎吉烟点在香气质、余味、浓度、劲头等方面稍好于其他各点。

C3F:黎溪烟站烟叶感官质量综合得分稍好于其他各点,主要表现在余味稍好;新马烟点在香气量和刺激性方面稍好于其他各点;洛佐烟点在杂气和可用性方面稍好于其他各点;狮子山烟点在劲头方面稍好于其他各点;嘎吉烟点在浓度方面稍好于其他各点;通安烟站在香气质方面稍好于其他烟点。

B2F:黎溪烟站在香气质、香气量、杂气和综合方面稍好于其他各点;新马烟点在余味和可用性方面稍好于其他烟点;洛佐烟点在刺激性方面稍好于其他各点;通安烟站在浓度和劲头方面稍好于其他各点。

X2F:嘎吉烟点在香气量和综合得分方面稍好于其他各点;新马烟点在刺激性、余味和浓度方面稍好于其他各点;洛佐烟点在劲头方面稍好于其他各点;狮子山烟点在香气质、杂气和可用性方面稍好于其他各点。

四、小结

外观质量:中、下部叶成熟度好,颜色金黄,油分有,柔韧性柔软,颜色均匀,组织结构疏松—尚疏松;上部叶成熟度成熟—尚熟,颜色金黄,油分有—稍有,柔软—较柔软,颜色均匀—较均匀,光泽鲜亮—尚鲜亮,厚度稍厚—稍薄,弹性强—中,组织结构尚疏松—紧密。狮子山烟点 C2F 外观质量各项指标较好;黎溪烟站 C3F 外观质量各项指标较好;通安烟站和黎溪烟站 B2F 成熟度、油分、柔韧性、光泽强度、厚度、弹性和组织结构等指标均较好。新马烟点 X2F 成熟度、颜色、油分、柔韧性、颜色均匀度、光泽强度、弹性和组织结构方面稍好。

化学成分及协调性:上部叶、中部叶、下部叶总糖和还原糖含量平均值均在需求目标范围内,但最大值均超出需求目标上限;上部叶烟碱含量整体偏低,中、下部叶在适宜范围内;上部叶、中部叶和下部叶钾离子含量整体偏低,氯离子含量适宜,钾氯比适宜;中部叶、下部叶糖碱比稍高于需求目标范围,上部叶糖碱比适宜;两糖比由大到小依次为:上部叶、中部叶、下部叶。洛佐烟点 C2F、通安烟站和黎溪烟站 C3F 总糖含量稍高于需求目标上限;各个烟点钾氯比、氯离子含量均在需求目标范围内,钾离子含量均低于需求目标范围;各个烟点上部叶烟碱含量均偏低。

表 11-7　烟叶感官质量分析

部位	收购站点	香气质	香气量	杂气	刺激性	余味	燃烧性	灰色	合计	浓度	劲头	可用性
C2F	新马烟点	16.17	14.08	13.67	17.67	17.75	4.00	4.00	87.33	3.03	3.00	4.20
	洛佐烟点	16.00	14.07	13.57	17.57	17.71	4.00	4.00	86.93	3.06	3.00	4.04
	狮子山烟点	16.28	14.00	13.72	17.78	17.67	4.00	4.00	87.44	3.04	3.02	3.97
	嘎吉烟点	16.33	13.92	13.58	17.58	17.75	4.00	4.00	87.17	3.08	3.07	4.08
C3F	新马烟点	15.71	13.79	13.43	17.64	17.21	4.00	4.00	85.79	3.00	3.00	3.76
	洛佐烟点	15.71	13.71	13.57	17.36	17.64	4.00	4.00	86.00	3.00	3.00	4.00
	狮子山烟点	15.94	13.75	13.44	17.38	17.44	4.00	4.00	86.10	3.05	3.03	3.78
	嘎吉烟点	15.92	13.67	13.33	17.33	17.42	4.00	4.00	85.67	3.07	3.00	3.83
	通安烟站	16.00	13.50	13.50	17.33	17.33	4.00	4.00	85.67	3.00	3.00	3.83
	黎溪烟站	15.75	13.75	13.50	17.50	-17.75	4.00	4.00	86.25	3.00	3.00	4.00

续表 11-7

部位	收购站点	香气质	香气量	杂气	刺激性	余味	燃烧性	灰色	合计	浓度	劲头	可用性
B2F	新马烟点	15.33	13.42	13.08	17.08	17.17	4.00	4.00	84.08	3.35	3.38	3.38
	洛佐烟点	15.29	13.36	13.07	17.36	17.00	4.00	4.00	84.07	3.33	3.33	3.29
	狮子山烟点	15.33	13.33	12.92	16.92	16.83	4.00	4.00	83.33	3.20	3.30	3.08
	嘎吉烟点	15.33	13.08	13.08	16.92	16.75	4.00	4.00	83.17	3.30	3.27	3.17
	通安烟站	15.33	13.00	13.00	17.00	17.00	4.00	4.00	83.33	3.40	3.40	3.17
	黎溪烟站	15.75	13.50	13.25	17.00	16.75	4.00	4.00	84.25	3.10	3.15	3.15
X2F	新马烟点	15.00	13.17	13.00	17.33	17.33	4.00	4.00	83.83	2.83	2.67	2.93
	洛佐烟点	15.25	13.17	13.08	17.08	16.92	4.00	4.00	83.50	2.75	2.75	3.18
	狮子山烟点	15.75	13.00	13.50	16.75	16.50	4.00	4.00	83.50	2.50	2.50	3.25
	嘎吉烟点	15.25	13.33	13.08	17.25	17.25	4.00	4.00	84.17	2.75	2.75	3.22

感官质量:中部叶香气质较好,香气量较足,杂气较轻,刺激性微有,余味舒适,燃烧性强,灰色白,整体评价较好,浓度中等,劲头中等,可用性中等—较好;下部叶和上部叶香气质中等,香气量尚充足,杂气有—较轻,刺激性有,余味尚舒适,燃烧性强,灰色白,整体评价为中等,可用性中等—较好;上部叶浓度中等—较浓,劲头中等—较大;下部叶浓度较淡—中等,劲头较小—中等。各个收购点 C2F 感官质量评价得分由高到低依次为:狮子山烟点、新马烟点、嘎吉烟点、洛佐烟点;各个收购点 C3F 感官质量评价得分由高到低依次为:黎溪烟站、狮子山烟点、洛佐烟点、新马烟点、嘎吉烟点、通安烟站;各个收购点 B2F 感官质量评价得分由高到低依次为:黎溪烟站、新马烟点、洛佐烟点、狮子山烟点、通安烟站、嘎吉烟点;各个收购点 X2F 感官质量评价得分由高到低依次为:嘎吉烟点、新马烟点、洛佐烟点、狮子山烟点。

根据烟叶质量评价结果,建议在生产中要进一步优化株型,调控氮肥施用,优化钾肥施用,加强土壤改良,提高上部叶采收成熟度。

第二节　植烟土壤盐分与烟叶品质关系分析

为掌握凉山州红花大金元(会东县、会理县)土壤盐分与烟叶质量关系,改进生产栽培技术,选取第一节的红花大金元烤后烟叶 C3F 和 B2F 等级样品,并与对应土壤盐分进行相关性分析,明确凉山州红大烟叶质量状况与土壤盐分关系,为促进产区改进生产技术措施提供参考依据。

一、植烟土壤盐分与烟叶外观质量相关分析

由表 11-8 可知,在烤后烟外观质量指标中,成熟度、颜色、厚度、弹性、组织结构与 HCO_3^- 呈极显著正相关关系,相关系数分别为 0.337、0.509、0.431、0.369、0.468,柔韧性和颜色均匀度与 HCO_3^- 呈显著正相关关系,相关系数分别为 0.252、0.267;油分、柔韧性、厚度、弹性、组织结构与 SO_4^{2-} 呈显著负相关关系,相关系数分别为 -0.252、-0.285、-0.271、-0.279、-0.302;颜色和弹性与 Cl^- 有显著正相关关系,相关系数分别为 0.244 和 0.273;油分、柔韧性、厚度、弹性与 K^+ 有极显著正相关关系,组织结构与 K^+ 有显著正相关关系,相关系数分别为 0.361、0.385、0.399、0.368、0.297;成熟度、颜色与 Na^+ 有显著正相关关系,相关系数分别为 0.323、0.246,油分、柔韧性、颜色均匀度、厚度、弹性、组织结构与 Na^+ 有极显著正相关关系,相关系数分别为 0.348、0.448、0.342、0.450、0.392、0.374;油分和光泽强度与 Mg^{2+} 呈显著正相关关系,相关

系数分别为 0.268、0.316。

表 11-8　植烟土壤盐分与烟叶外观质量相关性分析

指标	HCO_3^-	SO_4^{2-}	Cl^-	K^+	Na^+	Ca^{2+}	Mg^{2+}
成熟度	0.337**	0.049	0.213	0.233	0.323*	0.071	-0.017
颜色	0.509**	-0.002	0.244*	0.133	0.246*	0.126	-0.137
油分	0.227	-0.252*	0.083	0.361**	0.348**	-0.029	0.268*
柔韧性	0.252*	-0.285*	0.08	0.385**	0.448**	0.062	0.145
颜色均匀度	0.267*	0.093	-0.097	0.206	0.342**	0.071	0.031
光泽强度	-0.183	-0.041	-0.08	0.236	0.222	0.024	0.316*
厚度	0.431**	-0.271*	0.165	0.399**	0.450**	0.086	0.127
弹性	0.369**	-0.279*	0.273*	0.368**	0.392**	0.039	0.175
组织结构	0.468**	-0.302*	0.236	0.297*	0.374**	0.047	0.017

二、植烟土壤盐分与烟叶化学成分相关分析

由表 11-9 可知,在烤后烟常规化学成分指标中,氯与 HCO_3^- 呈显著负相关关系,相关系数为 -0.299;氯与 SO_4^{2-} 呈极显著正相关关系,相关系数为 0.340;两糖比与 K^+ 呈显著负相关关系,相关系数为 -0.242;总糖和钾含量与 Ca^{2+} 呈极显著正相关关系,相关系数分别为 0.337、0.359,还原糖、糖碱比与 Ca^{2+} 呈显著正相关关系,相关系数分别为 0.247、0.292,烟碱与 Ca^{2+} 呈显著负相关关系,相关系数为 -0.249;两糖比与 Mg^{2+} 呈极显著负相关关系,相关系数为 -0.346。

表 11-9　植烟土壤盐分与烟叶化学成分相关性分析

指标	HCO_3^-	SO_4^{2-}	Cl^-	K^+	Na^+	Ca^{2+}	Mg^{2+}
总糖	0.049	0.063	-0.151	0.132	0.04	0.337**	0.185
还原糖	0.164	0.044	-0.206	-0.007	-0.063	0.247*	-0.006
烟碱	-0.117	0.031	-0.075	0.023	0.001	-0.249*	0.002
钾	-0.169	0.209	-0.116	-0.042	0.005	0.359**	-0.089
氯	-0.299*	0.340**	-0.084	-0.163	-0.106	0.118	0.003
糖碱比	0.016	-0.019	0.017	-0.077	-0.042	0.292*	-0.069
钾氯比	-0.02	0.031	-0.128	-0.032	-0.003	0.095	-0.039
两糖比	0.167	-0.048	-0.04	-0.242*	-0.161	-0.212	-0.346**

三、植烟土壤盐分与烟叶感官质量相关分析

由表 11-10 可知,烤后烟感官质量中,香气质、刺激性与 HCO_3^- 呈显著正相关关系,相关系数分别为 0.252、0.256;杂气、可用性与 HCO_3^- 呈极显著正相关关系,相关系数分别为 0.383、0.357;浓度、劲头与 HCO_3^- 呈显著负相关关系,相关系数分别为 -0.239、-0.296;香气量与 Mg^{2+} 呈显著负相关关系,相关系数为 -0.268,浓度与 Mg^{2+} 呈显著正相关关系,相关系数为 0.246,其他指标间的相关性不显著。

表 11-10　植烟土壤盐分与烟叶感官质量相关分析

指标	HCO_3^-	SO_4^{2-}	Cl^-	K^+	Na^+	Ca^{2+}	Mg^{2+}
香气质	0.252*	0.126	-0.111	-0.088	-0.038	-0.166	-0.122
香气量	0.23	0.008	0.069	-0.03	-0.102	-0.088	-0.268*
杂气	0.383**	-0.068	0.011	-0.017	-0.09	0.06	-0.168
刺激性	0.256*	-0.07	0.124	0.031	-0.224	0.04	0.056
余味	0.214	-0.128	-0.005	0.126	-0.125	0.158	0.053
浓度	-0.239*	-0.006	-0.126	0.016	0.197	0.028	0.246*
劲头	-0.296*	0.075	-0.123	-0.093	0.074	-0.148	0.208
可用性	0.357**	-0.106	-0.094	0.011	-0.039	0.092	-0.154

四、小结

综上所述,烟叶外观质量指标中,成熟度与 HCO_3^-、Na^+ 存在正相关关系;颜色与 HCO_3^-、Cl^-、Na^+ 存在正相关关系;油分与 SO_4^{2-} 呈显著负相关关系,与 K^+、Na^+、Mg^{2+} 存在正相关关系;柔韧性与 HCO_3^-、K^+、Na^+ 存在正相关关系,与 SO_4^{2-} 呈显著负相关关系;光泽强度与 Mg^{2+} 存在正相关关系;厚度与 HCO_3^-、K^+、Na^+ 存在正相关关系,与 SO_4^{2-} 呈显著负相关关系;弹性与 HCO_3^-、Cl^-、K^+、Na^+ 存在正相关关系,与 SO_4^{2-} 存在负相关关系;组织结构与 HCO_3^-、K^+、Na^+ 存在正相关关系,与 SO_4^{2-} 存在负相关关系。

化学成分指标中,总糖、还原糖、烟碱、钾和 Ca^{2+} 存在正相关关系;氯与 HCO_3^- 存在负相关性,与 SO_4^{2-} 存在正相关关系;糖碱比与 Ca^{2+} 存在正相关关系;两糖比与 K^+、Mg^{2+} 存在负相关性。

　　感官指标中,香气质、杂气、刺激性、可用性与 HCO_3^- 呈正相关性,劲头与 HCO_3^- 呈负相关性;香气量与 Mg^{2+} 呈负相关性;浓度与 HCO_3^- 呈正相关性,与 Mg^{2+} 呈负相关性。

第十二章　生物炭对烟草幼苗
氯化钠胁迫的缓解效应

由于世界人口不断增加、全球气候变暖、工业污染严重等因素,可利用耕地面积逐年递减,大量森林、草地、湿地等资源被开发利用,导致原始植被和土壤结构被破坏,诱导土壤盐渍化的发生;与此同时,土壤母质、地形地势、水土资源利用、农田管理措施等多种因素综合影响加剧土壤盐渍化进程。2018年与盐渍化有关的文章较2004年增加了4倍(Samir Rafla, 2020),见图12-1。由于人类活动已导致大量肥沃的土地变成了盐碱地,据FAO的数据显示,超过3.97亿hm^2土地的农业生产受到盐渍化影响,作物产量远低于其遗传潜力(Siddiqui et al. ,2009,2010)。尽管这种非生物胁迫备受农业研究者的关注,但烟草行业对于烟田土壤盐渍化的研究还处于探索阶段。烟草是一种具有很高经济价值的植物,在烟区划分时中国就已将盐渍土壤排除在外,但土壤次生盐渍化是一个不可避免的趋势。近年来调查发现,植烟土壤已经出现次生盐碱化现象(叶协锋,2011),赵莉(2009)的研究表明,湖南植烟土壤的盐分离子主要有NO_3^-、K^+、Ca^{2+}、Cl^-、SO_4^{2-}等,且灌水等方式对其调节无效;2017年对洛阳部分植烟区土壤盐分分析发现,该地区植烟土壤中SO_4^{2-}含量普遍高于0.35 g/kg(马静等,2019)。硫酸钾作为烟草种植钾肥的主要来源被广泛使用,年需量约81万t(朱贵明等,2002),但烟草本身对SO_4^{2-}的吸收量较少,导致大量的SO_4^{2-}残留在土壤中,成为烟田盐渍化的隐患。此外,南方植烟区因为高降水量与高蒸发量,干旱季节地表蒸发强烈、地下水位较高等使得盐分离子在地表富集。

植物在高盐分浓度影响下,其生理和分子水平会发生变化,如高盐胁迫会干扰植物的光合能力、渗透平衡、离子稳态、蛋白和核酸合成、酶活性、有机溶质积累和激素平衡(Bhaskar et al. ,2014)。此外,盐分会扰乱植物的吸水能力,抑制根系伸长,导致植物不能正常完成生命周期,生态系统养分循环受到影响(East et al. ,2017)。由于盐胁迫下植物生长受到抑制,空气中的碳源不能及时被植物吸收转化,导致盐渍化土壤中的有机碳储量急剧下降,数据统计显示,盐渍化土壤每公顷平均损失3.47 t土壤有机碳,这不仅影响土地肥力,而且对全球气候也产生一定影响(Setia et al. ,2017)。

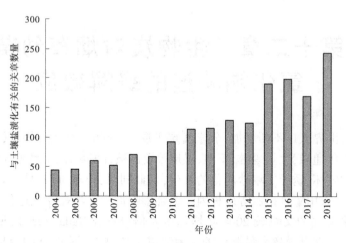

图 12-1　2004~2018 年与土壤盐渍化有关的文章数量
（数据来自 Web of Science, Clarivate Analytics, 2019）

生物炭是植物体通过在缺氧条件下热降解形成的富碳物质,被认为是一种土壤调节剂,可以通过提供养分、改善土壤物理和生物学特性来促进植物生长(Downie et al. , 2009),进而提高在盐胁迫条件下的作物产量(Thomas et al. , 2013)。生物炭的孔隙率、比表面积等特性对改善土壤与植物水分和盐分的传递以及提高根际微区的养分含量有很大的影响(Case et al. , 2012),这些研究表明,在盐碱地中添加生物炭可以改善土壤的生物活性和理化性质,从而促进植物生长,生物炭也可以通过改善营养资源配置,促进植物氮吸收增加叶绿素的合成。Akhtar 等(Akhtar et al. , 2015)研究表明,施用生物炭可以吸附 Na^+、增加木质部的 K^+ 含量,进而缓解盐胁迫,提高马铃薯块茎产量。大量研究表明,生物炭一方面可以通过吸附作用,减缓部分矿物质来减少盐渍化引起的危害(Kim et al. , 2016),另一方面可以通过减轻氧化应激,保护植物免受盐胁迫。根据吸附研究可知,生物炭可从灌溉 50 mmol/L NaCl 溶液的土壤中吸附 97% 的 Na^+(Akhtar et al. , 2015),同时添加生物炭也增强了土壤的阳离子交换能力,进一步增强土壤吸附 Na^+ 的能力。这些研究表明,生物炭的施用可以增强盐碱条件下植物对矿物质的吸收,当然还需要更详细的研究来评估高盐浓度下生物炭对矿物质的吸收机制。

迄今为止,有关生物炭与室内条件下烟草幼苗在耐盐性方面的相互作用尚未在文献中得到阐述。因此,笔者研究了盐胁迫下生物炭对烟草根系、叶绿素、矿质元素和抗氧化酶等的影响,以期为生物炭在调控盐渍化土壤应用方面提供理论依据。

第一节　生物炭对烟草植物学性状和干鲜重的影响

试验于 2019 年 5~9 月在河南农业大学国家烟草栽培生理生化研究基地进行,利用人工培养架进行培养,光照时长为 14 h/d,温度 23 ℃±3 ℃,相对湿度为 60%~70%。用丹麦品氏托普泥炭土进行盆栽,每个营养钵中装泥炭土 350 g(以干基计重,泥炭土平均含水率为 53.24%,换算为湿基重量为 650 g)。pH 值为 5.5~6.0,全氮 0.881%,全磷 0.046%,全钾 0.325%。烤烟品种为 K326。试验用盆为塑料盆,上口直径为 17.5 cm,下口直径为 12.5 cm,高度为 16.0 cm。所用生物炭为烟秆炭,pH 为 8.97,全碳 67.65%,全氮 1.44%,全磷 1.00%,全钾 8.19%,CEC(阳离子交换量)85.65 cmol/kg,BET 比表面积 6.072 m²/g,平均孔径为 2.769 nm。烟草专用复合肥中 $N:P_2O_5:K_2O=8:12:20$。在移栽后每盆施入纯氮 2 g。

通过 0~250 mmol/L NaCl 胁迫预试验,摸索出能抑制烟草生长但又不致死的浓度为 150 mmol/L,以此展开后续。试验设置 CK(不加处理)、T1(150 mmol/L NaCl)、T2(10 g/kg 生物炭+150 mmol/L NaCl)、T3(20 g/kg 生物炭+150 mmol/L NaCl)、T4(30 g/kg 生物炭+150 mmol/L NaCl)5 个处理,其中生物炭过 20 目筛,每个处理培育 45 株烟苗。在移栽前将生物炭、肥料和 NaCl(溶水)按处理要求与泥炭土混匀后装填入营养钵中(每个营养钵单独混匀)。采用漂浮育苗,施用烟草专用育苗肥至苗龄 45 天,然后挑选长势一致的烟苗移栽入营养钵,自加处理当天计时为第 0 天。统一浇水,每周浇水 1~2 次,各处理浇水量一致。

选取 5 株有代表性的烟株标记定株,分别于移栽后 30 天、45 天、60 天和 75 天测量记录烟株的最大叶长、最大叶宽和有效叶片数。在移栽后 30 天、45 天、60 天和 75 天,在各处理分别取 3 株长势一致的烟株,轻轻冲洗根系以去除黏附的基质及其他表面杂物,尽可能保持完整性,利用扫描仪(Epson Perfection V800 Photo)扫描根系图像,再用 Win RHIZO 2007 根系分析系统软件(Regent Instruments Inc8,Canada)分析根系形态学参数,分别取 3 株长势一致的烟株,用自来水洗净后再用去离子水冲洗数遍,晾干后称鲜重,在 105 ℃下杀青 15 min,于 85 ℃烘干至恒重,用称重法测量其总干重。水分含量的测定采用快速称重法。取生长点下第 3 片完全展开功能叶,称其质量(m_1),然后浸泡于 4 ℃蒸馏水中,黑暗下放置 5 h,取出,擦干叶片表面水分后,称其质量

(m_2)。随后,将此叶片转入 4 ℃ 65%蔗糖溶液中,黑暗处放置 5 h 后,取出叶片,用蒸馏水洗净,擦干,立即称其质量(m_3)。最后将叶片置于 75 ℃下烘至恒量,称其质量(m_4),每组处理重复 3 次。水分含量计算公式如下:

$$自由水含量(\%) = (m_1 - m_3)/m_1 \times 100$$

$$总含水量(\%) = (m_1 - m_4)/m_1 \times 100$$

$$束缚水含量(\%) = 总含水量(\%) - 自由水含量(\%)$$

$$相对含水量(\%) = (m_1 - m_4)/(m_2 - m_4) \times 100$$

$$水分饱和亏(\%) = (m_2 - m_1)/(m_2 - m_4) \times 100$$

一、生物炭对盐胁迫下烟草幼苗植物学性状的影响

如表 12-1 所示,随着生育期的延长,所有处理的最大叶长均呈增长趋势。移栽后 30 天,CK 的最大叶长最大,为 13.50 cm,而处理 T1 的最大叶长最小,为 8.83 cm,生物炭不同用量的 3 个处理的最大叶长均大于处理 T1,且与 CK 相比无显著差异;移栽后 45 天,最大叶长表现为:CK>T4>T3>T2>T1;移栽后 75 天,处理 T4 的最大叶长与 CK 相比无显著差异,处理 T1 的最大叶长最小,仅为 CK 的 61.02%。最大叶宽表现为移栽后 75 天,除处理 T1 外,其余 4 个处理的最大叶宽都呈持续增加趋势,但增长速率有所不同。

随着生育期的延长,各处理有效叶数持续增加,但变化幅度较最大叶长和最大叶宽小。移栽后 30 天,处理 T1 有效叶数最少,仅为 6 片,其余处理有效叶数均为 8 片;移栽后 45~60 天,各处理有效叶数表现为:CK>T4>T3>T1>T2;移栽后 75 天,处理 T3 有效叶数迅速增多,达到 17.33 片,在生物炭处理中表现最优。

表 12-1　不同用量生物炭对盐胁迫下烟草植物学性状的影响

处理时间 (d)	处理	最大叶长 (cm)	最大叶宽 (cm)	叶数(大于 2 cm 计)
30	CK	13.50±2.04a	8.17±1.18a	8.00±0.00a
	T1	8.83±1.65b	6.00±1.22a	6.00±0.82b
	T2	13.00±0.41a	8.17±0.62a	8.00±0.82a
	T3	11.33±0.94ab	7.50±0.82a	8.00±0.00a
	T4	12.17±0.62a	7.50±0.41a	8.00±0.82a

续表 12-1

处理时间（d）	处理	最大叶长（cm）	最大叶宽（cm）	叶数(大于 2 cm 计)
45	CK	16.50±0.71a	10.33±0.85a	12.67±1.25a
	T1	11.00±0.82d	7.33±0.62c	10.33±0.47b
	T2	11.33±1.18cd	8.50±0.41bc	10.00±1.41b
	T3	13.50±1.08bc	8.00±0.71c	10.33±0.47b
	T4	14.83±0.62ab	9.83±0.62ab	12.00±0.82ab
60	CK	20.50±1.87a	13.50±1.08a	14.67±0.47a
	T1	13.17±1.55c	9.67±1.03c	11.67±0.47b
	T2	16.50±1.25bc	10.00±0.82c	11.00±0.82b
	T3	16.50±0.71bc	11.33±0.62bc	13.67±0.47a
	T4	18.33±1.03b	12.50±0.41ab	14.00±0.82a
75	CK	22.67±1.18a	14.00±1.08b	18.00±0.82a
	T1	13.83±0.62d	9.33±0.62d	14.00±0.82b
	T2	17.00±0.94c	10.67±0.23cd	16.33±0.47a
	T3	19.83±0.94b	12.33±0.23bc	17.33±0.47a
	T4	22.33±1.25a	16.83±1.65a	16.33±0.47a

注:同列数据后标有不同小写字母者表示组间差异达到显著水平($P<0.05$),下同。

二、生物炭对盐胁迫下烟草幼苗干鲜重的影响

由图 12-2 可以看出,烟株的干重和鲜重有着相同的变化趋势。处理 30 天时,CK 的干鲜重最大,分别为 0.97 g 和 19.81 g;45~60 天,处理 T3 表现为下降趋势,在处理第 60 天时,烟株干鲜重表现为:CK>T4>T3>T1>T2;75 天时,处理 T4 烟株干鲜重与 CK 相比无明显差异。

三、生物炭对盐胁迫下烟株水分含量的影响

生物炭对盐胁迫下烟株体内含水量、水分饱和亏和自由水/束缚水的变化如表 12-2 所示。处理 T1 的烟株总含水量最小,T3 处理的总含水量最大。相对含水量的数值波动幅度比总含水量大,但整体趋势一致。盐分处理 30~45

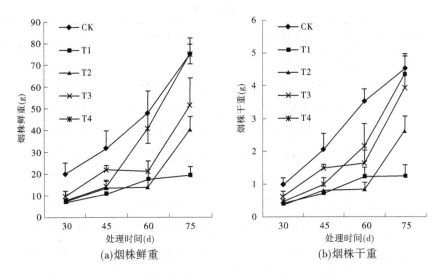

(a)烟株鲜重　　　　　　　　(b)烟株干重

图 12-2　不同用量生物炭对盐胁迫下烟株干鲜重的影响

天后,处理 T4 的相对含水量呈现上升趋势,其余处理相对含水量呈下降趋势,处理后 45~60 天时,相对含水量表现为 T3>CK>T4,这可能与生物炭的多孔性对水分吸附有关;处理 75 天时,CK 与处理 T3 的相对含水率无显著差异。水分饱和亏能表现出植物组织间的水分亏缺程度(张志良,1990),水分饱和亏越高表明植株需水越多。CK 的水分饱和亏最小,处理 T3 的水分饱和亏最大(30 天除外)。自由水/束缚水整体表现为:CK>T3>T2>T4>T1。

表 12-2　不同用量生物炭对盐胁迫下烟株含水率的影响

处理时间 (d)	处理	总含水量 (%)	相对含水量 (%)	水分饱和亏 (%)	自由水/ 束缚水
30	CK	87.30±0.88a	86.74±2.38a	13.26±2.37b	1.52±0.47a
	T1	84.91±1.04a	83.66±0.79a	15.05±0.79b	0.80±0.21c
	T2	84.86±2.22a	84.95±5.63a	14.34±5.63b	1.23±0.40b
	T3	86.98±1.79a	85.43±4.00a	18.57±4.00ab	1.27±0.34ab
	T4	84.59±1.10a	79.04±1.50a	22.96±1.50a	1.03±0.37bc

续表 12-2

处理时间 （d）	处理	总含水量 （%）	相对含水量 （%）	水分饱和亏 （%）	自由水/ 束缚水
45	CK	86.84±0.43a	84.06±0.73a	15.94±0.73a	0.82±0.30a
	T1	85.89±0.80a	80.68±1.39a	18.85±1.39a	0.09±0.08c
	T2	86.79±1.36a	81.15±2.38a	18.31±2.38a	0.49±0.14b
	T3	88.25±6.53a	83.93±0.88a	19.03±0.88a	0.65±0.08b
	T4	86.36±1.49a	82.21±1.97a	17.79±1.97a	0.24±0.05c
60	CK	86.87±1.16a	85.72±6.36a	14.96±6.35b	0.73±0.14a
	T1	84.20±0.63a	82.61±0.65a	16.39±0.65a	0.22±0.06c
	T2	85.90±0.63a	84.04±1.28a	16.13±1.28a	0.51±0.51b
	T3	86.68±1.55a	87.96±2.23a	18.07±2.23a	0.58±0.02ab
	T4	84.46±0.89a	83.18±2.38a	16.82±2.38a	0.16±0.04c
75	CK	86.51±0.58a	85.77±1.59a	14.23±1.59b	0.65±0.01a
	T1	84.15±0.99a	81.76±1.07a	17.24±1.07a	0.29±0.04c
	T2	85.80±2.40a	83.28±1.82a	15.72±1.82a	0.41±0.04b
	T3	88.07±0.93a	85.27±2.11a	17.73±2.11a	0.69±0.06a
	T4	84.72±0.27a	81.66±1.55a	16.34±1.55a	0.41±0.01b

四、生物炭对烟株根系指标的影响

图 12-3 为 75 天时不同用量生物炭对盐胁迫下烟草根系的影响。可以看出处理 T1 烟株根系发育最弱，而生物炭的使用可以有效缓解盐胁迫对根系的抑制作用，且生物炭用量越多缓解效果越明显。

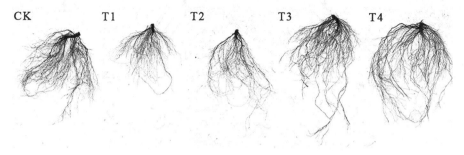

CK　　　T1　　　T2　　　T3　　　T4

图 12-3　不同用量生物炭对盐胁迫下烟草根系的影响

如图 12-4 所示，各处理根长随处理时间延长逐渐增加。处理 45～60 天，CK、处理 T3 和 T4 根长增长速率较大，而处理 T1 和 T2 根长增长缓慢；处理 75

天时,各处理根长表现为:T4>CK>T3>T2>T1,此时处理 T3 的根长为处理 T1 的 1.72 倍。根表面积和根体积的变化趋势相似,均表现为随着时间延长,根表面积和根体积增大,其中处理 T1 和 T2 增长速率较缓,CK、T3 和 T4 增长速率较大,在处理第 75 天时,各处理根表面积为:CK>T4>T3>T2>T1,根体积为:T4>CK>T3>T2>T1。各处理根系平均直径随时间增加先降低后升高,这可能与根系快速发育,根长增长较快,物质积累较多供应给地上部有关,其中处理

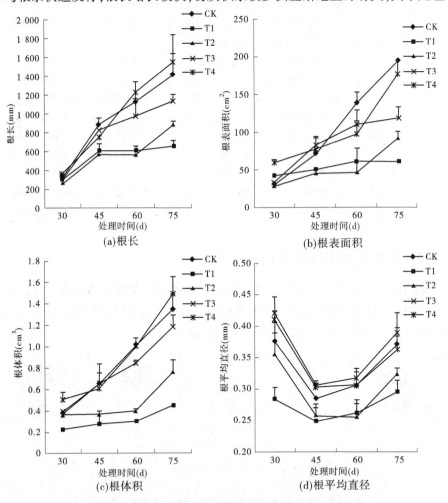

(a)根长   (b)根表面积

(c)根体积   (d)根平均直径

图 12-4 不同用量生物炭对盐胁迫下烟草根系各指标的影响

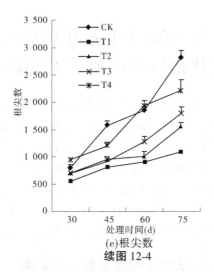

(e)根尖数
续图 12-4

T3 的根系平均直径最大。CK 的根尖数相对较多,添加 NaCl 之后,根尖数目增长趋势受到抑制,新根发育迟缓,施用生物炭可以有效促进盐胁迫下烟株新根数目的增多,并且促进效果表现为:T4>T3>T2。

五、小结

盐胁迫会影响烟株正常生长,抑制根系发育,从而降低烟株含水率,造成烟株生理缺水。且在盐渍土壤中,由于 Na^+ 含量较多,它会与土壤颗粒相互作用,形成坚硬的梭状结构(Seelig,2009),同时高 Ca^{2+} 和 Mg^{2+} 也会让土壤小颗粒趋于紧实,不仅会破坏土壤孔隙结构,抑制水分渗透,减少根系获得氧气的能力,也会影响植物根系的生长和深扎,不利于植物对水分和养分的吸收运输(Sparks,1996)。添加生物炭可以对土壤理化性质进行改良,对植物发育受抑制等问题起到缓解作用(Novak et al.,2013)。大量文献报道了在逆境条件下,生物炭的应用可以促进植物对养分的吸收,进而增加生物量(Akhtar et al.,2015),本试验结果也证实了该结论,即在盐胁迫条件下添加生物炭可以促进叶片的伸展、有效叶数的增加以及根系的发育,用量不同促进的效果不同。Bruun 等(2014)指出添加生物炭对根的生长有积极影响,这可能是由于生物炭的吸附作用减少了 Na^+ 与根表面的接触或生物炭降低了土壤容重,从而导致根系发育阻力减少,根系对水分的吸收和运输能更好地进行。

第二节　生物炭对盐胁迫下烟草部分生理生化指标和矿质元素的影响

为探讨生物炭对盐胁迫下烟草内含物质代谢的影响,设置试验,本次试验所用培养环境与第一节保持一致。移栽后 30 天、45 天、60 天和 75 天,在各处理分别取 3 株长势一致的烟株,取生长点下第三、四片功能叶(自大于 2 cm 的叶子开始计数)剪碎混匀后测定叶绿素含量、H_2O_2、MDA 含量,并检测叶片 SOD、POD 活性和 GSH 含量。将地上部样品磨碎,过 20 目筛,采用《食品安全国家标准食品中镉的测定》(GB 5009. 15—2014)中干法灰化法测定 K、Na、Ca、Mg 含量,并通过 ICP-OES 电感耦合等离子原子发射光谱仪测定。

一、生物炭对盐胁迫下烟叶叶绿素含量的影响

由图 12-5 可知,各处理叶绿素含量随处理时间延长整体呈增加趋势,不同处理增加幅度不同。第 30 天时,处理 T2 叶绿素 a 含量最高,为 1.45 mg/g,处理 T1 叶绿素 a 含量最小,为 0.97 mg/g;30~45 天各处理叶绿素 a 含量持续增加(T2 除外);75 天时 T4 处理叶绿素 a 含量比 30 天时增加 0.32 mg/g,增长幅度最大。除处理 T2 外,其余处理叶绿素 b 含量变化趋势一致,均为先增加后降低;在第 75 天时,处理 T3 叶绿素 b 含量较 CK 高 0.23 mg/g,显著高于其他处理。30 天时,处理 T2 叶绿素总含量最高,为 2.04 mg/g,但随着处理时

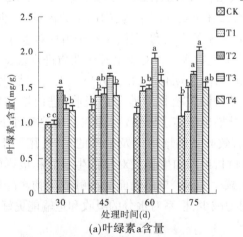

图 12-5　不同用量生物炭对盐胁迫下叶片叶绿素含量的影响

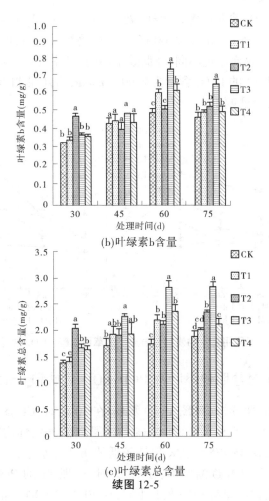

(b)叶绿素b含量

(c)叶绿素总含量

续图 12-5

间延长其叶绿素含量增长速率缓慢,在 75 天时,叶绿素总含量仅增长了 0.30 mg/g;对比 5 个处理,处理 T3 叶绿素含量增长速率最快,由 30 天的 0.47 mg/g 增长到 75 天的 0.81 mg/g,增长了 72.60%;处理 T1 的总叶绿素含量始终大于 CK。

二、生物炭对盐胁迫下叶片丙二醛(MDA)、H_2O_2 含量的影响

从图 12-6 可以看出,随着时间的延长,处理 T1 叶片 MDA 含量不断增加,且保持较高水平,在 75 天时达到最高值,为 17.89 nmol/g;CK、处理 T2 和 T4 的 MDA 含量无显著差异,且含量较低,处理 T3 的 MDA 含量呈先下降后升高

趋势。通过对 H_2O_2 含量的测定可知,处理 T1 的叶片 H_2O_2 含量随时间延长持续增加,在 75 天时为 CK 的 2.60 倍;添加生物炭后,各处理的 H_2O_2 增长速率有所降低,且生物炭用量不同,降低效果不同,其中处理 T4 效果最明显,在第 75 天时,处理 T4 的 H_2O_2 含量为 2.90 μmol/g,为处理 T1 的 62.6%;CK 的 H_2O_2 含量最低,且变幅不大。

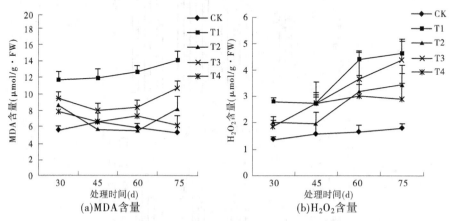

图 12-6　不同用量生物炭对盐胁迫下烟草丙二醛、H_2O_2 含量的影响

三、生物炭对盐胁迫下叶片 POD、SOD 活性和 GSH 含量的影响

对 POD 酶活性分析(见图 12-7)发现,在 30 天时,CK 的 POD 酶活性最低,为 3 898.46 U/g F. W,而添加 NaCl 的处理 POD 酶活性均较高,在 6 900~8 100 U/g F. W;在 45~75 天,CK 保持较低的酶活性水平,且变化幅度较小,处理 T1 的 POD 酶活性逐渐增加,在 75 天时,处理 T1 的 POD 酶活性最高。SOD 酶活性的变化规律与 POD 稍有不同,在 30 天时 SOD 酶活性表现为:T1>T4>T3>T2>CK,在 45~75 天,随着时间的延长各处理酶活性先降低后升高,75天时处理 T1 的酶活性最大,为处理 CK 的 2.81 倍,处理 T2 的 SOD 酶活性最低,仅为 87.52 U/g F. W。不同处理对烟株体内 GSH 含量影响不同,CK 的 GSH 含量无较大变化,且一直保持较低值,在 0.11~0.17 μmol/g;而添加 NaCl 的处理 GSH 含量均较大,在 30 天时,处理 T1 的 GSH 含量最高,为 0.84 μmol/g,随着时间延长,其含量持续升高;添加生物炭对胁迫条件下烟株体内 GSH 含量影响不大,与处理 T1 相比无显著差异。

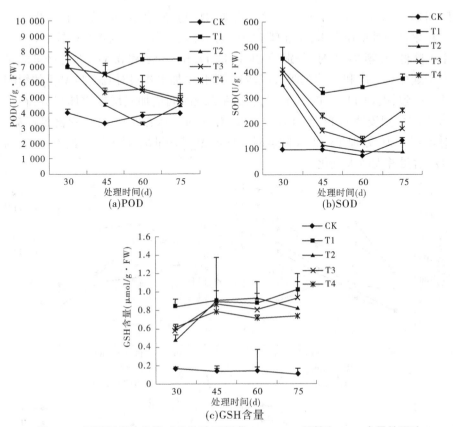

图 12-7　不同用量生物炭对盐胁迫下烟草 POD、SOD 活性和 GSH 含量的影响

四、生物炭对盐胁迫下烟株地上部 K、Na、Ca、Mg 含量的影响

盐和生物炭对烟草地上部矿质元素含量有显著影响。由图 12-8 可知,随着烟株的生长发育,K^+ 含量不断增加(T1 处理除外),45 天时,CK 烟株地上部 K^+ 含量达到最高值,为 113.19 g/kg,随着时间的延长,处理 T1 的 K^+ 含量呈先缓慢增加后下降的趋势,处理 T1 的 K^+ 含量始终低于其他处理。Na^+ 含量变化与 K^+ 含量相反,CK 的 Na^+ 含量变化较小;而随着处理时间的增加,处理 T1 的 Na^+ 含量逐渐增加,在 75 天时达到最大值 8.91 g/kg,为此时 CK 的 Na^+ 含量的 6.43 倍;在盐胁迫条件下添加不同用量的生物炭可以降低地上部 Na^+ 含量,表现为随着时间的延长处理 T2、T3 和 T4 的 Na^+ 含量逐渐降低,在 75 天时各处理 Na^+ 含量表现为:T1>T4>T3>T2>CK。

Ca^{2+} 和 Mg^{2+} 对于植物叶绿素的合成必不可少,由图 12-8 可以看出,随着时间延长 CK 的 Ca^{2+} 和 Mg^{2+} 含量呈波动增加趋势,表明烟草在生长过程中不断积累这两种矿质元素;而处理 T1 地上部对 Ca^{2+} 和 Mg^{2+} 的积累相较 CK 有大幅度降低,在第 75 天时,分别较 CK 降低 11. 60 g/kg 和 0. 53 g/kg,这可能是由于烟株对 Ca^{2+} 和 Mg^{2+} 的吸收或转运受阻;添加生物炭对 Ca^{2+} 和 Mg^{2+} 的影响并不一致,处理 T1 和 T4 的 Ca^{2+} 含量随处理时间增加呈缓慢增加趋势,在第 75 天时分别较处理 T1 增加 7. 54 g/kg 和 5. 54 g/kg,处理 T2 则呈降低趋势;对 Mg^{2+} 来说,处理 T3 和 T4 随着时间增加 Mg^{2+} 含量呈现降低趋势,处理 T1 的 Mg^{2+} 含量并无较大变化。

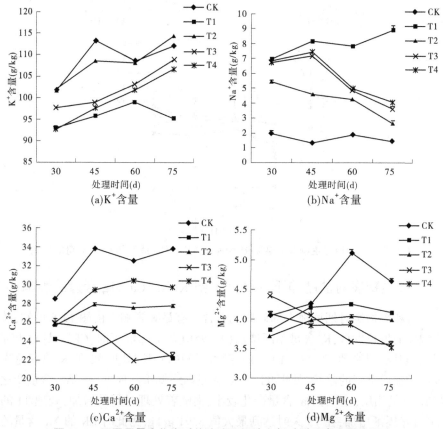

图 12-8　不同用量生物炭对盐胁迫下烟地上部矿质元素含量的影响

五、小结

在盐胁迫下,通常可以通过叶片坏死、色素含量和组成(如叶绿素损失和植物变色)观察到植物的生理反应,这些特征与视觉外观显著相关(Heidari,2012)。本研究表明,与对照相比,盐胁迫下,叶片的叶绿素含量有所降低,这可能与光抑制或 ROS 的产生有关,也可能是高盐浓度下叶绿素酶活性增强、色素蛋白稳定性减弱引起的。根据 Kanwal 等(2017)的研究可知,生物炭可以促进小麦叶绿素含量增加,这与我们的研究结果一致,可能是由于添加生物炭后根系发育得到促进,从而吸收更多的氮素以供叶片合成叶绿素,进而促进植物的光合作用,增加烟株的生物量。

各种非生物胁迫会导致植物体内活性氧的过量产生,为减轻胁迫,植物进化出一套完整的活性氧清除系统。本试验结果指出,在 150 mmol/L NaCl 处理下,叶片 MDA 含量和 H_2O_2 含量都呈增加趋势。添加生物炭可以调节植物体内抗氧化酶的合成来缓解植物体内的盐胁迫,Kim 等(2016)等指出,与对照相比,生物炭的施用降低了盐胁迫下玉米抗坏血酸过氧化物酶(APX)和谷胱甘肽还原酶(GR)的活性,改善了玉米在盐胁迫下的生长和生物量。本结果表明,在盐胁迫下添加生物炭可以降低 SOD 和 POD 的酶活性,且生物炭用量不同,对酶活性的影响不同,但对 GSH 含量影响不大,这表明应用生物炭提高植物抵御氧化应激的能力更多是通过提高酶促反应完成的,且其效果存在剂量效应。

盐胁迫下,由于离子间对膜转运位点和活性位点的竞争,引起细胞内外离子失衡,植物吸收矿质元素不均衡,进而导致细胞内外渗透压的改变,离子的跨膜运输受阻,影响植株的正常生长发育(Parida et al.,2005)。本试验结果表明,随盐胁迫时间延长,烟株地上部 K^+ 含量虽有增加,但较 CK 相比增加幅度明显减少,而 Na^+ 含量却迅速增加,Ca^{2+} 和 Mg^{2+} 含量变化幅度相对较小。研究表明,生物炭可以通过直接或间接作用对植物体内离子含量进行调节以适应植物正常生长,如 Cheng 等(2012)等指出,生物炭通过对土壤矿质元素的吸附和活化,从而向植物提供矿质养分,如 P、K、Ca、Mg、S 等;生物炭的多孔性和吸附性可有效降低土壤中 Na^+ 含量,降低根际土壤 Na^+ 浓度,从而有效缓解根系附近 Na^+ 浓度过高的问题,对维持盐胁迫下植物体内的离子稳态存在有益作用。

烟株体内盐分含量过高会破坏烟株体内正常的生理代谢,导致叶绿素含量降低,MDA 和 H_2O_2 大量积累,诱导抗氧化酶活性增强;同时根际高盐浓度使得烟株被迫吸收较多离子打破体内离子平衡,导致 Na^+ 浓度升高,K^+ 吸收迟缓。作为土壤改良剂,生物炭的加入可能是促进盐渍土作物生长的一个有效途径。不同生物炭用量会对盐胁迫下烟苗生长有不同程度的缓解,其中处理

20 g/kg 和 30 g/kg 对烟株的叶片发育、根系生长和含水率增长均有较好的促进作用；10 g/kg 对促进盐胁迫下烟株叶绿素合成有良好效果；30 g/kg 对降低由盐胁迫诱导的 MDA 和 H_2O_2 含量的增加有良好效果，且能有效降低 SOD 和 POD 的酶活性，起到很好的活性氧清除功能，同时提高了烟株对 K^+ 的吸收，抑制了对 Na^+ 的吸收。通过对烟株整体生长发育指标的评估可以了解到，生物炭用量为 30 g/kg 对盐胁迫下烟株生长有较优的促进作用。

参 考 文 献

[1] Akhtar S S, Andersen M N, Liu F . Biochar mitigates salinity stress in potato[J]. J Agron Crop Sci,2015, 201:368-378.

[2] Akhtar S S, Andersen M N, Liu F. Residual effects of biochar on improving growth, physiology and yield of wheat under salt stress[J]. Agricultural Water Management, 2015, 158: 61-68.

[3] Alfocea F P, Estañ M T, Caro M. Response of tomato cultivars to salinity[J]. Plant and Soil, 1993,150(2): 203-211.

[4] Andersen L H. , Hvelplund P , Kella D, et al. Modification of plasma membrane and vacuolar hatpases in response to nacl and aba[J]. Journal of Plant Physiology, 2007,164(3): 295-302.

[5] Apel K, Hirt H. Reactive oxygen species: metabolism,oxidative stress,and signal transduction[J]. Annual Review of Plant Biology, 2004, 55(1): 373-39.

[6] Asada, K. The water-water cycle in chloroplasts: scavenging of active oxygens and dissipation of excess photons[J]. Annu Rev Plant Physiol Plant Mol Biol, 1999,50(50):601-639.

[7] Bhaskar, Gupta, Bingru, et al. Mechanism of salinity tolerance in plants: physiological, biochemical, and molecular characterization[J]. International journal of genomics, 2014 (1):701596.

[8] Bruun E W, Petersen C T, Hansen E, et al. Biochar amendment to coarse sandy subsoil improves root growth and increases water retention[J]. Soil Use and Management, 2014, 30(1):109-118.

[9] Caines A M, Shennan C. Interactive effects of Ca^{2+}, and NaCl salinity on the growth of two tomato genotypes differing in Ca^{2+}, use efficiency[J]. Plant Physiology & Biochemistry, 1999,37(7-8): 569-576.

[10] Carter D R, Cheeseman J M. The effects of external nacl on thylakoid stacking in lettuce plants[J]. Plant Cell & Environment,2010, 16(2):215-222.

[11] Case S D, McNamara N P, Reay D S, et al. The effect of biochar addition on N_2O and CO_2 emissions from a sandy loam soil-the role of soil aeration[J]. Soil Biolol Biochem, 2012, 51:125-134.

[12] Cheng Y, Cai Z C, Chang S, et al. Wheat straw and its biochar have contrasting effects on inorganic N retention and N_2O production in a cultivated Black Chernozem[J]. Biol Fertil

Soil ,2012,48:941-946.

[13] Colmer T D. Long-distance transport of gases in plants: a perspective on internal aeration and radial oxygen loss from roots [review][J]. Plant Cell & Environment, 2010,26(1): 17-36.

[14] Croser C, Renault S, Franklin J, et al. The effect of salinity on the emergence and seedling growth of picea mariana, picea glauca, and pinus banksiana[J]. Environmental Pollution, 2001, 115(1): 9-16.

[15] Dowse R, Palmer C G, Hills K, et al. The mayfly nymph Austrophlebioides pusillus Harker defies common osmoregulatory assumptions[J]. Royal Society Open Science, 2017, 4 (1):160520.

[16] East J L, Wilcut C, Pease A A. Aquatic food - web structure along a salinized dryland river[J]. Freshwater Biology, 2017, 62(4):681-694.

[17] Ezatollah E, Fariborz S, Farid S, et al. The effect of salt stress on antioxidant enzymes' activity and lipid peroxidation on the wheat seedling[J]. Notulae Botanicae Horti Agrobotanici ClujNapoca,2007, 35(1): 48-56.

[18] Fazeli F, Ghorbanli M, Niknam V. Effect of drought on biomass,protein content, lipid peroxidation and antioxidant enzymes in two sesame cultivars [J]. Biology Plantarum, 2007, 51(1): 98-103.

[19] Guo H J, Tao H U, Fu J M. Effects of saline sodic stress on growth and physiological responses of lolium perenne[J]. Acta Prataculturae Sinica,2012,21 (1): 118-125.

[20] Hardegree S P, Emmerich W E. Partitioning water potential and specific salt effects on seed germination of four grasses[J]. Annals of Botany, 1990,66(5): 1608-1613.

[21] Heidari M. Effects of salinity stress on growth, chlorophyll content and osmotic components of two basil (Ocimum basilicum L.) genotypes [J]. African Journal of Biotechnology,2011,11(2).

[22] Kanwal S, Ilyas N, Shabir S,et al. Application of biochar in mitigation of negative effects of salinity stress in wheat (Triticum aestivum L.)[J]. J. Plant Nut,2017, 41(4):1-13.

[23] Kim H S, Kim K R, Yang J E, et al. Effect of biochar on reclaimed tidal land soil properties and maize (Zeamays L.) response[J]. Chemosphere, 2016,142:153-159.

[24] Kramer D. Cytological aspects of salt tolerance in higher plants[M]//Steples R C, Toenniessen G H. Salinity tolerance in plants: strategies for crop improvement. New York: John Willey and Sons, 1984: 3-15.

[25] Li J T, Qiu Z B, Zhang X W, et al. Exogenous hydrogen peroxide can enhance tolerance of wheat seedlings to salt stress[J]. Acta Physiolo giae PlantarumM, 2011, 33(3): 835-842.

[26] Lutts S, Kinet J M, Bouharmont J. NaCl-induced Senescence in Leaves of Rice (Oryza sativa L.) Cultivars Differing in Salinity Resistance[J]. Annals of Botany, 1996,78(3): 389-398.

[27] Moran J F, Becana M, Iturbe-Ormaetxe I, et al. Drought induces oxidative stress in pea plants[J]. Planta, 1994,194(3):346-352.

[28] Novak J M, Busscher W J, Watts D W, et al. Biochars Impact on Soil-Moisture Storage in an Ultisol and Two Aridisols[J]. Soil Science, 2013, 77(5):310-320.

[29] Parida A K, Das A B. Salt tolerance and salinity effects on plants: a review. Ecotoxicol [J]. Environ. Saf., 2005,60:324-349.

[30] Patterson T G, Moss D N, Brun W A. Enzymatic changes during the senescence of field-grown wheat[J]. Crop Science,1980, 20(1):15-18.

[31] Pompelli M F, Barataluís R, Vitorino H S, et al. Photosynthesis, photoprotection and antioxidant activity of purging nut under drought deficit and recovery[J]. Biomass & Bioenergy, 2010,34(8):1207-1215.

[32] Romeroaranda R, Soria T, Cuartero J. Tomatoplant-wateruptake and plant-water relationships under saline growth conditions[J]. PlantSci, 2001,160:265-272.

[33] Rouhi V, Samson R, Lemeur R, et al. Photosynthetic gas exchange characteristics in three different almond species during drought stress and subsequent recovery[J]. Environmental & Experimental Botany, 2007,59(2):117-129.

[34] Samir Rafla. Web of science-clarivate analytics-2019 journal citation report[J]. October 2020.

[35] Seelig B D. Salinity and Sodicity in North Dakota Soils[D]. Ndsu Extension Service North Dakota State University, 2009.

[36] Setia R, Gottschalk P, Smith P, et al. Soil salinity decreases global soil organic carbon stocks[J]. Science of The Total Environment, 2012, 465(6):267-272.

[37] Siddiqui M H, Mohammad F, Khan M N. Morphological and physio-biochemical characterization of Brassica juncea L. Czern. & Coss. genotypes under salt stress[J]. Journal of Plant Interactions, 2009, 4(1):67-80.

[38] Siddiqui M H, Mohammad F, Khan M N, et al. Nitrogen in relation to photosynthetic capacity and accumulation of Osmoprotectant and nutrients in Brassica Genotypes grown under salt stress[J]. Agricultural Sciences in China, 2010, 9(5):671-680.

[39] Singh N K, Handa A K, Hasegawa P M, et al. Proteins associated with adaptation of cultured tobacco cells to nacl[J]. Plant Physiology, 1985,79(1):126-137.

[40] Sparks D L. [SSSA Book Series] Methods of Soil Analysis Part 3—Chemical Methods ‖ Salinity: Electrical Conductivity and Total Dissolved Solids. 1996.

[41] Thomas S C, Frye S, Gale N, et al. Biochar mitigates negative effects of salt additions on two herbaceous plant species[J]. J. Environ Manage, 2013,129:62-68.

[42] Thompson D I, Edwards T J, Staden J V. A novel dual-phase culture medium promotes germination and seedling establishment from immature embryos in south african disa, (orchidaceae) species[J]. Plant Growth Regulation, 2007,53(3):163-171.

[43] Ueguchi-Tanaka M, Ashikari M, Nakajima M, et al. Gibberellin insensitive dwarf1 encodes a soluble receptor for gibberellin[J]. Nature, 2005, 437(7059):693-698.

[44] Vandenbussche F, Smalle J, Le J, et al. The arabidopsis mutant alh1 illustrates a cross talk between ethylene and auxin[J]. Plant Physiology,2003,131(3):1228-1238.

[45] Wang Y, Zhang W, Li K,et al. Salt-induced plasticity of root hair development is caused by ion disequilibrium in arabidopsis thaliana[J]. Journal of Plant Research, 2008,121(1):87-96.

[46] West G, Inzé D, Beemster G T S. Cell cycle modulation in the response of the primary root of arabidopsis to salt stress[J]. Plant Physiology, 2004, 135(2):1050-1058.

[47] 陈红丽,卫盼盼,崔登科,等.烤烟抗破碎性与常规化学成分的关系[J].浙江农业科学,2010(3):567-569.

[48] 陈良,刘晶,凌红波,等.豆类牧草与小麦轮作,施肥和作物秸秆利用管理对小麦农耕系统的可行性研究[J].内蒙古草业,2004,16(3):22-24,34.

[49] 程丽萍,刘晋秀,胡青平.外源 NO 对盐胁迫下小麦幼苗叶片丙二醛、叶绿素及氧化酶的影响[J].麦类作物学报, 2013,33(6):1222-1225.

[50] 邓小华,周清明,周冀衡,等.烟叶质量评价指标间的典型相关分析[J].中国烟草学报,2011,17(3):17-22.

[51] 刁丰秋, 章文华, 刘友良. 盐胁迫对大麦叶片类囊体膜组成和功能的影响[J]. 分子植物(英文版),1997(2): 105-110.

[52] 丁海荣, 洪立洲, 杨智青, 等.盐碱地及其生物措施改良研究现状[J]. 现代农业科技,2010(6): 299-300.

[53] 丁俊男, 迟德富. 混合盐碱胁迫对桑树种子萌发和根系生长的影响[J]. 中南林业科技大学学报,2014(12):78-82.

[54] 杜新民, 吴忠红, 张永清, 等. 不同种植年限日光温室土壤盐分和养分变化研究[J]. 水土保持学报,2007, 21(2): 78-80.

[55] 杜咏梅,郭承芳,张怀宝,等.水溶性糖、烟碱、总氮含量与烤烟吃味品质的关系研究[J].中国烟草科学,2000(1):7-10.

[56] 范建立,颜静,李锐.烤烟叶片结构感官属性因子分解及检测方法[J].作物研究,2018,32(4):318-322.

[57] 高家合,秦西云,谭仲夏,等.烟叶主要化学成分对评吸质量的影响[J].山地农业生

物学报,2004(6):497-501.

[58] 高战武,蔺吉祥,邵帅,等.复合盐碱胁迫对燕麦种子发芽的影响[J].草业科学,
2014,31(3):451-456.

[59] 龚理.烟草品种耐盐性指标筛选及综合评价[D].长沙:湖南农业大学,2009.

[60] 郭慧娟,胡涛,傅金民.苏打碱胁迫对多年生黑麦草的生理影响[J].草业学报,
2012,21(1):118-125.

[61] 韩朝红,孙谷畴.NaCl对吸胀后水稻的种子发芽和幼苗生长的影响[J].植物生理学
报,1998,34(5):339-342.

[62] 洪森荣,尹明华.红芽芋驯化苗对盐胁迫的光合及生理响应[J].西北植物学报,
2013,33(12):2499-2506.

[63] 胡庆辉.盐与干旱胁迫诱导烤烟叶片细胞程序性死亡及多酚含量变化的研究[D].
中国农业科学院,2012.

[64] 胡田田,康绍忠,原丽娜,等.不同灌溉方式对玉米根毛生长发育的影响[J].应用生
态学报,2008,19(6):1289-1295.

[65] 华春,周泉澄,王小平,等.外源 GA_3 对盐胁迫下北美海蓬子种子萌发及幼苗生长
的影响[J].南京师范大学学报(自然科学版),2007,30(1):82-87.

[66] 姜伟,崔世茂,李慧霞,等.盐胁迫对辣椒幼苗根、茎、叶显微结构的影响[J].蔬菜,
2017(3):6-15.

[67] 姜荣,谢胜利,范洪慈,等.烤烟叶片大小与烟叶化学成分的关系研究初报[J].中国
烟草,1991(2):35-40.

[68] 蒋明义,杨文英.渗透胁迫下水稻幼苗中叶绿素降解的活性氧损伤作用[J].植物学
报:英文版,1994(4):289-295.

[69] 景宇鹏,段玉,妥德宝,等.河套平原弃耕地土壤盐碱化特征[J].土壤学报,2016,53
(6):1410-1420.

[70] 赖杭桂,李瑞梅,符少萍,等.盐胁迫对植物形态结构影响的研究进展[J].广东农
业科学,2011,38(12):55-57.

[71] 李丹丹,许自成,邢小军,等.四川烟区烤烟主要化学成分的变异分析[J].西南农业
学报,2008,21(5):1270-1274.

[72] 李东亮,许自成,陈景云,等.烤烟主要物理性状与化学成分的典型相关分析[J].河
南农业大学学报,2007,41(5):492-497.

[73] 李海燕,丁雪梅,周婵,等.盐胁迫对三种盐生禾草种子萌发及其胚生长的影响
[J].草地学报,2004,12(1):45-50.

[74] 李继伟,左海涛,李青丰,等.柳枝稷根系垂直分布及植株生长对土壤盐分类型的
响应[J].草地学报,2011,19(4):644-651.

[75] 李剑峰,张淑卿,杜建雄,等.盐碱胁迫对水培苜蓿幼苗生长的影响[J].贵州农业科

学,2015(6):27-30.

[76] 李景,刘群录,唐东芹,等.盐胁迫和洗盐处理对贴梗海棠生理特性的影响[J].北京林业大学学报,2011,33(6):40-46.

[77] 李士磊,霍鹏,高欢欢,等.复合盐胁迫对小麦萌发的影响及耐盐阈值的筛选[J].麦类作物学报,2012,32(2):260-264.

[78] 李晓明,杨劲松,吴亚坤,等.基于GIS黄淮海平原典型区域土壤盐渍化等级判别分析[J].土壤通报,2011,42(2):356-359.

[79] 李晓雅,赵翠珠,程小军,等.盐胁迫对亚麻荠幼苗生理生化指标的影响[J].西北农业学报,2015,24(4):76-83.

[80] 蔺吉祥,高战武,王颖,等.盐碱胁迫对紫花苜蓿种子发芽的协同影响[J].草地学报,2014,22(2):312-318.

[81] 刘爱荣,张远兵,张雪梅,等.空心莲子草水浸液对黑麦草和高羊茅种子发芽和幼苗生长的影响[J].草业学报,2007,16(5).

[82] 刘凤歧,刘杰淋,朱瑞芬,等.4种燕麦对NaCl胁迫的生理响应及耐盐性评价[J].草业学报,2015,24(1):183-189.

[83] 刘桂丰,刘关君.盐逆境条件下树种的激素变化及抗盐性分析[J].东北林业大学学报,1998(2):1-4.

[84] 刘国顺.烟草栽培学[M].北京:中国农业出版社,2003:146-150.

[85] 刘国顺.烟草栽培学[M].2版.北京:中国农业出版社,2017.

[86] 刘洪展,郑风荣,孙修勤.驯化处理对海水胁迫下玉米幼苗生长特性的影响[J].农业工程学报,2007,23(8):193-197.

[87] 刘杰,张美丽,张义,等.人工模拟盐、碱环境对向日葵种子萌发及幼苗生长的影响[J].作物学报,2008,34(10):1818-1825.

[88] 刘卫国,丁俊祥,邹杰,等.NaCl对齿肋赤藓叶肉细胞超微结构的影响[J].生态学报,2016,36(12):3556-3563.

[89] 刘新民,杜咏梅,程森,等.烤烟烟丝填充值与其理化指标和感官品质的关系[J].中国烟草科学,2012,33(5):74-78.

[90] 刘延吉,张蓄,田晓艳,等.盐胁迫对碱茅幼苗叶片内源激素、nad激酶及Ca^{2+}-atpase的效应[J].草业科学,2008,25(4):51-54.

[91] 吕芬,周平,王丽萍,等.云南优质烟区气候条件分析[J].西南农业学报,2006,19(z1):178-181.

[92] 马翠兰,刘星辉,王湘平.盐胁迫下琯溪蜜柚苗木生理生化特性的变化研究[J].中国生态农业学报,2007,15(1):99-101.

[93] 马静,刘晓涵,韩秋静,等.洛阳烟区典型土壤盐分剖面分布特征分析[J].烟草科技,2019,52(01):35-42.

[94] 马旭凤, 于涛, 汪李宏, 等. 苗期水分亏缺对玉米根系发育及解剖结构的影响[J]. 应用生态学报, 2010, 21(7): 1731-1736.

[95] 毛任钊, 田魁祥, 松本聪, 等. 盐渍土盐分指标及其与化学组成的关系[J]. 土壤, 1997, 29(6): 326-330.

[96] 孟凡娟, 王建中, 黄凤兰, 等. NaCl 盐胁迫对两种刺槐叶肉细胞超微结构的影响[J]. 北京林业大学学报, 2010, 32(4): 97-102.

[97] 孟富宣, 段元杰, 杨玉皎, 等. 复盐胁迫对木薯幼苗光合特性及抗氧化酶活性的影响[J]. 中国农学通报, 2017, 35(1): 13-17.

[98] 孟祥浩, 张玉梅, 薛远赛, 等. 滨海盐碱地条件下不同小麦品种系花后旗叶可溶性物质、灌浆速率及产量因素的分析[J]. 作物杂志, 2016(1): 135-139.

[99] 屈剑波, 闫克玉, 李兴波, 等. 烤烟国家标准(40 级)河南烟叶含梗率的测定[J]. 烟草科技, 1997(2): 8-9.

[100] 任志彬, 王志刚, 聂庆娟, 等. 盐胁迫对锦带花幼苗生长特性的影响[J]. 北华大学学报(自然科学版), 2011, 12(2): 219-223.

[101] 阮松林, 薛庆中. 盐胁迫条件下杂交水稻种子发芽特性和幼苗耐盐生理基础[J]. 中国水稻科学, 2002, 16(3): 281-284.

[102] 佘小平, 贺军民, 张键, 等. 水杨酸对盐胁迫下黄瓜幼苗生长抑制的缓解效应[J]. 西北植物学报, 2002, 22(2): 401-405.

[103] 申玉香, 乔海龙, 陈和, 等. 几个大麦品种(系)的耐盐性评价[J]. 核农学报, 2009, 23(5): 752-757.

[104] 孙群, 王建华, 孙宝启. 种子活力的生理和遗传机理研究进展[J]. 中国农业科学, 2007, 40(1): 48-53.

[105] 孙卫红, 李风, 束德峰, 等. 转番茄正义抗坏血酸过氧化物酶基因提高烟草耐盐能力[J]. 中国农业科学, 2009, 42(4): 1165-1171.

[106] 孙岩, 崔国文, 张超, 等. NaCl 胁迫对野大麦叶肉细胞超微结构的影响[J]. 中国草地学报, 2015, 37(06): 102-106.

[107] 唐宇, 程森, 窦玉青, 等. 云南宣威初烤烟叶外观质量性状与内在品质的关系[J]. 烟草科技, 2011(3): 72-76.

[108] 童辉, 孙锦, 郭世荣, 等. 等渗 Ca(NO$_3$)$_2$ 和 NaCl 胁迫对黄瓜幼苗根系形态及活力的影响[J]. 南京农业大学学报, 2012, 35(3): 37-41.

[109] 王彪, 李天福, 王树会等. 烟叶香吃味指标的因子分析[J]. 云南农业大学学报, 2006(1): 124-126.

[110] 王程栋, 王树声, 胡庆辉, 等. NaCl 胁迫对烤烟叶肉细胞超微结构的影响[J]. 中国烟草科学, 2012, 33(2): 57-61.

[111] 王佳丽, 黄贤金, 钟太洋, 等. 盐碱地可持续利用研究综述[J]. 地理学报, 2011, 66

(5):673-684.

[112] 王黎黎.盐碱胁迫下与渗透调节和离子平衡相关溶质在碱蓬体内动态积累与分布特征[J].长春:东北师范大学,2010.

[113] 王龙强,蔺海明,米永伟.盐胁迫对枸杞属2种植物幼苗生理指标的影响[J].草地学报,2011,19(6):1010-1017.

[114] 王善仙,刘宛,李培军,等.盐碱土植物改良研究进展[J].中国农学通报,2011,27(24):1-7.

[115] 王树凤,胡韵雪,孙海菁,等.盐胁迫对2种栎树苗期生长和根系生长发育的影响[J].生态学报,2014,34(4):1021-1029.

[116] 王卫康.《烤烟》国标中分级因素的概念及把握[J].烟草科技,2004(5):44-48.

[117] 王玉军,谢胜利,刑淑华,等.烤烟叶片厚度与主要化学组成相关性研究[J].中国烟草科学,1997(1):11-13.

[118] 武德,曹帮华,刘欣玲,等.盐碱胁迫对刺槐和绒毛白蜡叶片叶绿素含量的影响[J].西北林学院学报,2007,22(3):51-54.

[119] 夏阳,孙明高,李国雷,等.盐胁迫对四园林绿化树种叶片中叶绿素含量动态变化的影响[J].山东农业大学学报(自然科学版),2005,36(1):30-34.

[120] 肖强,郑海雷,陈瑶,等.盐度对互花米草生长及脯氨酸、可溶性糖和蛋白质含量的影响[J].生态学杂志,2005,24(4):373-376.

[121] 薛超群,尹启生,王广山,等.烤烟烟叶物理特性的变化及其与评吸质量的关系[J].烟草科技,2008(7):52-55.

[122] 薛延丰,刘兆普.不同浓度NaCl和Na_2CO_3处理对菊芋幼苗光合及叶绿素荧光的影响[J].植物生态学报,2008,32(1):161-167.

[123] 闫克玉,王建民,屈剑波,等.河南烤烟评吸质量与主要理化指标的相关分析[J].烟草科技,2001(10):5-9.

[124] 闫克玉,赵献章.烟叶分级[M].北京:中国农业出版社,2003.

[125] 颜宏,矫爽,赵伟,等.不同大小碱地肤种子的萌发耐盐性比较[J].草业学报,2008,17(2):26-32.

[126] 杨春武,李长有,尹红娟,等.小冰麦对盐胁迫和碱胁迫的生理响应[J].作物学报,2007,33(8):1255-1261.

[127] 杨锦芬,郭振飞.柱花草 *SgNCED*1 基因的克隆及功能分析[J].草地学报,2006,14(3):298-300.

[128] 杨秀玲,郁继华,李雅佳,等.NaCl胁迫对黄瓜种子萌发及幼苗生长的影响[J].甘肃农业大学学报,2004,39(1):6-9.

[129] 叶协锋.河南省烟草种植生态适宜性区划研究[D].杨凌:西北农林科技大学,2011.

[130] 殷秀杰,胡宝忠,崔国文,等.盐胁迫对白三叶叶肉细胞超微结构的影响[J].东北农业大学学报,2011,42(4):125-128.

[131] 于川芳,李晓红,罗登山,等.玉溪烤烟外观质量因素与其主要化学成分之间的关系[J].烟草科技,2005(1):5-7.

[132] 于建军.卷烟工艺学[M].北京:中国农业出版社,2009.

[133] 余海英,李廷轩,周健民.设施土壤次生盐渍化及其对土壤性质的影响[J].土壤,2005,37(6):581-586.

[134] 俞仁培,陈德明.我国盐渍土资源及其开发利用[J].土壤通报,1999,30(4):158-159.

[135] 张国伟,路海玲,张雷,等.棉花萌发期和苗期耐盐性评价及耐盐指标筛选[J].应用生态学报,2011,22(8):2045-2053.

[136] 张嵩,顾万荣,王泳超,等.Dcpta对盐胁迫下玉米苗期根系生长、渗透调节及膜透性的影响[J].生态学杂志,2015,34(9):2474-2481.

[137] 张会慧,田祺,刘关君,等.转2-CysPrx基因烟草抗氧化酶和PSII电子传递对盐和光胁迫的响应[J].作物学报,2013,39(11):2023-2029.

[138] 张丽敏,徐明岗,娄翼来,等.土壤有机碳分组方法概述[J].中国土壤与肥料,2014(4):1-6.

[139] 张润花,郭世荣,李娟.盐胁迫对黄瓜根系活力、叶绿素含量的影响[J].长江蔬菜,2006(2):47-49.

[140] 张士功,邱建军,张华.我国盐渍土资源及其综合治理[J].中国农业资源与区划,2000,21(1):52-56.

[141] 张晓磊,刘晓静,齐敏兴,等.混合盐碱对紫花苜蓿苗期根系特征的影响[J].中国生态农业学报,2013,21(3):340-346.

[142] 张秀玲,李瑞利,石福臣.盐胁迫对罗布麻种子萌发的影响[J].南开大学学报(自然科学版),2007,40(4):13-18.

[143] 张志良.植物生理学实验指导[M].北京:高等教育出版社,1990.

[144] 赵莉.湖南植烟土壤盐分表聚及其调控措施研究[D].长沙:湖南农业大学,2009.

[145] 周翔,董建新,张教侠,等.降水与烤烟感官评吸质量的关系[J].中国烟草科学,2009,30(2):53-56.

[146] 周宜君,刘玉,赵丹华,等.盐胁迫下盐芥和拟南芥内源激素质量分数变化的研究[J].北京师范大学学报(自然科学版),2007,43(6):657-660.

[147] 朱贵明,何命军,石屹,等.对我国烟草肥料研究与开发工作的思考[J].中国烟草科学,2002,23(1):19-20.

[148] 朱杰.河南烤烟总氮、烟碱含量状况及与其他品质指标的关系[D].郑州:河南农业大学,2009.

[149] 朱宇旌,胡自治.小花碱茅茎适应盐胁迫的显微结构研究[J].中国草地学报,2000,23(5):6-9.

[150] 朱玉鹏,孟祥浩,盖伟玲,等.盐胁迫对冬小麦花后抗氧化酶、渗透调节物质的影响[J].中国农学通报,2017,33(19):1-6.

[151] 邹焱,苏以荣,路鹏,等.洞庭湖区不同耕种方式下水稻土壤有机碳、全氮和全磷含量状况[J].土壤通报,2006,37(4):671-674.

[152] 邹长明,陈福兴,张马祥,等.湘南红壤稻田不同轮作制度的土壤培肥和经济效益研究[J].湖南农业科学,1995(6):33-35.

[153] 左天觉,朱尊权,等.烟草的生产、生理和生物化学[M].上海:上海远东出版社,1993.

[154] 左志锐,高俊平,穆鼎,等.盐胁迫下百合两个品种的叶绿体和线粒体超微结构比较[J].园艺学报,2006,33(2):429-432.